Das mathematische Weltbild der Maya

GRAZER ALTERTUMSKUNDLICHE STUDIEN

Herausgegeben von Heribert Aigner

Band 6

PETER LANG
Frankfurt am Main · Berlin · Bern · Bruxelles · New York · Wien

Andrea C. Schalley

Das mathematische Weltbild der Maya

Peter Lang
Europäischer Verlag der Wissenschaften

Die Deutsche Bibliothek - CIP-Einheitsaufnahme

Schalley, Andrea C.:
Das mathematische Weltbild der Maya / Andrea C. Schalley. -
Frankfurt am Main ; Berlin ; Bern ; Bruxelles ; New York ;
Wien : Lang, 2000
　(Grazer Altertumskundliche Studien ; Bd. 6)
　ISBN 3-631-35091-0

Umschlagbild:
Finsternistafel (Negativausschnitt),
Dresdner Codex Blatt 54.
Zeichnung: Verfasserin.

Gedruckt mit Unterstützung des Bundesministeriums
für Wissenschaft und Verkehr in Wien.

ISSN 0947-3157
ISBN 3-631-35091-0
© Peter Lang GmbH
Europäischer Verlag der Wissenschaften
Frankfurt am Main 2000
Alle Rechte vorbehalten.

Das Werk einschließlich aller seiner Teile ist urheberrechtlich
geschützt. Jede Verwertung außerhalb der engen Grenzen des
Urheberrechtsgesetzes ist ohne Zustimmung des Verlages
unzulässig und strafbar. Das gilt insbesondere für
Vervielfältigungen, Übersetzungen, Mikroverfilmungen und die
Einspeicherung und Verarbeitung in elektronischen Systemen.

> *« Vernunft und Magie»*, sagte er, *«begegnen sich wohl und werden eins in dem, was man Weisheit, Einweihung nennt, im Glauben an die Sterne, die Zahlen... »*
>
> (Thomas Mann, *Doktor Faustus*)

Vorwort des Herausgebers

Die Zielvorstellungen der Publikationsreihe sind in gewisser Hinsicht durch die Nomenklatur des an der Grazer Karl-Franzens-Universität eingerichteten Instituts für Alte Geschichte und Altertumskunde vorgegeben. Die Alte Geschichte versucht, die großen Leitlinien jenes räumlich und zeitlich nicht verbindlich umrissenen Komplexes aufzuzeigen, den man gemeinhin mit dem Etikett "Antike" versieht. Dieses Gebilde umfaßt nach hiesiger Lehr- und Forschungskonzeption die frühen Hochkulturen und das griechisch-römische Altertum (einschließlich Randvölker) bis in das 6. Jahrhundert n. Chr., wobei räumlich die ganze Oikumene vom alten China bis nach Mittel- und Südamerika in die (vergleichende) Betrachtung einbezogen ist; als selbstverständliche Notwendigkeit gelten dabei Ausblicke in die Arbeitsfelder des Prähistorikers und, im Hinblick auf das Nachleben der Antike, des Mittelalter- und Neuzeithistorikers.

Vorwiegend der materiellen Hinterlassenschaft der eben angesprochenen "Antike" widmet sich die Altertumskunde, mit dem primären Anliegen, die Realien der menschlichen Lebenswelt und die Grundbedürfnisse des Daseins — von den Jenseitsvorstellungen bis zu den Eßgewohnheiten — zu erfassen und so aufzubereiten, daß von diesen allgemeinen Voraussetzungen menschlichen Handelns — eben von den "Altertümern" der Forschungstradition des 19. Jahrhunderts — ausgehend der Altertumswissenschaftler die Antriebskräfte für die historischen Abläufe durchschaubar(er) machen kann. Alte Geschichte und Altertumskunde bedingen und ergänzen einander solcherart als Betrachtungsweisen auf dem unüberschaubaren Feld menschlicher Er-

innerungen und Hinterlassenschaften, vergleichbar etwa dem Gärtner und
dem Koch, aus deren Zusammenwirken im Normalfall erst etwas Genießbares entsteht, ohne daß aber dabei dem Koch das Gärtnern und dem Gärtner
das Kochen untersagt sein darf.

Die Fülle von Fragestellungen und Materialien wird durch zum Teil
selbständige, vielfach der Altertumskunde zugeordnete Grund- oder Hilfswissenschaften aufgearbeitet, von denen hier nur Chronologie, Epigraphik,
Numismatik und Papyrologie exemplarisch genannt seien. Darüber hinaus ist neben den großen altertumswissenschaftlichen Nachbardisziplinen
der Klassischen Archäologie und der Klassischen Philologie praktisch jeder
Wissenschaftsbereich, von der Ethnologie bis zur Tiefenpsychologie und von
der Anthropologie bis zur Astronomie, zur "Hilfeleistung" für historische
Erkenntnisse einsetzbar.

Neben der Ausnützung dieses durch Vielfalt gekennzeichneten Konzepts
wollen die "Grazer altertumskundlichen Studien" (GAST) vor allem eine
universale Betrachtungsweise im Auge behalten, die sich um eine weltweit
vergleichende Sicht antiker Phänomene bemüht. Besonderes Augenmerk soll
dabei dem Weiterleben antiker Realien und Erscheinungen, der sogenannten
"Wirkungsgeschichte", gewidmet werden, weil gerade diese Komponente geeignet erscheint, das "eigentlich den Menschen Berührende" im Sinne von
K. v. FRITZ (Gnomon 41, 1969, 587) im Spannungsfeld von Alterität und
Vertrautheit herauszuarbeiten.

Der vorliegende Band bietet Gelegenheit, die eben geschilderten weitgespannten Ambitionen im Verknüpfen verschiedener naturwissenschaftlicher
Disziplinen und universalhistorischem Vergleichen in die Praxis umzusetzen. Frau Mag. Schalley ist aufgrund ihres Mathematikstudiums an der
RWTH Aachen und durch ihre Beschäftigung mit Archäologie und Kulturwissenschaften in Berlin (Humboldt Universität bzw. Ibero-Amerikanisches
Institut) hervorragend geeignet, den Brückenschlag zwischen verschiedenen
Fächern und Methoden durchzuführen. Dazu kommt noch ihr ausgeprägtes
Interesse an sprachwissenschaftlichen Fragestellungen, was sich einerseits in

ihrem Lehramtsfach Deutsch, andererseits in ihrer Teilnahme am Graduiertenkolleg 'Sprache, Information, Logik' am Centrum für Informations- und Sprachverarbeitung der Ludwig-Maximilians-Universität München niederschlägt. Mit diesem Rüstzeug und aufgrund ausgedehnter Reisen in Mexiko und Guatemala konnte sie sich an die komplexe Problematik einer Zusammenschau der Maya-Mathematik wagen.

Graz, August 1999   Heribert Aigner

Vorwort

Die Kultur der Maya galt lange Zeit als 'versunken'. Doch 150 Jahre nachdem die ersten Reisenden von den vom Urwald überwucherten Ruinenstädten berichteten und das Interesse für diese Hochkultur geweckt wurde, ist die Forschung an einen Punkt gelangt, an dem es möglich erscheint, nicht nur die architektonischen Kunstwerke zu bewundern, sondern vielmehr auch Einblicke in die geistige Welt der Maya zu geben. Die Hieroglyphentexte erzählen von Herrscherhäusern und ihren Kriegen sowie der damit eng verbundenen Geschichte der Städte; gleichzeitig vermitteln sie zusammen mit der Ikonographie Vorstellungen der Maya über die Schöpfung und das Universum.

Ansichtig werden dadurch ebenfalls zugrundeliegende Fertigkeiten der Maya wie etwa in der Mathematik: sie führten Rechnungen durch, um Handel zu treiben, Daten zu berechnen, die Aussagen über weltliche und mythologische Ereignisse ermöglichten, oder um astronomische Vorhersagen treffen zu können. 'Mathematik' fand primär für alltägliche Verrichtungen oder zu kultischen Zwecken Verwendung.

Die zeitliche Ordnung, die die Maya ihrer Welt mit Hilfe ihrer Kalender gaben, die mathematisch-astronomischen Kenntnisse und das für den Handel notwendige mathematische Wissen sollen Gegenstand dieser Untersuchung sein. Ziel ist es, die diesbezüglichen Erkenntnisse der Mayaforschung — vor allem die nach der weitgehenden Schriftentschlüsselung gewonnenen — zusammenzustellen und einen Gesamtüberblick zu geben. Im Mittelpunkt werden das Zahlensystem, das Kalendersystem, die Arithmetik und die Astronomie stehen, denen je ein Kapitel gewidmet wird. Dabei sollen nicht allein die Leistungen, die die Maya zu erbringen imstande waren, aufgezählt, sondern auch — soweit heute sinnvoll nachvollziehbar — ihre Möglichkeiten der Ausführung von Rechnungen und deren Vereinfachung oder Automatisierung durch Algorithmen im Detail aufgezeigt werden. Es wird der jeweils maximale Stand des von den Maya erreichten Wissens vorgelegt, soweit er von der heutigen Forschung vertreten wird. Jedoch darf der ständige Fortschritt in den Erkenntnissen über das geistige Bewußtsein und die Leistungen der Maya nicht unterschätzt werden, so daß durchaus an entsprechenden Stellen hingewiesen wird auf neueste Theorien, die zum Teil über die herrschende Lehrmeinung hinausgehen und noch keine Anerkennung gefunden haben.

Notwendig erscheint es des weiteren, zu Beginn einen kurzen Einblick in die Geographie und Geschichte zu geben. In Ansätzen wird auch das Schriftsystem erläutert. Da die Religion der Maya alle ihre Lebensbereiche tiefgreifend durchdrang, wird ebenso das religiöse Weltbild umrissen.

Mein ganz besonderer Dank gilt Prof. Dr. Heribert Aigner aus Graz und Prof. Dr. Paul L. Butzer aus Aachen, ohne deren Unterstützung diese Untersuchung weder zustande gekommen noch veröffentlicht worden wäre. Prof. Aigner danke ich für die Herausgabe in der Reihe *Grazer altertumskundliche Studien* und seine Unterstützung besonders im Hinblick auf organisatorische Fragen. Prof. Butzer, der die Bearbeitung des Themas angeregt hat, danke ich vor allem für die interessierte und freundschaftliche Begleitung während des Entstehungsprozesses. Des weiteren danke ich Prof. Dr. Karl W. Butzer aus Austin, Texas, für die Zusendung von Arbeiten, die auf dem dortigen 'Maya-Meeting' im März 1997 zirkulierten.

Viele wertvolle Hinweise, auch die Auswahl der verwendeten Literatur betreffend, erhielt ich von Prof. Dr. Werner Nahm aus Bonn, der mir stets hilfsbereit zur Seite stand und dem ich für seine Diskussionsbereitschaft, die persönlichen Gespräche, das Überlassen einer Ausgabe der Zeitschrift MEXICON mit seinem Artikel *Maya Warfare and the Venus Year*, die Zusendung seines Manuskripts *Versteckte Zahlen in einem Text der Maya* und zahlreiche elektronische Briefe danke.

In meinen Überlegungen zur Berechnung des tropischen Jahres bei den Maya wurde ich von Prof. Dr. Anthony F. Aveni aus Hamilton, New York, beeinflußt. Er bestätigte unklare Punkte, wodurch ich ermutigt wurde, diese bei den mayaischen Berechnungen der Abweichung von Kalender und Sonnenjahr ausführlich zu diskutieren.

Dem Ibero-Amerikanischen Institut in Berlin danke ich für die Hilfsbereitschaft bei der Literaturrecherche sowie den ermöglichten Zugang zum Bibliotheksbestand. Zu Dank verpflichtet bin ich auch Prof. Dr. Berthold Riese aus Bonn, der mir einige seiner Arbeiten zur Verfügung gestellt hat. Dem Bundesministerium für Wissenschaft und Verkehr sei für die finanzielle Förderung des Druckes, der Werbeagentur Maier & Co. aus Zürich für ihren Druckkostenbeitrag und Dr. Norbert Willenpart vom Lang-Verlag, Wien, für die ausgezeichnete Zusammenarbeit gedankt.

Meinem Bruder Dr. Christoph Schalley aus Bonn möchte ich für die kritische Durchsicht der Arbeit und insbesondere viele anregende Diskussionen über Wissenschaftsgeschichte im allgemeinen und die Geschichte der Maya-Forschung im speziellen danken. Große Unterstützung erhielt ich auch von Dr. Meike Tewes aus Freiberg, die nicht nur mit Akribie die Arbeit korrekturlas, sondern genauso für alle anderen auftretenden Probleme ein offenes Ohr hatte. Ermutigend war stets das große Interesse, das sie dem Fortgang meiner Arbeit entgegenbrachten, sowie die Neugier, mit der sie auf 'neuen Lesestoff' warteten. Christiane Henkes aus München, die die Endphase der Manuskripterstellung miterlebte und dabei nicht nur ihre Geduld behielt, sondern mir stets mit hervorragenden Ratschlägen zur Seite stand, und Dr. Guido Müller aus Wien haben sich freiwillig und mit großem Interesse als 'Versuchsleser' des nahezu druckreifen Manuskripts zur Verfügung gestellt. Für ihre kritischen Anmerkungen bin ich ihnen sehr dankbar. Alicia Zipse und Prof. Dr. Hendrik Zipse aus München schließlich danke ich für die Hilfe bei der Übersetzung spanischsprachiger Zitate ins Deutsche.

Inhaltsverzeichnis

Abbildungsverzeichnis		**19**
1	**Einleitung**	**21**
	1.1 Einführende Bemerkungen zu Geographie und Geschichte	22
	1.2 Forschungsstand	28
	1.3 Primär- und Sekundärliteratur	31
	1.3.1 Literatur zur Mathematik	32
	1.3.2 Quellen und ihre Rezeption	33
2	**Schriftsystem**	**37**
	2.1 Kurze Geschichte der Entzifferung	38
	2.2 Struktur und Aufbau des Schriftsystems	42
	2.2.1 Art und Charakter der Schriftzeichen	44
	2.2.2 Zur Grammatik des Schriftsystems	47
3	**Das religiöse Weltbild der Maya**	**51**
	3.1 Aufbau des Kosmos	52
	3.2 Schöpfungsmythos	54
	3.2.1 Erschaffung der gegenwärtigen Welt	55
	3.2.2 Heldenzwillinge	57
	3.3 Zentrale Glaubensinhalte und Rituale	58
	3.3.1 Blutentnahmeritus	59
	3.3.2 Menschenopfer	61

>   3.3.3 Kultisches Ballspiel 62
>   3.3.4 Zum 'Pantheon' der Maya 63

4 Zahlensystem **67**
>   4.1 Vigesimalsystem 70
>   4.2 Notation und Benennung der Ziffern 72
>   4.3 Die Zahl Null 79

5 Die zeitliche Ordnung **87**
>   5.1 Zeitmessung: Kalender und Zeitzyklen der Maya 88
>   5.1.1 Sacred Round 89
>   5.1.2 Das angenäherte Jahr von 365 Tagen 94
>   5.1.3 Calendar Round 97
>   5.1.4 Long Count 100
>   5.1.5 Herren der Nacht 108
>   5.1.6 Mondserie 111
>   5.1.7 819-Tage-Zählung 114
>   5.1.8 7-Tage-Zählung 119
>   5.2 Datumsangaben 121
>   5.3 Die Bedeutung der Zeit in der Kultur der Maya 126

6 Arithmetik **131**
>   6.1 Grundlegende Berechnungen 133
>   6.2 Berechnungen von Kalenderdaten 140
>   6.2.1 Daten der Calendar Round 141
>   6.2.2 Daten des Long Count 146

7 Astronomie **155**
>   7.1 Sonne und Mond 162
>   7.1.1 Berechnungen des tropischen Jahres 166
>   7.1.2 Die Finsternistafel des Dresdener Codex 176
>   7.2 Planeten 186
>   7.2.1 Venus 187
>   7.2.2 Anmerkungen zu den weiteren sichtbaren Planeten . . 199

7.3	Fixsternhimmel und Sternbilder	206
7.4	Kosmologie und Kalender	211

8 Schlußbemerkung · · · **221**

Exkurs A: Zum Korrelationsproblem · · · **225**

Exkurs B: Orthographie und Aussprache der Maya-Begriffe · · · **237**

Literaturverzeichnis · · · **241**

Index · · · **283**

Abbildungsverzeichnis

Der Zusatz (*) weist sowohl im Abbildungsverzeichnis als auch in den Bildunterschriften auf die Verwendung der alten Orthographie für Maya-Begriffe (vgl. Exkurs B) innerhalb der Abbildungen hin.

1.1	Karte der wichtigsten archäologischen Fundorte	23
2.1	Historische Glyphen und Namen	40
2.2	Emblemglyphen einiger Städte	41
2.3	Schreibweisen des Namens Pakal (*)	46
3.1	Glyphen der Himmelsrichtungen	54
4.1	Abstrakte Notation der Ziffern (inkl. Null)	73
4.2	Beispiele des Vigesimalsystems	74
4.3	Die Ziffer 19: Entstehung der Kopfformdarstellung	75
4.4	Kopfvarianten der Ziffern (inkl. Null) (*)	76
4.5	Anthropomorphe Darstellung des Ausdrucks *0 k'in*	77
4.6	Darstellungen der Null	82
5.1	Tageszeichen des 260-Tage-Kalenders (*)	90
5.2	Schematische Darstellung der 260-Tage-Zählung	91
5.3	Monatszeichen des angenäherten Jahres (*)	96
5.4	Schematische Darstellung der 52-jährigen *Calendar Round* (*)	98
5.5	Maya-Zahlzeichen in der Kalenderrechnung (*)	101
5.6	Glyphen der im *Long Count* verwendeten Zyklen	104

5.7	Glyphen *G1 - G9*	109
5.8	Zyklen des Kalendersystems	118
5.9	Beispiel einer Initialserie	122
7.1	Astronom im Madrider Codex	156
7.2	Astronomische Glyphen	158
7.3	Finsternistafel (Ausschnitt)	178
7.4	Venustafel (Ausschnitt)	192
7.5	Nachthimmel in Bonampak	209
7.6	Maya-Tierkreis	212
7.7	Rabbit-in-the-Moon-Zeichen	213
7.8	*Wakah Kan*-Baum [*]	214
7.9	Ausschnittvergrößerung aus dem Madrider Codex	216

Kapitel 1

Einleitung

> "Die Wissenschaften, die sie lehrten, waren die Berechnung der Jahre, Monate und Tage, die Feste und Zeremonien, die Ausspendung ihrer Sakramente, die verhängnisvollen Tage und Zeiten, ihre Arten der Weissagung, Heilmittel für die Krankheiten, ihre alten Geschichten, das Lesen und Schreiben mit ihren Buchstaben und Zeichen, wobei sie mit Bildern schrieben, welche die Schrift darstellten." (Landa, Diego de [272], S. 21.)

Wegen ihrer schöpferischen Leistungen, vor allem in der Kunst und der Architektur, nicht zuletzt aber auch aufgrund ihrer astronomischen Kenntnisse, der Entwicklung einer Schrift und eines ausgefeilten Kalendersystems gilt die Kultur der Maya als die höchstentwickelte des präkolumbianischen Amerika. Gerade das Schriftsystem blieb der Maya-Forschung jedoch lange verschlossen; erst mit seiner in den letzten Jahren weitgehend gelungenen Entzifferung konnte das Wissen über die Maya, insbesondere über ihre geistigen Errungenschaften, erheblich vermehrt werden.

Alle genannten Bereiche stehen in einem engen Zusammenhang mit den religiösen Vorstellungen der Maya, durch welche die kulturellen und wissenschaftlichen Leistungen wesentlich beeinflußt und motiviert wurden. Aus diesem Grunde ist eine strikte Trennung in verschiedene mayaische

'Wissenschafts'-Bereiche sowie deren heutige isolierte Betrachtung weder möglich noch sinnvoll, haben doch Erkenntnisse der Maya-Forschung in einem der Bereiche oft genug einen Wissenszuwachs in einem anderen nach sich gezogen und haben vielfältige Wechselwirkungen zwischen den einzelnen Wissensgebieten die Forschung entscheidend befruchtet.

1.1 Einführende Bemerkungen zu Geographie und Geschichte

Das Maya-Gebiet mit seinen rund 324 000 km^2 umfaßte neben den heutigen mexikanischen Bundesstaaten Tabasco und Chiapas sowie den auf der Halbinsel Yucatán gelegenen Campeche, Yucatán und Quintana Roo auch die Staaten Guatemala und Belize sowie Teile von Honduras und El Salvador.[1] Der Lebensraum der Maya erstreckte sich somit über sieben Breitengrade und stellte keineswegs einen einheitlichen geographischen Raum dar:

> Von Norden nach Süden sich allmählich vollziehende Veränderungen der klimatischen Bedingungen hatten nicht nur eine dementsprechende Abfolge unterschiedlicher Vegetationsformationen, sondern auch sehr differenzierte Bodenbildungsprozesse zur Folge. Da ausschließlich Kalke den Untergrund [...] aufbauen und diese in hohem Maße der Verkarstung ausgesetzt sind, ist es vor allem das Wasserproblem, das die Lage der Siedlungen und das gesamte wirtschaftliche Geschehen im Mayaland bestimmte.[2]

Einerseits kann trotz der unterschiedlichen Bedingungen, denen die Bewohner des Maya-Gebietes ausgesetzt waren, von *einer* Kultur die Rede sein, denn die Herrschafts- und Gesellschaftsstrukturen, die religiösen Auffassungen und die geistigen Errungenschaften ähnelten sich sehr stark. Die Einheitlichkeit wurde durch eine entsprechende Heiratspolitik unter den

---

[1] Vgl. z. B. Valdés [505], S. 22, oder Vincke [507], S. 20.
[2] Wilhelmy [519], S. 1.

1.1 GEOGRAPHIE UND GESCHICHTE

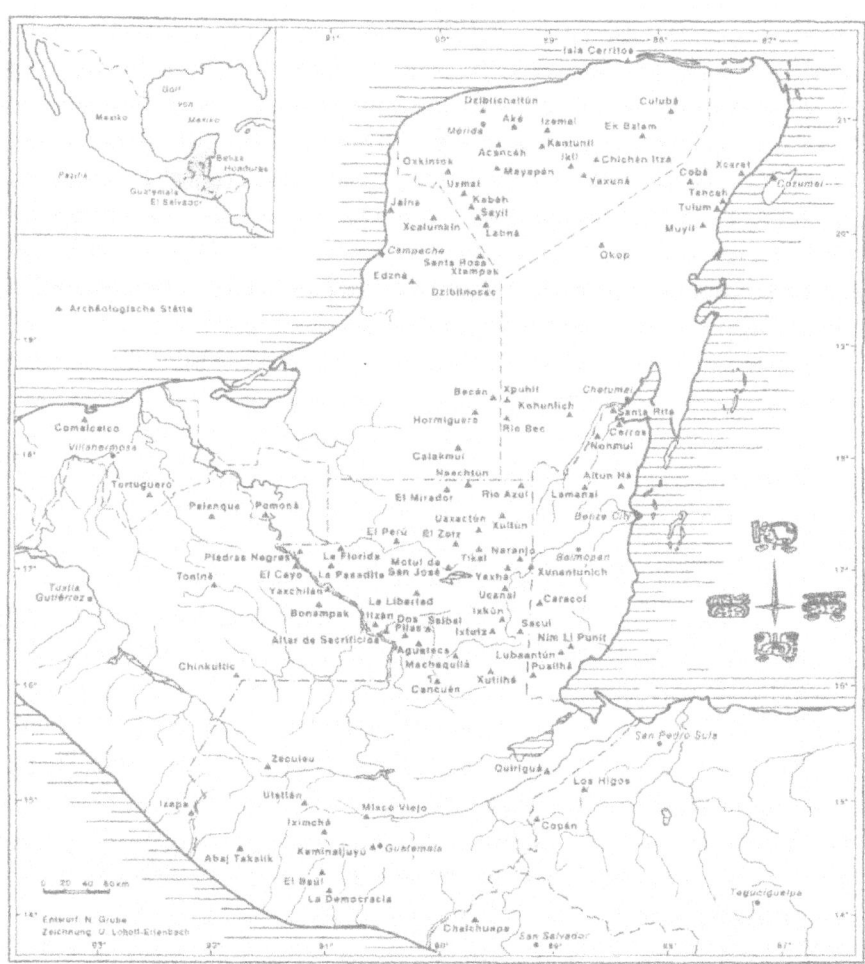

Abbildung 1.1: Karte der wichtigsten archäologischen Fundorte im Maya-Gebiet. (Eggebrecht/Eggebrecht/Grube [161], S. 42.)

Herrschenden sowie durch weitreichende Handelsbeziehungen, die vermutlich bis in das westlich gelegene Azteken-Gebiet im heutigen Mexiko hineinreichten, verstärkt.

Andererseits kann aber keinesfalls von einem *einzigen* Maya-Volk die Rede sein, sondern 'die Maya' und ihre Nachkommen setzen sich aus verschiedenen ethnischen Gruppen zusammen, die in ihrer Gesamtheit diesen Namen aufgrund ihrer Zugehörigkeit zu einer Sprachfamilie erhalten haben. Die Sprachen dieser Familie stehen in einem ähnlichen Verwandtschaftsverhältnis wie die der germanischen Sprachfamilie in Europa und haben einen gemeinsamen Ursprung.[3] Auch stehen die heutigen Maya in direkter 'Sprachnachfolge' der Maya der klassischen Zeit, denn letztere "verwendeten Sprachen, die mit den heute noch gesprochenen Chol-Sprachen und yukatekischen Sprachen verwandt sind."[4]

Ihre Blüte erreichte die Maya-Kultur[5] in der klassischen Zeit, die neben der Prä- und der Postklassik zu den drei Hauptperioden mayaischer Geschichte zählt. Diese Perioden werden wiederum entsprechend der folgenden Zeittafel in einzelne Epochen unterteilt.

Um 10 000 v. Chr. wird die Besiedlung Mesoamerikas angesetzt,[6] und in der Zeit zwischen 7000 und 2000 v. Chr. kam es vermutlich "zu einer Umstrukturierung der Gesellschaft von einer nomadischen zu einer halbnomadischen Wirtschaftsform mit jahreszeitlich unterschiedlichen Aufenthaltsplätzen".[7] Währenddessen — etwa um 5000 v. Chr. — gelang die Domestizierung des Maises und anderer Nutzpflanzen.

---

[3] Vgl. Grube [202], S. 222: "Die über sechs Millionen Maya, die heute in Guatemala, Mexiko und Belize leben, sprechen 31 unterschiedliche Maya-Sprachen, die untereinander etwa so verwandt sind wie z. B. Deutsch, Englisch und Norwegisch. Alle Maya-Sprachen gehen auf die gleiche Wurzel zurück, ein Proto-Maya, das vor etwa 4000 Jahren im Hochland von Guatemala entstand."

[4] Ebd.

[5] Allgemein zur Kultur der Maya und zu verschiedenen Bereichen vgl. neben der zitierten Literatur Adams [4], Adams/Culbert [5], Andrews, G. [11], Austin [14], Bricker, V. [83], Castañeda [112], Gillispie [190], Gossen [195], Graham [197] und [198], Grube/Schele [204], Hammond [211], Köhler [251], Korn [254], Kubler [264], Morley [346], Quintana [362], Riese [368], [369] und [371], Roys [385], Sosa [434], Stuart, D. [451], Tate [455], Turner II [504] und Willey [521] - [525].

[6] Diese und die folgenden Angaben zur Präklassik stammen aus Valdés [505].

[7] Ebd., S. 26.

Zeittafel[8]

Frühe Präklassik	ca. 2000 v. Chr.	–	ca. 900 v. Chr.
Mittlere Präklassik	ca. 900 v. Chr.	–	ca. 400 v. Chr.
Späte Präklassik	ca. 400 v. Chr.	–	ca. 250 n. Chr.
Protoklassik	ca. 100 n. Chr.	–	ca. 250 n. Chr.
Frühklassik	ca. 250 n. Chr.	–	ca. 600 n. Chr.
Spätklassik	ca. 600 n. Chr.	–	ca. 800 n. Chr.
Endklassik	ca. 800 n. Chr.	–	ca. 900 n. Chr.
Frühe Postklassik	ca. 900 n. Chr.	–	ca. 1200 n. Chr.
Späte Postklassik	ca. 1200 n. Chr.	–	ca. 1500 n. Chr.
Kolonialzeit	ab ca. 1500 n. Chr.		

Gegen 2000 v. Chr. vermutet man den Beginn der Seßhaftigkeit, wodurch sich die Sozialstruktur änderte und eine komplexe Kulturstufe innerhalb des Zivilisationsprozesses erreicht wurde. Die hier beginnende Periode wird als *Präklassik* oder *Formative Periode* (da in ihr die Charakteristiken der Maya-Kultur Form anzunehmen begannen) bezeichnet und dauerte etwa 2000 Jahre — bis ca. 250 n. Chr. An ihrem Ende tritt ein Wandel in der Landwirtschaft, Töpferei, Steinbearbeitung, Architektur, Religion und in den sozialen Strukturen auf.[9]

Wegen ihres großen Zeitumfanges wird die Präklassik in drei Abschnitte untergliedert. Diese richten sich anfangs nach dem Grad der kulturellen Entwicklung in den Dörfern und später nach dem Auftreten von Städten mit monumentaler Architektur und einer aufkommenden elitären Gesellschaftsform.[10]

Diese Zeitabschnitte werden *Frühe Präklassik* (2000–900 v. Chr.), *Mittlere Präklassik* (900–400 v. Chr.) und *Späte Präklassik* (400 v. Chr.–250 n. Chr.) genannt. Der für die Späte Präklassik charakteristische kulturelle Prozeß erfolgte in weiten Teilen des Maya-Gebietes gleichzeitig und war

---

[8] Die Angaben sind übernommen aus Eggebrecht/Eggebrecht/Grube [161], S. 665.
[9] Vgl. Valdés [505], S. 26.
[10] Ebd.

gekennzeichnet durch ein rasches Ansteigen der Bevölkerung, die Ausbildung gesellschaftlicher Schichten und vor allem durch die Entwicklung der Hieroglyphenschrift.[11]

Mit *Protoklassik*, dem Zeitabschnitt von ca. 100–250 n. Chr., wird die Übergangsphase von der Präklassik zur *Klassik* bezeichnet, in der sich hierarchische Strukturen festigten. Ihr folgte die *Frühklassik* (ca. 250–600 n. Chr.), während der sich vor allem die Struktur des Staates entwickelte und verbreitete. Die *Spätklassik* (ca. 600–800 n. Chr.) "erlebte den Aufstieg neuer mächtiger Herrschaftsgebiete und den Höhepunkt demographischer wie kultureller Entwicklung",[12] während für die Schlußphase der Klassik, die *Endklassik* (ca. 800–900 n. Chr.), der Niedergang des südlichen und der Aufstieg des nördlichen Tieflandes von Yucatán bestimmend war.[13]

Die Klassik gilt als Höhepunkt der Maya-Kultur, in der die Maxima in Kunst, Architektur und Wissenschaft erreicht wurden. Nicht vergessen werden darf jedoch, daß es nie zu *einem* Maya-Reich kam, sondern daß stets mehrere konkurrierende Staaten existierten, die in sozialer und ökonomischer Interaktion miteinander standen, aber auch gegeneinander Krieg führten.

Die eigentliche Blütezeit der Maya-Kultur wurde in der Spätklassik mit einer bis dahin nicht gekannten Entfaltung in vielen Gebieten erreicht, auf deren Errungenschaften noch genauer eingegangen wird. Als prägnant für die Spätklassik kann die Zersplitterung in eine Vielzahl politisch und wirtschaftlich souveräner Zentren betrachtet werden. Dennoch überrascht die kulturelle Einheitlichkeit: "Sie ist ein Indiz für häufige Kontakte und selbst Bündnisse zwischen den Zentren."[14] Doch durch die Zersplitterung wurde auch die Rivalität verstärkt, so daß in einigen Gebieten die Gesellschaftsordnung ins Wanken geriet oder zerfiel.

Gleichzeitig brachten das starke Bevölkerungswachstum und die zunehmende Ausbeutung der Umwelt das ökologische Gleich-

---

[11] Vgl. Sharer [424], S. 43.
[12] Ebd., S. 41.
[13] Vgl. ebd.
[14] Ebd., S. 86.

1.1 GEOGRAPHIE UND GESCHICHTE

gewicht an seine kritische Grenze. Alle diese Faktoren zusammengenommen bewirkten, daß sich das Tiefland während der folgenden Endphase der Klassik in einigen Aspekten entscheidend verändern sollte.[15]

Entsprechend war die Endklassik durch einen allgemeinen 'Abstieg' gekennzeichnet, der sich unter anderem in einer rapiden Abnahme der Bautätigkeit äußerte. So kam etwa die Errichtung von Denkmälern mit dynastischen und kalendarischen Daten weitgehend zum Erliegen.[16] Neueren Forschungsergebnissen zufolge ging in dieser Periode die Macht von der zentralen Herrschergewalt an mehrere hochrangige Personen über.[17] Gleichzeitig wanderte die Bevölkerung aus den Städten ab; und die bestehende Maya-Kultur brach innerhalb von etwa einhundert Jahren weitgehend zusammen.[18] Über die genauen Ursachen und Gründe für den Kollaps der Maya-Kultur herrscht allerdings weiterhin Uneinigkeit.[19]

Die *Postklassik*, unterteilt in die beiden Epochen *Frühe Postklassik* (ca. 900–1200 n. Chr.) und *Späte Postklassik* (ca. 1200–1500 n. Chr.), ist in der Maya-Forschung lange Zeit "als eine dekadente Phase und im Vergleich zu den vorangegangenen Epochen von geringerer kultureller Potenz"[20] beurteilt worden. Über diese Auffassung besteht heute jedoch kein Konsens mehr, vielmehr wird vorwiegend die Andersartigkeit der Postklassischen Periode betont.[21] In ihr endete die Errichtung von Monumenten; und es ist eine dramatische Bevölkerungsabnahme in vorher dicht besiedelten Gebieten zu verzeichnen. Neue Städte wurden vornehmlich in gut zu verteidigenden Gebieten angelegt, was auf eine wichtige Rolle des Krieges in der Postklassik deutet. Im Gegensatz zu den klassischen errichteten die postklassischen

---
[15] Ebd.
[16] Vgl. ebd.
[17] Vgl. ebd., S. 88.
[18] Der Niedergang war jedoch kein allgemein und überall auftretendes Phänomen, so erblühten die Städte der Puuc-Region erst zwischen 800 und 1000 n. Chr. (Vgl. ebd., S. 88.)
[19] Zu Thesen und Theorien über den Maya-Kollaps siehe Culbert [141].
[20] Chase/Chase [114], S. 257.
[21] Vgl. ebd.

Maya niedrigere und vergänglichere Bauten.[22] Dennoch kann man sie als Erben der klassischen Maya ansehen:

> Die Betrachtung der Klassischen Periode der Maya aus einer Postklassischen Perspektive ergibt Hinweise auf deutliche Kontinuität, die Gemeinsamkeiten in der sozialen Organisation, der Struktur von Siedlungen wie auch in einigen Aspekten des Rituals erkennen lassen. Die Maya der Späten Postklassik erweisen sich damit nicht als dekadente Idolanbeter, wie man einst vermutete, sondern eher als Menschen, die mit einem gut durchdachten, öffentlich praktizierten System von Kalender-Ritualen vertraut waren, das den Lauf der Zeit gliederte.[23]

Der eigentliche Bruch in der Entwicklung der Maya-Kultur wurde erst durch die spanische Eroberung (Conquista) herbeigeführt, welche gegen 1500 begann und ihr Ende 1697 in der Niederlage der letzten unabhängigen Maya-Stadt Tayasal fand.[24] Die spanischen Kolonialherren brachten bis dahin in Mesoamerika unbekannte Krankheiten, Ausbeutung und vor allem Unverständnis gegenüber der Lebensweise der Maya mit,[25] wobei letzteres insbesondere in einer radikalen Christianisierung und Unterdrückung der Bevölkerung zutage trat und schließlich das Ende der Maya-Gesellschaft verursachte.

1.2 Forschungsstand

Lange Zeit schien die Kultur der Maya wegen der Vernichtung von Bauten und materiellen Hinterlassenschaften durch Klima und Vegetation einerseits und durch die weitgehende Unterdrückung der Kultur durch die spanischen Eroberer und ihre Christianisierungsbemühungen andererseits nie wieder zugänglich zu werden. Dennoch gab es in den vergangenen 150 Jahren seit der 'Wiederentdeckung' der verlassenen Ruinenstätten immer wieder Forscher, die vielleicht gerade wegen deren Rätselhaftigkeit in den Bann

---

[22] Vgl. ebd., S. 258f.
[23] Ebd., S. 270.
[24] Vgl. Eggebrecht/Eggebrecht/Grube [161], S. 665.
[25] Vgl. Chase/Chase [114], S. 276.

1.2 FORSCHUNGSSTAND

dieser Kultur gezogen wurden, mühsam Fortschritte erzielten und zum Verständnis der Maya-Kultur beitrugen.

Die traditionelle Maya-Forschung, die über vier Jahrzehnte von dem Amerikaner Sylvanus G. Morley und vor allem dem Engländer J. Eric S. Thompson geprägt wurde,[26] vertrat in ihrer Einschätzung der Maya-Kultur das romantisierende Bild von den 'edlen Wilden' und sah die Maya als friedliebende, ohne Kriege und Menschenopfer lebende Menschen.[27] Bezüglich der Landwirtschaft ging man aufgrund der Vegetation des tropischen Regenwaldes von sehr eingeschränkten Anbaumethoden aus.[28]

> Aus dieser Vorstellung beschränkter Feldbaumethoden folgerte man, daß die Ruinenstädte der alten Maya größtenteils unbewohnte Zeremonialzentren gewesen seien, Residenzen einiger weniger Priesterfürsten, die von der Wanderfeldbau (*milpa*) betreibenden bäuerlichen Landbevölkerung aus ihren verstreuten Siedlungen unterhalten wurden.[29]

Doch aufgrund verbesserter Methoden in der archäologischen Feldforschung[30] und herausragender Fortschritte in der Entzifferung der Schrift

---

[26] Vgl. Malmström [320], S. 6.
[27] Vgl. Vincke [507], S. 39; Thompson sieht im Übergang von einer Theokratie in der Klassik, die er mit Charakteristiken wie "devoutness", "discipline", "religious devotion" und "respect for authority" (Thompson [491], S. 302) verbindet, zu einer kriegerischen Kultur in der postklassischen Periode den Grund für den dort seiner Meinung nach einsetzenden Niedergang: "The attacks of uncivilized tribes in the remote north were, I believe, the indirect cause of the eclipse of Maya civilization, its gradual decline, and final collapse. Central Mexico [...] was exposed to the incursions of barbarians from the north (the Aztec was one of the later groups to arrive), and its peoples in self-defense had to accept a militaristic orientation of their culture. The transformation of the sun god into a war god was perhaps the first step. With the growth of a warrior class comes the theory that the sun needs human flesh to give him strength each morning". (Ebd., S. 304.)
[28] Vgl. Dunning [154], S. 92, bzw. als Beleg für die damalige Auffassung Morley [341], S. 128f.: "Modern Maya agricultural practices are the same as they were three thousand years ago or more — a simple process of felling the forest, burning the dried trees and bush, planting, and changing the location of the cornfields every few years. [...] This system is known as milpa agriculture [...]. Nor, so far as we now can judge, has milpa agriculture changed materially since Classic times, and even before."
[29] Dunning [154], S. 92.
[30] Zur Archäologie in Amerika, insbesondere auch den Techniken und Methoden der Archäologie, vgl. Haberland [208].

hat sich das Bild stark gewandelt.[31] So geht man heute von kriegerischen Maya-Staaten aus, es ist "zunehmend die zentrale und alles durchdringende Rolle des Krieges im politischen Leben der Maya"[32] erkannt worden. Auch scheint das soziale System weitaus abgestufter gewesen zu sein als zunächst angenommen. Die Vorstellung von einer Zweiteilung der Gesellschaft wurde zugunsten eines differenzierten Klassen- und Schichtsystems aufgegeben.[33] Dem entspricht die aus archäologischen Grabungen gewonnene Erkenntnis, daß die Städte durchaus bewohnte Siedlungen mit einer unerwartet hohen Bevölkerungsdichte waren,[34] woraus wiederum eine Änderung der Auffassungen bezüglich der Ackerbaumethoden resultierte. Wasserleitungssysteme lassen außerdem auf eine breite Palette landwirtschaftlicher Methoden schließen, welche von Intensivkulturen über Terrassenfeldbau und intensiven Gartenbau bis hin zu Plantagenwirtschaft reicht.

> Allmählich entstand ein ganz neues Bild des Maya-Tieflandes in der Späten Klassik: eine Landschaft, übersät mit großen Städten, zahlreichen kleineren Städten und Ortschaften, dazu eine dichte Besiedlung der ländlichen Räume, in denen buchstäblich jeder verfügbare Quadratmeter nutzbarer Fläche bebaut war, um eine ständig wachsende Bevölkerung zu ernähren.[35]

Betrachtet man die Entwicklung der Maya-Forschung aus einer kritischen Distanz, so entlarvt sich in diesen und anderen zahlreichen Beispielen, welchen verhängnisvollen Einfluß die Prämisse hatte, eine alte Kultur als rückständig einzustufen, wenn sie nicht unseren ethisch-moralischen Wertvorstellungen entspricht und keinen von uns als der jeweiligen Zeit gemäß eingeordneten technischen Standard aufweist. Auffällig ist das bewußte Festhalten am 'Bild der Wilden', verbunden mit der Weigerung einiger Forscher, die ihnen plausibel erscheinenden Thesen und Deutungen aufzugeben,

---

[31] Über die Veränderungen in der Maya-Forschung vgl. Sabloff [388].
[32] Freidel [178], S. 164.
[33] Vgl. Houston/Stuart [228], S. 143: "Nur zu häufig ist man versucht, die Struktur der Maya-Gesellschaft als ganzes zu sehr zu vereinfachen, indem man die Tausende[n] von Einwohnern in Angehörige der Oberschicht und des Gemeinvolkes teilt. In der Wirklichkeit erweisen sich solch simple Aufteilungen als immer weniger brauchbar, je mehr neue Entdeckungen über die Gesellschaft der alten Maya hinzukommen."
[34] Vgl. Dunning [154], S. 92.
[35] Ebd., S. 93.

sobald neue Erkenntnisse diese eindeutig in das Reich der Legendenbildung verwiesen. Der große Einfluß dieser Forscher wirkte stark bremsend.[36]

1.3 Primär- und Sekundärliteratur

Will man sich einen groben Überblick über die Literatur beschaffen, so findet sich eine Reihe allgemeiner Einführungen unterschiedlicher Qualität wie etwa Abril [2], Arellano et al. [12], Baudez/Becquelin [58], Brainerd [78], Coe [129], Gallenkamp [184], Henderson [224], Morley [341], Riese [372], Sabloff [388], Schele/Freidel [405], Schele/Mathews [408], Spinden [441], Thompson [491], Wauchope [514], Weaver [515] und Wilhelmy [520]. Lohnenswert sind die beiden Ausstellungskataloge *Die Welt der Maya* (Eggebrecht/Eggebrecht/Grube [161]) und *Maya* (Schmidt/Garza/Nalda [414]), in denen neuere Forschungsergebnisse referiert werden.

Eine weiterführende Beschäftigung und vor allem eine differenzierte Auseinandersetzung mit bestimmten Themenbereichen jedoch ist bislang fast ausschließlich im Rückgriff auf Publikationen in einschlägigen Fachzeitschriften oder Aufsatzsammlungen möglich. Die Anzahl der Monographien, die ein tieferes Eindringen in die Materie erlauben, ist recht gering, und zu vielen Gebieten existiert bislang keine umfassende Einzeldarstellung. Ein Grund hierfür liegt sicherlich in der momentan rasant fortschreitenden Forschung; dies wird am Beispiel der Schriftentzifferung besonders deutlich, trifft aber auch auf andere Bereiche zu:

> Die Entzifferung der Maya-Schrift geschieht mit einer solchen Geschwindigkeit, daß es noch keine aktuellen Darstellungen des gegenwärtigen Forschungsstandes gibt, und jede Übersicht über die Schriftentzifferung ist in dem Moment ihrer Drucklegung bereits überholt. Neue Entzifferungen werden häufig im Abstand von nur wenigen Tagen gemacht und kursieren dann in Form von Kurzmitteilungen und Briefen im kleinen Kreis der Fachleute.[37]

---

[36] Vgl. hierzu auch Kapitel 2.1.
[37] Grube [202], S. 215. Grube spricht in diesem Zusammenhang sogar von dramatischen Paradigmenwechseln. Gerade durch die sich so enorm entwickelnde Schriftkenntnis werden auch verstärkt Fortschritte auf den Gebieten der Kosmologie (vgl. dazu etwa Freidel/Schele/Parker [179]) und — mit letzterem eng zusammenhängend — der Wissenschaften der Maya erzielt, wie hier noch aufzuzeigen sein wird.

1.3.1 Literatur zur Mathematik

Bemerkenswert ist, daß die Maya-Kultur in der Mathematikgeschichtsschreibung noch weitgehend unbeachtet geblieben ist. So findet man in allgemeinen Darstellungen zur Mathematikgeschichte und in solchen zur Astronomie — als einem Hauptanwendungsbereich der mathematischen Kenntnisse — gar keine oder nur wenige Hinweise zu Zahlensystem, Kalender und Astronomie dieser mesoamerikanischen Kultur.[38] Bezüglich des Zahlensystems bietet allerdings Ifrah [230] eine ausführliche Einführung, obwohl viele der referierten Forschungsergebnisse inzwischen veraltet sind.

In der neueren Forschung zur Mathematik und Astronomie der Maya sind die meisten Ergebnisse in Aufsatzsammlungen oder Zeitschriften erschienen, wobei vor allem Aveni [18], [21], [28], [29], [33], [37], Aveni/Brotherston [38], Closs [120] und Lounsbury [295] hervorzuheben sind.[39] Allerdings existieren eine neuere Monographie zur Astronomie (Aveni [34]) sowie drei Werke zur Mathematik (Cabrera [103], Calderón [105] und Tonda/Noreña [500]), wobei die letztgenannten eher spielerisch in die Materie einführen.

Nicht vergessen werden dürfen ältere Forschungsbeiträge, wie zum Beispiel die 1910 erschienene, inzwischen aber veraltete Monographie Bowditchs (Bowditch [76]) zur Mathematik. Da Glyphen zu Kalender und Zahlensystem sowie einige astronomische Schriftzeichen schon relativ früh entziffert werden konnten, gab es in den 30er und 40er Jahren des 20. Jahrhunderts eine Reihe von Veröffentlichungen im mathematisch-astronomischen Bereich. Diese nehmen zum Teil noch heute großen Einfluß auf die Forschung, wie etwa Teeple [466] und Thompson [478], [481] und [483], ei-

---

[38] Vgl. z. B. Abetti [1], Boyer/Merzbach [77], Cajori [104], Crossley [140], Gericke [186], Hankel [214], Menninger [333], Moffatt [339], Neugebauer [349], North [350], Scriba [421], Struik [449], Tropfke [503], Waerden/Folkerts [513] oder Wussing [532].
[39] Die jeweiligen Aufsätze und Zeitschriftenartikel werden an gegebener Stelle bibliographiert, hier sei nur ein Überblick vermittelt. Ein kurzer Abriß zur Geschichte der Maya-Archäoastronomie ist in Remington [365] zu finden.

nige gelten inzwischen aber als endgültig überholt, wie Dittrich [148] – [150] und Ludendorff [302] – [316].[40]

1.3.2 Quellen und ihre Rezeption

Für die Beschäftigung mit den geistigen Errungenschaften einer Kultur sind deren Memorierungstechniken von großer Bedeutung, wie zum Beispiel die Frage, ob das Wissen mündlich tradiert oder das kulturelle Gedächtnis durch 'externen Speicherplatz' in Form von Schrift und Buch vergrößert wurde.

Bei den Maya vermitteln Inschriften auf Steinmonumenten, meist Stelen, historische Informationen; insbesondere Daten aus dem Leben von Herrschern wie ihre Geburt, Inthronisation, erfolgreich geführte Feldzüge sowie Tod und Begräbnis werden überliefert. Steindenkmäler wurden von den jeweiligen Herrschern als Mittel zur Legitimation ihrer Macht verwendet, indem auf die dynastische Herrschaftslinie aufmerksam gemacht wurde:

> Datierte Denkmäler [...] bilden häufig zwei Personen ab. Eine plausible Erklärung für diese Darstellungen ist die, daß sie die Errungenschaften der Herrscher und die Machtübergabe an einen Nachfolger festhalten. Die Embleme und jüngste Fortschritte in der Entzifferung hieroglyphischer Texte der Klassik liefern die überzeugendsten Beweise für eine dynastische Herrschaftsregelung.[41]

Weitere Inschriften auf Keramiken, sehr oft von kalligraphischer Schönheit, erzählen vom höfischen Leben der Maya-Elite.[42]

---

[40] So war Ludendorff z. B. — wie auch Morley (vgl. Morley [341], S. 229) — der festen Überzeugung, daß die Maya-Inschriften "in weitgehendem Umfange astronomischen Inhalts sind" (Ludendorff [314], S. 3), eine in ihrer Ausschließlichkeit irrige Auffassung, wie Proskouriakoff schon 1960 zeigen konnte. Ihr gelang der Nachweis, daß viele Inschriften primär historischen Inhalts sind: "The representations on monuments are interpreted as portraits of rulers and their families." (Proskouriakoff [358], S. 454.)
[41] Sharer [424], S. 48.
[42] Zum höfischen Leben der Maya-Elite vgl. Houston/Stuart [228].

Besonders wichtig für die Übermittlung und Speicherung von Wissen waren jedoch die Faltbücher (Codices),[43] die die Maya ebenfalls herzustellen wußten. Leider sind — nach heutigem Stand der Forschung — nur noch vier Fragmente dieser Bilderhandschriften erhalten,[44] von denen die ersten drei nach ihren Aufbewahrungsorten benannt sind: der *Dresdener Codex* (Codex Dresdensis), der *Madrider Codex* (Codex Tro-Cortesianus), der *Pariser Codex* (Codex Peresianus) und der *Grolier Codex*, der sich heute in Mexiko befindet.[45] Die Datierung der Handschriften ist schwierig, doch geht man von einer Herkunft aus dem postklassischen Yucatán bzw. von einer Entstehung in der Zeit kurz nach der Conquista aus, wobei der Dresdener Codex als der älteste gilt und etwa im 12. Jahrhundert entstanden sein dürfte. Es wird vermutet, daß der Codex Dresdensis eine Abschrift eines älteren Werkes ist, das in der Klassischen Periode (gegen 800 n. Chr.) aufgeschrieben wurde,[46] so daß er Rückschlüsse auf den Stand der Wissenschaften in der Klassik erlaubt. "Die Inhalte der Codices sind vor allem rituell-kalendarischer und astronomischer Natur, liefern aber auch Informationen über die Götterwelt der Maya",[47] womit sie eine wichtige Quelle für die Thematik dieser Arbeit darstellen; insbesondere der Dresdener Codex mit seinen astronomischen Tafeln ist unverzichtbar.

Um einen ersten ausschnittartigen Zugang zu den Codices zu erhalten, bieten sich etwa Knorozov [248] und Lee Whiting [274] an, für den Dresdener Codex Thompson [477], für den Pariser Codex Love [301], Severin [423] und

---

[43] Schele/Freidel beschreiben ein Faltbuch als bestehend aus "Papier aus dem weichgeklopften, mit Gummisaft getränkten Bast einer wilden Feigenart (*Ficus cotonifolia*), das einen aus getrockneter Kalkmilch hergestellten hauchdünnen Stucküberzug als Untergrund erhielt; die mit einem Feder- oder Haarpinsel mit Tinte und Farbe bemalten Blätter wurden in Leporello-Manier zu Büchern gefaltet." (Schele/Freidel [405], S. 33.)

[44] Obwohl immer wieder Fälschungen auftauchen und auch beim letzten, erst 1971 (vgl. Grube [202], S. 225) gefundenen Grolier Codex lange diskutiert wurde, inwieweit er authentisch sei, gilt die Echtheit dieser vier Schriften inzwischen als gesichert. (Vgl. Coe [128], S. 311ff.)

[45] Eine Schwarzweiß-Ausgabe der ersten drei Codices ist in Villacorta/Villacorta [506] zu finden, ein farbiges Faksimile der Förstemann-Ausgabe des Dresdener Codex in Cholsamaj [115]. Der Grolier-Codex wurde in Coe [130] veröffentlicht.

[46] Vgl. Thompson [491], S. 197: "Codex Dresden, a beautiful example of Maya draughtsmanship, is a new edition made probably about A.D. 1200 of an original executed during the Classic period."

[47] Vincke [507], S. 27.

1.3 PRIMÄR- UND SEKUNDÄRLITERATUR

Treiber [501] sowie für den Madrider Codex Bricker/Vail [92] und Hatch [221]; zum Grolier Codex siehe Carlson [107] und Coe [130].

Daß nur noch vier solcher Handschriften erhalten sind, muß den erobernden Spaniern zur Last gelegt werden: sie verbrannten Bücher, weil diese ihrer Meinung nach voll von "Aberglauben und den Täuschungen des Teufels"[48] waren. Da nur ein Bruchteil der einstmals existierenden Bücher 'überlebt' hat, dürfte der Inhalt der erhaltenen Bücher nicht repräsentativ sein, sondern lediglich eine Auswahl dessen wiedergeben, was wirklich von den Maya aufgeschrieben wurde. Einer der Beteiligten an diesen Bücherverbrennungen war der spanische Bischof Diego de Landa, der aber gleichzeitig mit seinem *Bericht aus Yucatán* um 1566 — also aus der Zeit kurz nach der Conquista — ein für die Mayaforschung sehr wichtiges Dokument hinterlassen hat.[49] Auch wenn diese Schrift geprägt ist von der Sichtweise der spanischen Sieger und Landa selbst maßgeblich an der Zerstörung der Kultur der Maya teilhatte, liefert diese Quelle doch wesentliche Hinweise und Informationen zur Erforschung von Religion, Sitten und Gebräuchen der Maya sowie über ihr Kalendersystem.

Eine weitere wichtige Quelle ist das in lateinischer Schrift, aber in der Sprache der K'iche'-Maya verfaßte *Popol Vuh* ('Buch des Rates'), das heilige Buch der K'iche'. Es wird oft als Maya-Bibel bezeichnet, da es die Mythologie und Geschichte der K'iche' behandelt und insbesondere auf den Schöpfungsmythos der Maya eingeht.[50] Nach der Conquista aufgezeichnet, wurde es lange vor den Spaniern versteckt:

> Anfang des 18. Jahrhunderts bekam es der spanische Geistliche Francisco XIMÉNEZ zu Gesicht, der den Text kopierte und übersetzte. Das Original ging verloren, doch die Abschrift XIMÉNEZ' blieb erhalten. Als möglicher Autor des Popol Vuh wird ein

---
[48] Landa, Diego de [272], S. 135.
[49] Sehr gut ist die englische Übersetzung des Berichts von Tozzer (Landa, Diego de [273]), der viele Anmerkungen hinzufügt, die den Text erläutern und verständlicher machen. Seit 1990 liegt erstmals eine deutsche Übersetzung vor. (Vgl. Landa, Diego de [272], hier jedoch in einem Druck von 1993.)
[50] Zum Schöpfungsmythos vgl. Kapitel 3.2.2.

christianisierter Indio namens Diego Reynoso angesehen, der es zwischen 1554 und 1558 verfaßt haben soll.[51]

Eine gute englische Übersetzung, dem Originaltext in K'iche' in einer zweisprachigen Ausgabe gegenübergestellt, stammt von Edmonson (vgl. Edmonson [156]). Deutsche Übersetzungen sind von Cordan (vgl. Popol Vuh [356]), Schultze Jena (vgl. Schultze Jena [417]) und Seler (hrg. von Kutscher in Kutscher [265]) erschienen.

Erwähnt werden sollen zum Schluß noch die diversen postkolumbianischen *Chilam-Balam*-Bücher. *Chilam Balam* war ein Prophet, der unmittelbar vor der spanischen Eroberung in Yucatán lebte. "Nach ihm sind zahlreiche Sammelhandschriften in yukatekischer Maya-Sprache, aber lateinischer Schrift benannt, die zum Teil prophetische Texte, *k'atun*-Prophezeiungen, Berichte von der Erschaffung der Welt, aber auch Chroniken, Legenden und astrologische Texte enthalten."[52] Durch ihre Vielseitigkeit stellen sie der Forschung einen großen Fundus anderweitig zum Teil nicht erhältlicher Informationen bereit.

---

[51] Vincke [507], S. 33.
[52] Eggebrecht/Eggebrecht/Grube [161], S. 639.

Kapitel 2

Schriftsystem

> "Diese Leute gebrauchten auch bestimmte Schriftzeichen oder Buchstaben, mit denen sie in ihren Büchern ihre alten Geschichten und ihre Wissenschaften aufschrieben, und durch sie, die Bilder und einige Zeichen an den Bildern verstanden sie ihre Angelegenheiten, machten sie anderen begreiflich und lehrten sie. Wir fanden bei ihnen eine große Zahl von Büchern mit diesen Buchstaben, und weil sie nichts enthielten, was von Aberglauben und den Täuschungen des Teufels frei wäre, verbrannten wir sie alle, was die Indios zutiefst bedauerten und beklagten."
> (Landa, Diego de [272], S. 135.)

Die Schrift der Maya, deren Anfänge in das 2. Jahrhundert datiert werden, ist das am weitesten entwickelte Schriftsystem im vorspanischen Amerika und hat, wie ihre verwandten, aber weitaus weniger verbreiteten Schriftsysteme im Süden Mexikos, einen eigenständigen Entwicklungsprozess durchlaufen. Die Frage nach der Herkunft der Schrift in Mesoamerika kann noch nicht endgültig beantwortet werden, doch glaubt man sicher sein zu können, daß sie nicht in einem maya-sprachigen Umfeld entstand.[1]

---

[1] "Die ersten Anzeichen für Schrift im vorspanischen Amerika finden sich auf Steinmonumenten der Monte-Albán-Kultur in Oaxaca. Hier werden etwa um 700 v. Chr. die ersten kalendarischen Zeichen [...] in Stein gehauen." (Grube [202], S. 222.)

Vieles spricht dafür, "daß die Maya-Schrift in einem multikulturellen und mehrsprachigen Kontext entstand und daß dieses Umfeld zur Phonetisierung der Schrift beitrug. Die ikonographischen Motive, die vielen der Schriftzeichen zugrunde liegen, sind zum Teil viel älter und gehen auf die Bildersprache der Olmeken zurück."[2]

Für die Forschung ist die Schrift von höchstem Interesse, da sie Informationen über die Geschichte der Maya — wie Lebensdaten von Königen, Kriegszüge, Gefangennahmen, Gründung und Verfall von Städten — liefert und einzigartige Einblicke in das Denken und die Vorstellungswelt einer Hochkultur ermöglicht.[3] Schon die Existenz eines solchen Schriftsystems[4] wie dem der Maya vermittelt einen besonders guten Eindruck von den herausragenden zivilisatorischen Errungenschaften dieser Kultur, denn:

> Die Maya-Schrift ist eine der erstaunlichsten intellektuellen Leistungen, die je ein indianisches Volk hervorgebracht hat. In ihrer Perfektion und Ausdrucksstärke steht sie unserer Alphabetschrift in keiner Weise nach. In ihrer Bildhaftigkeit ist sie von beeindruckender Schönheit.[5]

2.1 Kurze Geschichte der Entzifferung

Obwohl in den letzten Jahren außerordentliche Fortschritte in der Schriftentzifferung erzielt wurden, ist die Geschichte der Entschlüsselung[6] lange Zeit eher die eines mühsamen Prozesses mit vielen Rückschlägen gewesen.

Bald nach der Conquista ging das Wissen um die Maya-Glyphen verloren, da die Schreiber unter dem Einfluß der spanischen Eroberer — auch wenn sie in Mayasprachen schrieben — nur noch das lateinische Alphabet

---
[2] Ebd., S. 223. Die Errungenschaften der olmekischen als der ersten mesoamerikanischen Hochkultur bildeten nach heutiger Erkenntnis in vielen Bereichen die Grundlage des mayaischen Wissens, von der aus die Maya durch eine Weiterentwicklung der vorhandenen Systeme (vgl. dazu auch die Kapitel 4 und 5.1) zu den ihnen zu Recht zugeschriebenen kulturellen Höchstleistungen gelangten.
[3] Vgl. ebd., S. 215.
[4] Zum Schriftsystem vgl. z. B. Ayala Falcón [50].
[5] Grube [203], S. 44.
[6] Eine detaillierte Darstellung zur Geschichte der Schriftentzifferung findet sich in Coe [128]. Vgl. auch Stuart, G. [453].

2.1 KURZE GESCHICHTE DER ENTZIFFERUNG

benutzten. Den weitaus detailliertesten Bericht über die Schrift hat uns Diego de Landa in seinem *Bericht aus Yucatán* hinterlassen.[7] Da Landa von "Buchstaben"[8] sprach, gingen die Forscher fälschlicherweise lange von einer Alphabetschrift aus. Als man jedoch schließlich den logosyllabischen[9] Aufbau der Schrift erkannt hatte, wurde Landas Bericht zum Schlüssel für die Entzifferung, denn er war entscheidend für die Bearbeitung des Dresdener Codex[10] und unverzichtbar für die Entzifferung von einigen Silbenzeichen.[11] Publiziert wurde Landas Bericht von dem französischen Geistlichen Charles Etienne Brasseur de Bourbourg, der des weiteren das älteste Maya-Spanische Wörterbuch, eine Abschrift des Popol Vuh sowie einen Teil der Codices veröffentlichte und somit den Schriftforschern wichtiges Material zugänglich machte.[12]

Am Ende des 19. Jahrhunderts gelang es dem damaligen Bibliothekar der Königlich Sächsischen Bibliothek in Dresden, Ernst Förstemann, fast den gesamten Kalender der Maya anhand des Dresdener Codex zu entschlüsseln.[13] Einen weiteren Meilenstein setzte John Eric Sidney Thompson mit seiner Monographie *Maya Hieroglyphic Writing*,[14] die sich jedoch weniger mit der Schrift als mit dem Kalendersystem beschäftigt. Thompson beteiligte sich an den Entzifferungsbemühungen, blieb aber weitgehend erfolglos bei seinen Versuchen, die Rebusmethode[15] als Schlüssel zur Entzifferung zu etablieren.[16]

---

[7] Vgl. Grube [202], S. 216.
[8] Landa [272], S. 135; vgl. die explizite Auflistung auf S. 136.
[9] Vgl. Kapitel 2.2.1.
[10] Vgl. Coe [128], S. 120.
[11] Coe bezeichnet das 'Alphabet' Landas als "Stein von Rosette [...], mit dem die Schrift geknackt werden konnte". (Ebd., S. 210f.)
[12] Vgl. Grube [202], S. 217.
[13] Vgl. Förstemann [170] und [171].
[14] Vgl. Thompson [488]. Des weiteren gab Thompson als erster 1962 einen Katalog mit allen bis dahin von Inschriften und aus Codices bekannten Glyphen heraus. (Vgl. Thompson [475].)
[15] Kelley erklärt die Rebusschreibweise mit "the use of a single glyph for different meanings which are homonyms (e.g. *chac* 'red, great')." (Kelley [238], S. 7.) Genauer vgl. Günther/Ludwig [206], S. 259, die das Rebusprinzip definieren als das Prinzip, "nach dem das piktographische Zeichen für ein Wort auch für die Darstellung eines anderen, gleich oder ähnlich lautenden verwendet wird."
[16] Seiner Meinung nach war die große Anzahl homophoner Wörter in den Mayaspra-

Kategorisch bestritt Thompson die Existenz von Schriftzeichen, die nur Silben, also keine Wörter oder Ideen bezeichnen können, und sein Einfluß auf die Maya-Forschung war so groß und seine Ablehnung der Idee von syllabischen Schreibungen so polemisch, daß über mehrere Jahrzehnte hinweg kein Forscher seiner Lehrmeinung widersprach.[17]

Abbildung 2.1: Historische Glyphen und Namen in Texten auf Denkmälern: (a) Geburtsdatumsglyphe, (b) Thronbesteigungsglyphe, (c) 'Schild-Jaguar', (d) 'Vogel-Jaguar', (e) Vor'silbe' für weibliche Namen und Titel. (Coe [129], S. 108.)

Ähnlich wie die russisch-amerikanische Kunsthistorikerin Tatiana Proskouriakoff die Entdeckung historischer Inhalte der Inschriften anhand bestimmter Glyphen wie zum Beispiel denen für Geburt, Thronbesteigung und Tod machte,[18] gelang dem deutsch-mexikanischen Archäologen Heinrich Berlin die Identifikation der *Emblemglyphen*. Deren Grundbestandteile sind immer gleich, und sie unterscheiden sich um ein je nach Ort verschiedenes Element,[19] sind also Glyphen, die mit den in Europa bekannten Wappen für Städte vergleichbar sind. Trotz des Paradigmenwechsels von mytholo-

---

chen besonders günstig für die Rebusschreibweise. In der Tat gibt es eine Reihe von Rebuszeichen in der Maya-Schrift, allerdings konnten sie keinen Schlüssel zur Entzifferung darstellen.

[17] Grube [202], S. 219.
[18] Vgl. Proskouriakoff [358].
[19] Vgl. Berlin [64].

gisch-astronomischen hin zu geschichtlichen Inhalten gelang die Entzifferung des Schriftsystems nicht, da immer noch von einer Wortschrift ausgegangen wurde.

Abbildung 2.2: Emblemglyphen: (a) Tikal, (b) Piedras Negras, (c) Bonampak, (d) Seibal, (e) Yaxhá und (f) utiy ti..l, "es geschah in Tamarindito". (Eggebrecht/Eggebrecht/Grube [161], S. 235.)

Erst der russische Ägyptologe Yuri Knorozov erkannte, daß die Schrift nicht nur Wortzeichen, sondern auch Zeichen für einzelne Silben besaß.[20] "Er glaubte, daß man das vieldiskutierte Landa-Alphabet mißverstanden habe und daß es sich nicht um ein Alphabet, sondern um ein Syllabar aus Kombinationen von Konsonanten und Vokalen handle",[21] und festigte diese Theorie anhand der Codices. Trotz beweiskräftiger Überlegungen wurde seine Theorie vor allem aufgrund des Betreibens Thompsons lange nicht anerkannt, bis in den sechziger Jahren dieses Jahrhunderts Forscher wie Floyd Lounsbury, David Humiston Kelley und Michael Douglas Coe für Knorozov Stellung bezogen.[22]

Seit man den Charakter und die verschiedenen Arten der Schriftzeichen kennt, ist die Entzifferung schnell vorangeschritten. Großen Anteil an der nun erreichten nahezu vollständigen Lesbarkeit der Maya-Schrift hatten

---

[20] Vgl. Knorozov [249] und [250].
[21] Grube [202], S. 221.
[22] Vgl. zum Beispiel Lounsbury [296] und Kelley [238].

Forscher wie Michael Douglas Coe, David Stuart, Nikolai Grube und Linda Schele. Coe las als erster die Inschriften auf den Keramiken als "bedeutungsvolle Aussagen von Künstlern/Schreibern".[23] Stuart entzifferte eine Reihe einzelner phonetischer Zeichen und nahm Lesungen vor, in denen phonetische Zeichen anders geschriebene, aber gleichlautende phonetische Zeichen oder Logogramme substituierten, also Homophonien vorhanden waren.[24] Grube identifizierte unter anderem Affixe[25] als phonetische Ergänzungen zu logographischen Hauptzeichen.[26] Zur Entzifferung und Interpretation vieler einzelner Schriftzeichen beigetragen hat Schele. Darüber hinaus setzte sie sich sehr für die Verbreitung bekannten Wissens ein und erfüllte damit eine nicht zu unterschätzende Funktion.[27] Besonders wichtig erscheint noch der Hinweis, daß mehr und mehr Erkenntnisse über die Grammatik der Maya-Schrift gesammelt werden, so daß inzwischen einige Monographien speziell zu diesem Thema erscheinen konnten.[28]

2.2 Struktur und Aufbau des Schriftsystems

In ihrer 1500jährigen Geschichte hat sich die Maya-Schrift immer wieder verändert und sich den wechselnden Bedürfnissen ihrer Verfasser und Auftraggeber angepaßt. Immer wieder wurden neue Zeichen erfunden, alte nicht weiter verwendet, und manche veränderten ihre Lesung. [...] Trotz interner Wandlungen

---

[23] Coe [128], S. 312. Thompson war lange einfach davon ausgegangen, daß es sich um Verzierungen illiterater Künstler handelte, und ließ die Inschriften unbeachtet, obwohl sie eine reichhaltige Quelle an Material darstellen.

[24] Vgl. ebd., S. 326 und S. 331.

[25] "Die Forscher unterscheiden zwischen zwei Arten von Schriftzeichen: Hauptzeichen und Affixen. Ein Hauptzeichen ist gewöhnlich größer als ein Affix [...]. Affixe sind, wie der Name sagt, an das Hauptzeichen 'affigiert', also angefügt. Affixe können vor, über, unter und hinter dem Hauptzeichen stehen. Nicht selten werden Affixe jedoch auch direkt in das Hauptzeichen eingefügt, dann nennt man sie 'Infixe'. Die Maya machten wohl nicht immer eine klare Trennung zwischen Hauptzeichen und Affixen. Gelegentlich erscheinen Hauptzeichen als Affixe und umgekehrt." (Grube [201], S. 44.)

[26] Vgl. Coe [128], S. 354.

[27] Vgl. zum Beispiel — neben einer Reihe von Artikeln mit Lesungen spezieller Glyphen, die sie mit verschiedenen Kollegen veröffentlicht hat — Schele [400], [402] oder [401]. Auf den 'Maya Meetings', die sie bis zu ihrem Tod im April 1998 jährlich in Austin, Texas, organisierte und die auch weiterhin durchgeführt werden, findet jeweils ein Workshop über 'Maya Hieroglyphic Writing' statt.

[28] Vgl. z. B. Bricker, V. [84].

2.2 STRUKTUR UND AUFBAU

blieb die Struktur der Maya-Schrift stets so homogen, daß ein Schreiber, der z. B. im 8. Jahrhundert lebte, einen Text aus dem 5. Jahrhundert noch durchaus lesen konnte.[29]

Sprachliche Unterschiede zwischen den einzelnen Mayasprachen scheinen die Verständlichkeit der Texte ebenfalls nicht eminent beeinträchtigt zu haben;[30] vor allem die Schrift dürfte das Gebiet der Maya zu einem geschlossenen Kulturraum gemacht haben.

Nach heutigem Wissensstand besteht die Schrift der Maya aus weniger als 700 Glyphen,[31] die auf den zeitgenössischen Betrachter barock und undurchschaubar wirken, da viele verschiedene Formen existieren. Die Zeichen bestehen in der Regel aus einem Hauptzeichen und einem oder mehreren Affixen[32] und haben "normalerweise ein quadratisches oder länglich-ovales Format; ein einzelnes oder mehrere Zeichen bilden einen sogenannten Glyphenblock. Bei den meisten Inschriften sind viele solcher Blöcke in einer rechteckigen Matrix angeordnet."[33] Gelesen werden jeweils Doppelkolumnen von oben nach unten, die wiederum nebeneinander — von links nach rechts — angeordnet werden. Auf diese Art war es den Maya möglich, lange Texte mit mehreren Abschnitten und Sätzen zu schreiben. Meist werden in der Forschung die Spalten mit A, B, C,..., die Zeilen mit 1, 2, 3,... bezeichnet, was ein einfaches Referieren auf die jeweilige Glyphe der Inschrift erlaubt. Die Lesefolge von Inschriften ist entsprechend diesem von Charles Rau erfundenen System[34] A1, B1, A2, B2,..., An, Bn, C1, D1,.... Schrift und bildliche Darstellung sind oft nicht getrennt,[35] wie man in den Codices,

---

[29] Grube [202], S. 225f.
[30] Vgl. ebd., S. 226: "Obgleich wahrscheinlich der gesamte südliche Bereich des Tieflandes Chol-sprachig war und im Norden des Tieflandes eine frühe Form des yukatekischen Maya gesprochen wurde, muß Zweisprachigkeit verbreitet gewesen sein. So findet man Chol-Wörter in Gegenden, wo sicher yukatekisch gesprochen wurde, und yukatekische Formen in Städten wie Copán, die eine Chol-Sprache verwendeten."
[31] Vgl. Grube [200], S. 46: "Es konnte gezeigt werden, daß die Gesamtzahl der Zeichen der Mayaschrift mit 672 Zeichen niedriger liegt als von den meisten Forschern erwartet. Die historische Analyse des Zeicheninventars konnte zeigen, daß von den 672 überhaupt vorkommenden Zeichen nicht mehr als 363 zur selben Zeit verwendet werden."
[32] Vgl. Kelley [238], S. 14. Siehe auch Anmerkung 25 diesen Kapitels.
[33] Stuart/Houston [452], S. 142.
[34] Vgl. Kelley [238], S. 14.
[35] Vgl. Coe [128], S. 367.

aber auch auf Stelen und Keramiken leicht erkennt. "Genau wie im alten Ägypten haben Texte die Tendenz, den ganzen Raum zu füllen, der nicht von Bildern eingenommen wird; sie können sogar als Namensausdrücke auf den Körpern von Gefangenen erscheinen."[36]

2.2.1 Art und Charakter der Schriftzeichen

Die Maya-Schrift ist logosyllabisch, es existieren also Schriftzeichen für Wörter und solche für Silben, wobei ungefähr die Hälfte der Zeichen Logogramme, d. h. Wortzeichen sind.[37]

Viele der Logogramme sind Abbilder der Objekte, die sie bezeichnen, doch auch Namen, Zahlen,[38] Verben und sogar abstrakte Begriffe wie *k'aba*, 'Name', werden mit Logogrammen wiedergegeben, wobei die Schriftzeichen dann selbst häufig keinen konkreten Gegenstand darstellen.[39] "Zeichen, die ein bestimmtes Wort ausdrücken, können aber auch, und das macht den besonderen Reiz der Maya-Schrift aus, für einen gleichlautenden, aber etwas völlig anderes bezeichnenden Begriff stehen."[40] So kann die Homophonie des Maya-Wortes für 'Schlange' (*kan*) mit den Ausdrücken für 'Himmel' und 'vier' genutzt werden, indem für die letzteren der Kopf einer Schlange verwendet wird.[41] Dies vermehrt einerseits die Anzahl der Darstellungsmöglichkeiten eines Textes, andererseits bietet es Gelegenheit zu Wortspielen, was die Maya-Schreiber geschickt auszunutzen wußten.[42]

Alle Wörter, auch die als Logogramm geschriebenen, lassen sich durch eine Kombination von Silbenzeichen darstellen, wodurch die Darstellungsvielfalt weiter erhöht wird.

Die Silbenzeichen in der Schrift der Maya haben stets die gleiche Struktur, sie bestehen aus jeweils einem Konsonanten und einem

---

[36] Ebd.
[37] Vgl. Grube [202], S. 226.
[38] Zur Notationsweise von Zahlen siehe Kapitel 4.2.
[39] Vgl. Grube [202], S. 226.
[40] Ebd.
[41] Vgl. ebd.
[42] Vgl. Stuart/Houston [452], S. 143.

2.2 STRUKTUR UND AUFBAU

Vokal [in dieser Reihenfolge, A.S.]. Für jede mögliche Verbindung aus Konsonant und Vokal gab es mindestens ein Zeichen. Da Cholan und Yukatekisch fünf Vokale und 21 Konsonanten aufweisen, ergibt sich daraus, daß es mindestens 105 Silbenzeichen gegeben haben muß. Daneben existieren eine Reihe reiner Vokalzeichen.[43]

Da die meisten Maya-Wörter aus der Kombination Konsonant – Vokal – Konsonant bestehen, sind viele Silbenschreibungen aus zwei Zeichen zusammengesetzt, wobei der Vokal des zweiten Zeichens mit dem des ersten übereinstimmt, meist aber nicht mitgelesen werden soll. So kann — als Beispiel einer Silbenschreibung mit drei Zeichen — *balam*, 'Jaguar', syllabisch als *ba-la-m(a)* geschrieben werden. Soll der letzte Vokal mitgelesen werden, "wird dies durch zusätzlich angehängte Zeichen markiert und dient zur Fixierung grammatikalischer Suffixe."[44]

Syllabische Zeichen kommen aber auch in Verbindung mit Logogrammen vor, wo sie als Lesehilfen fungieren, die, falls die Lesung des Logogramms nicht eindeutig ist, seine Aussprache andeuten. Wiederholen Silbenzeichen den Lautwert eines Logogramms, so werden sie "phonetische Komplemente" genannt. "Das Wort für 'Berg' kann daher als Logogramm [des Maya-Wortes, A.S.] *witz* mit einem vorangestellten phonetischen Komplement *wi* geschrieben werden. Für die Forscher sind phonetische Komplemente häufig ein Schlüssel zur Entzifferung von ansonsten unlesbaren Logogrammen."[45]

Als Beispiel seien die verschiedenen Schreibungen des Namens *Pakal* aufgezeigt, der 'Schild' bedeutet (Pakal der Große war einer der wichtigsten Herrscher über Palenque, er lebte im 7. Jahrhundert n. Chr.[46]):

> Schaut man sich die verschiedenen Schreibweisen von Pacals Namen an, kann man sehen, daß die Schreiber von Palenque gerne

---

[43] Grube, [202], S. 226; vgl. das Syllabar — die Konsonanten der gesprochenen Sprache sind in einem Rechteckschema so gegen die Vokale aufgetragen, daß ihre Kombinationen alle zum Schreiben notwendigen Silbenzeichen ergeben — in Grube [200], S. 85.
[44] Grube, [202], S. 228.
[45] Ebd.
[46] Vgl. Schele/Freidel [405], S. 241ff.

mit ihrer Schrift herumspielten, indem sie logographische (semantische) gegen syllabische Zeichen austauschten oder diese sogar miteinander kombinierten. *Pacal* konnte rein logographisch geschrieben werden, indem das Bild eines Schildes benutzt wurde, oder rein syllabisch oder sogar logosyllabisch, indem man das 'umgedrehte Ahau'-*la*-Zeichen als phonetische Ergänzung anfügte, um zu verdeutlichen, daß dieser Schild-Gegenstand mit einem -*l* abschloß.[47]

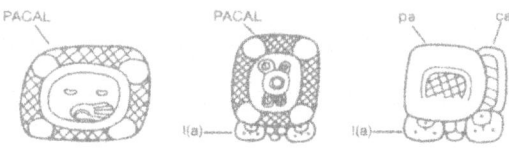

Abbildung 2.3: Verschiedene Schreibweisen des Namens Pakal. Logogramme sind mit Groß- und phonetische Zeichen mit Kleinbuchstaben bezeichnet.[(*)] (Coe [128], S. 280.)

Neben Logogrammen und syllabischen Zeichen kennt die Maya-Schrift sog. Determinative oder 'Deutzeichen', "einige wenige Zeichen, die die Lesung und Interpretation der Zeichen verändern, aber selber nicht mitgelesen werden."[48] Es sind vor allem zwei bekannt: die 'Tageszeichen-Kartusche' und die 'Dopplungspunkte'. Erstere zeigt an, daß ein bestimmtes Zeichen den Namen eines der Tageszeichen des 260tägigen Kalenders[49] darstellt. Tritt das Zeichen ohne diese Kartusche auf, so hat es im allgemeinen eine andere Lesung und Bedeutung. "Das Gesicht, das, wenn es in der Tageszeichenkartusche erscheint, den Namen des 20. Tageszeichens, *Ahaw*, notiert, wird, wenn es nicht mit der Kartusche kombiniert wird, als Logogramm *nik*, 'Blume' gelesen."[50] Die Dopplungspunkte kommen dann vor, wenn in einer Silbenschreibung eine Silbe zu wiederholen ist:

---

[47] Coe [128], S. 279.
[48] Grube [202], S. 228.
[49] Vgl. Kapitel 5.1.1.
[50] Grube [202], S. 228.

> Für das Wort *kakaw* (eines der wenigen Maya-Wörter, das unverändert in europäische Sprachen übergenommen [sic] wurde) gab es die normale syllabische Schreibung, indem man drei Silbenzeichen für die Silben *ka-ka-wa* miteinander kombinierte. Es gab aber auch eine Alternative, bei der man nur ein *ka*-Zeichen und ein *wa*-Zeichen schrieb und vor das *ka*-Zeichen zwei kleine Punkte setzte. So war klar, daß man da[s] *ka*-Zeichen doppelt zu lesen hatte.[51]

Die Komplexität der Schrift wird dadurch erhöht, daß es Zeichen gibt, die je nach Kontext unterschiedlich zu lesen sind, sowie Silben, die durch mehrere Zeichen wiedergegeben werden können.[52] Auf diese Art war es den Schreibern möglich, Texte abwechslungsreich und kalligraphisch anspruchsvoll zu notieren, was durch weitere Varianten wie Porträtglyphen oder vielfigurige Zeichen unterstützt wurde.[53]

2.2.2 Zur Grammatik des Schriftsystems

Da es zu weit führen würde, die Grammatik ausführlich zu besprechen, seien hier nur einige wenige Grundregeln angegeben. Genaueres läßt sich etwa in Bricker, V. [84] sowie Schele [400] und [402] nachlesen. Dennoch soll in Ansätzen deutlich gemacht werden, daß das Schriftsystem grammatikalischen Ansprüchen genügt. Des weiteren spielt das Wissen um die Grammatik eine große Rolle in der Schriftentzifferung, nicht zuletzt weil die Kenntnis der grammatischen Funktion eines Schriftzeichens für dessen Entschlüsselung hilfreich sein kann, da sie bereits Rückschlüsse ermöglicht.[54]

> Die meisten Sätze beginnen mit einer Zeitangabe, die genau festlegt, an welchem Tag ein Ereignis stattfand. Der Zeitangabe folgen das Verb, dann gegebenenfalls das Objekt und zuletzt das

---

[51] Ebd.
[52] So gibt es zum Beispiel mindestens vier verschiedene Zeichen für die Silbe *ba*. (Vgl. ebd.)
[53] Vgl. dazu insbesondere auch Kapitel 4.2.
[54] "The virtuosity of the Maya scribe in the substitution of phonetic, semantic, and graphic metaphors and puns is most easily detectable within the context of this kind of parallel and redundant structures, and the presence of such semantically parallel substitution patterns often provides important clues for decipherments." (Schele [400], S. 56.)

Subjekt des Satzes. Wenn das Subjekt der Name eines Herrschers oder eines hohen Angehörigen der Herrscherfamilie ist, folgen dem Namen meist zahlreiche Titel.[55]

Neben transitiven und intransitiven Verben lassen sich ebenfalls Hilfsverben nachweisen.[56] Es gibt lokative und temporale Indikatoren: örtliche Präpositionen, die als Affixe vor dem Objekt Hinweise auf die Positionierung des Subjekts geben[57], wie '*im* Ceiba-Baum', sowie Affixe zum Verb, die eine zeitliche Einordnung zweier Vorgänge ermöglichen.[58] Verwendung findet letzteres insbesondere bei der Verknüpfung von Sätzen: "In longer texts, clauses recording different information are often linked together by Distance Numbers, which record the elapsed time between two dates or events."[59] Verknüpfte Sätze können durch ihre jeweilige syntaktische Vollständigkeit zum Teil redundant sein;[60] redundante Information wird aber durchaus auch gestrichen, so daß vom typischen Aufbau des Satzes abgewichen und die Information vorhergehender Sätze nicht wiederholt wird.

"Landa's 'alphabet' and the examples elicited by him to illustrate how it might have been used serve as an obvious point of departure for an investigation of the inflectional morphology of the Mayan hieroglyphs."[61] Untersuchungen zur Morphologie lassen laut Bricker zum Beispiel Zeichen für Prä- und Suffixe ausmachen, die Funktionen in der nominalen sowie verbalen Flexion erfüllen.[62] Auch für diese Affixe gilt, daß sie entweder die logographische oder die syllabische Schreibkonvention vertreten können oder mit phonetischen Komplementen gebildet werden.

---

[55] Grube [202], S. 228. Wird keine Zeitangabe gemacht, so steht an erster Stelle das Verb, bis auf wenige Ausnahmen gilt: "the hieroglyphic system is verb initial." (Schele [402], S. 4.)
[56] Vgl. z. B. Schele [400], S. 64: "One of the most interesting auxiliary verb constructions so far identified is one associated with period ending rites and blood-letting".
[57] Vgl. Schele [402], S. 14.
[58] Vgl. ebd., S. 24: "They are [...] time markers and function much more like the English 'from...to' or 'since...until'."
[59] Ebd., S. 42.
[60] "The redundancy of Classic inscriptions is documented at many sites, including Copan, Palenque, Naranjo, Piedras Negras, and Yaxchilan." (Schele [400], S. 43.)
[61] Bricker, V. [84], S. 12.
[62] Dies soll hier jedoch nicht genauer erläutert werden, vgl. dazu Bricker, V. [84] oder Schele [400].

2.2 STRUKTUR UND AUFBAU

Obwohl noch nicht von einer vollständigen Kenntnis des Schriftsystems die Rede sein kann, läßt sich an dieser Stelle festhalten, daß die Maya-Schrift in ihrer Ausdrucksstärke der Alphabetschrift in nichts nachsteht. Darüber hinaus nutzten die Maya die Eigenheiten des Systems kalligraphisch und spielerisch:

> The choice of alternative phrases, repetition, variation in graphic representation, deletion and gapping, rhythm, symmetry, and other factors combine to suggest a developed literary tradition of style and convention operated during the Classic Period which operated in conjunction with the pictorial tradition.[63]

---

[63] Schele [402], S. 42.

Kapitel 3

Das religiöse Weltbild der Maya

> "Und der Teufel [...] bezeichnete ihnen die Zeremonien und Opfer, die sie für ihn leisten müßten, um den Nöten zu entgehen. Und wenn sie nicht von ihnen heimgesucht wurden, sagten sie daher, dies geschehe wegen der Zeremonien, mit denen sie ihn ehrten; wurden sie dennoch von ihnen heimgesucht, so gaben die Priester dem Volk zu verstehen und machten ihm weis, dies geschehe durch irgendeine Schuld oder Verfehlung bei den Zeremonien oder derjenigen, die sie ausführten." (Landa, Diego de [272], S. 83f.)

Nach den Vorstellungen der Maya war die Welt magisch, bewohnt von Lebewesen aller Art und erfüllt von göttlicher Energie, die irdische und göttliche Welt miteinander verband.[1] Alles war durchdrungen von der Kraft des Übernatürlichen; eine Unterscheidung in belebt und unbelebt gab es nicht.[2] Die "kosmische Ordnung war nicht zufällig und dem menschlichen Handeln fern",[3] denn einerseits hingen Wohlergehen und Fortbestand des Weltalls von der menschlichen Gesellschaft ab, deren Mitwirkung durch das Ritual

---

[1] Vgl. Schele [404], S. 197.
[2] Vgl. Schele/Freidel [405], S. 11.
[3] Ebd.

erfolgte,[4] andererseits enthalten mesoamerikanische Mythen "eindrückliche Belehrungen, wie man richtig leben soll."[5] Des weiteren setzte sich die Religion mit existentiellen Fragen des Daseins auseinander:

> Wer in der Maya-Religion nichts anderes sieht als eine Sammlung absonderlicher Mythologeme und exotischer Kulte, irrt gewaltig. Sie war eine hocheffiziente Definition des Wesens der Welt, die Fragen über die Herkunft der Menschheit, den Zweck irdischen Daseins und das Beziehungssystem, in das der Mensch einerseits durch Familie und Umwelt und andererseits durch seine Götter eingebunden war, beantwortete. Diese Religion bezog Stellung zu den epochenüberdauernden zentralen Anliegen der Menschheit im Kulturzustand: zu den Problemen der Macht, der Gerechtigkeit, der sozialen Gleichheit, zur Frage nach dem Sinn des individuellen Lebens und dem Schicksal der Gesellschaft."[6]

3.1 Aufbau des Kosmos

In der Vorstellungswelt der Maya gliederte sich der Kosmos in drei Bereiche, das oben liegende Himmelsgewölbe, die steinige Mittelwelt der Erde und zuunterst die schwarzen Wasser der Unterwelt.[7] Die irdische Ebene in der Mitte des Urmeeres stellten die Maya häufig als den Rücken einer Schildkröte oder als Krokodil dar,[8] während der Himmel als riesenechsenartiges Ungeheuer gedacht wurde; dieses "Kosmische Monster verursachte den Regen, wenn es — gewissermaßen in überirdischer Kontrapunktierung des Blutopfers der Könige auf der Erde — sein Blut vergoß."[9] Die Unterwelt oder auch 'Hölle' der Maya (im Gegensatz zur christlichen Hölle allerdings verstanden als Sphäre der Prüfung) wird mit dem Namen *Xibalba*

---
[4] Vgl. ebd.: "Wie der Mais, weil er sich nicht selbst auszusäen vermag, für seinen Fortbestand der Hilfe des Menschen bedarf, so forderte der Kosmos heilige Blutopfer."
[5] Taube [456], S. 24.
[6] Schele/Freidel [405], S. 11.
[7] Vgl. ebd., S. 53. Diese Seinsdimensionen durchdrangen einander, waren also nicht klar voneinander abgegrenzt.
[8] Schele [404], S. 198.
[9] Schele/Freidel [405], S. 53. Zu den Blutopfern vgl. Kapitel 3.3.1.

3.1 AUFBAU DES KOSMOS

('Ort der Angst') bezeichnet. Man kann sie einer jenseitigen Parallelwelt[10] gleichsetzen, in die die Könige und Schamanen in der ekstatischen Trance überwechselten.[11] "Genau wie in der Menschenwelt gab es in Xibalba Tiere, Pflanzen, verschiedene Bewohner und eine Landschaftskulisse [...]. Bei Sonnenuntergang wechselte Xibalba auf den Platz über der Erde, um dort zum Nachthimmel zu werden."[12]

Für den mesoamerikanischen Raum ist zudem die Vorstellung belegbar, der Kosmos sei aus gestuften oder geschichteten dreizehn Himmeln, sieben Erden und neun Unterwelten aufgebaut,[13] denen jeweils Gottheiten zugeordnet werden, wobei die Götter der Unterweltsschichten gleichfalls die 'Herren der Nacht' genannt werden. Jedoch besteht noch Unsicherheit darüber, ob dieses Modell auf die Vorstellungswelt der Maya angewandt werden kann, da es nur wenige Hinweise auf einen solchen Aufbau des Kosmos in der Maya-Kultur gibt: so etwa die Existenz eines mythischen Eulenvogels, der *13 Kaan* ('13 Himmel') heißt,[14] oder die in den *Chilam-Balam*-Büchern enthaltenen Darstellungen von Auseinandersetzungen zwischen den *Oxlahun-ti-ku* und den *Bolon-ti-ku*, welche als die 13 (=*oxlahun*) Götter der Himmelsschichten ('Herren des Himmels')bzw. 9 (=*bolon*) Götter der Unterweltsschichten interpretiert werden.[15]

Von besonderer Bedeutung im Weltbild der Maya sind die vier Himmelsrichtungen. Der Osten ist mit Sonne und Tag verbunden, der Westen

---

[10] Diesseits und Jenseits wurden als voneinander abhängig empfunden: "Jene zwei Seinssphären waren unauflöslich miteinander verbunden. Das, was unter den Bewohnern im Jenseits geschah, beeinflußte aufs nachhaltigste den Lauf des Schicksals in der diesseitigen Welt, brachte Gesundheit oder Krankheit, Sieg oder Niederlage, Leben oder Tod, Wohlstand oder Armut. Umgekehrt waren aber auch die Jenseitsbewohner für ihr Wohlergehen auf die Hilfe der Erdenbürger angewiesen. Nur sie konnten die Nahrung bereitstellen, deren sowohl die Geister im Jenseits als auch, um die Wiedergeburt zu erlangen, die Seelen der Verstorbenen bedurften." (Ebd., S. 52.)
[11] "Die Kommunikation zwischen Diesseits und Jenseits wurde in den tiefgründigsten Sinnbildern des Maya-Königtums symbolisiert: in der Visionsschlange und dem doppelköpfigen Schlangenstab". (Ebd., S. 57.)
[12] Ebd., S. 53.
[13] Vgl. Vincke [507], S. 51.
[14] Werner Nahm, persönliche Mitteilung.
[15] Vgl. die Diskussion in Vincke [507], S. 61ff. Dies soll hier insbesondere Erwähnung finden, da die Zahl 13 sowie die neun 'Herren der Nacht' im Kalendersystem und der Zahlenmystik eine große Rolle spielen und dieses Modell einen Erklärungsansatz dafür bieten könnte.

dagegen mit Dunkelheit und Nacht, der Süden mit der Venus und der Norden mit dem Mond.

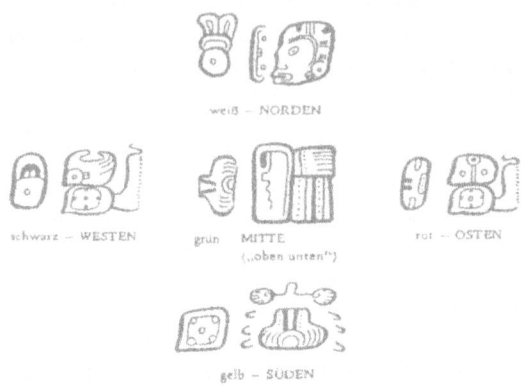

Abbildung 3.1: Glyphen der Himmelsrichtungen. (Hartung [219], Tafel 2B im Anhang.)

Jeder der Himmelsrichtungen waren bestimmte Bäume, Vögel, Pflanzen, Tiere, Götter und Farben zugeordnet. So war der Osten rot, der Norden weiß, der Westen schwarz und der Süden gelb. Die Mitte nahm *Wakah Chan*, der große Weltenbaum, ein, der ein Jahr nach der Schöpfung aufgestellt wurde. Er entsprach vermutlich der Milchstraße, hatte aber wahrscheinlich auch einen vertikalen Aspekt, der die drei Ebenen des Universums, die mittlere irdische Welt, den Himmel darüber und das unter ihr liegende Urmeer, miteinander verband.[16]

3.2 Schöpfungsmythos

Die Welt wurde nach den Vorstellungen der Maya schon mehrere Male erschaffen, bevor die gegenwärtige zu existieren begann. Dem *Popol Vuh*

---

[16] Schele [404], S. 198. Die Farbe der Mitte ist grün; der Baum "als Axis mundi verbindet alle vier Himmelsrichtungen und ist auch häufig als Kreuz dargestellt." (Vincke [507], S. 54.) Zur Milchstraße und ihrer Bedeutung siehe Kapitel 7.3 und Kapitel 7.4.

3.2 SCHÖPFUNGSMYTHOS

zufolge, einer Version der Maya-Mythologie aus dem 16. Jahrhundert, leben wir heute im Zeitalter der vierten Schöpfung.[17]

Leider ist kaum etwas über vorher existierende Welten und die dort vorhandenen Orte und Lebewesen überliefert. Wichtig jedoch ist, daß in späterer Zeit "die Könige der Maya regelmäßig bestimmte historische Ereignisse und religiöse Zeremonien mit ähnlichen aus der Zeit mythischer Helden vor der gegenwärtigen Schöpfung"[18] verbanden.

3.2.1 Erschaffung der gegenwärtigen Welt

Die jetzt existierende Welt wurde laut Inschriften aus der Klassik am Tag *4 Ahaw 8 Kumk'u* erschaffen,[19] "als alle Zeitzyklen oberhalb 20 Jahren — also 400, 8000, 160000, 32000000 [sic] Jahre und so weiter bis hin zu 20 Stellen (20^{20} × 360 Tage-Jahre) — jeweils 13 Durchläufe vollendet hatten."[20] Jener Tag fällt nach unserem Kalender auf den 13. August 3114 v. Chr. (oder im Julianischen Kalender auf den 20. September 3114 v. Chr.).[21]

Die Erschaffung der Welt wird in verschiedenen Quellen in unterschiedlichen Fassungen und Varianten überliefert:[22] Den Schreibern von Palenque und Quiriguá zufolge wurden der 'Erste Vater', ein Gott namens *Hun Nal Ye* ('Eins-Mais-Enthüllt'[23]), und die 'Erste Mutter', eine Göttin, deren Name vermutlich *Na Sak K'uk' Hemnal* ('Frau-Weißer-Quetzal-Tal') lautete, acht bzw. sechs Jahre[24] vor dem Anbruch der letzten Schöpfung geboren. Erste Mutter war die Mondgöttin und Erster Vater der Maisgott. "Als Erster Vater das Alter von 8 Jahren und 100 Tagen erreicht hatte, endete der

---

[17] Vgl. Schele [404], S. 197.
[18] Ebd.
[19] Zum Kalendersystem vgl. Kapitel 5.1.
[20] Schele [404], S. 197. (Druckfehler im Original: Statt 32000000 ist sicherlich 3200000 = 160 000 × 20 = 20^5 gemeint.) Zu den hier erwähnten Zeitzyklen vgl. Kapitel 5.1.4.
[21] Zur Korrelation des christlichen mit dem Maya-Kalender vgl. Exkurs A.
[22] Gründe dafür können u.a. in regionalen und zeitlichen Differenzen zu suchen sein, so sind Unterschiede zwischen Inschriften der klassischen Zeit und Handschriften aus der Zeit nach der Conquista nicht unwahrscheinlich. Umfassende Darstellungen zur Erschaffung der gegenwärtigen Welt finden sich in Schele [404], S. 197f., und Vincke [507], S. 64ff.; sehr ausführlich sind Freidel/Schele/Parker [179], S. 59–122.
[23] Vgl. ebd., S. 61.
[24] 8.5.0 und 6.14.0 nach der Maya-Zeitrechnung, vgl. Kapitel 5.1.4.

dreizehnte 400-Jahre-Zyklus und damit auch alle früheren, und eine neue Ära begann. Die Welt war erschaffen."²⁵

In der Schöpfungsgeschichte des *Popol Vuh*²⁶ spielt das gesprochene Wort als Instrument der Schöpfung eine große Rolle:

> So then this the earth was created by them.
> Only their word was the creation of it.
> To create the earth, "Earth," they said.²⁷

Beschrieben werden mehrere Versuche, die Erde zu bevölkern. Die Erschaffung und Vernichtung verschiedener Rassen im Verlauf dieser Versuche erfolgt nicht ohne Grund, denn dem "*Popol Vuh* zufolge ist es Aufgabe der Menschen, die Götter mit Gebeten und Opfergaben zu ernähren und zu erhalten."²⁸ Wie die Tiere und die ersten Menschen, die aus Schlamm geschaffen wurden, erweist sich auch die aus Holz geschnitzte zweite Menschenart als nicht in der Lage, diese Aufgabe zu erfüllen, und wird daher durch eine Sintflut vernichtet.²⁹ Den Maismenschen³⁰ wird die Versorgung der Götter schließlich gelingen, so daß Mais, die Hauptkulturpflanze aller mesoamerikanischen Völker, die Grundlage für die Beziehung zwischen Menschen und göttlichen Wesen bildet.³¹

---

²⁵ Schele [404], S. 197.
²⁶ Auch wenn das *Popol Vuh* lange von der Forschung vernachlässigt wurde und für eine christianisierte Geschichte gehalten wurde, so weiß man heute, daß seine Mythen einer Tradition entstammen, die mindestens in die klassische Periode zurückreicht, denn die aus ihm bekannten Mythen wurden schon um 300 v. Chr. auf Stuckfassaden früher Tempel modelliert. (Vgl. Schele [404], S. 209.)
²⁷ Edmonson [156], S. 12. Man beachte die erstaunliche Parallele zur Bibel: "Im Anfang war das Wort, und das Wort war bei Gott, und Gott war das Wort." (Joh 1, 1.) Die Schöpfung *durch* das Wort könnte christlich beeinflußt sein, statt dessen findet man bei anderen Völkern (z. B. den Lakandonen der Region am Río Usumacinta) die *Umgestaltung* durch das Wort — etwa von Sand in feste Erde. (Werner Nahm, persönliche Mitteilung.)
²⁸ Taube [456], S. 92.
²⁹ Vgl. z. B. Kutscher [265], S. 50ff. Der Sintflutmythos kann als nicht christlich beeinflußt betrachtet werden, da die aztekische Sintflut als einer von vier Weltuntergängen eindeutig vorkolumbianisch ist. (Vgl. Vincke [507], S. 60f.) Bezeichnenderweise (vgl. auch ebd., S. 54) sind "die Nachkommen dieser Holzgeschöpfe [...] die Affen des Waldes, übriggeblieben als (vielleicht warnendes) Zeichen und als Erinnerung an diese alte, geistlose Schöpfung." (Taube [456], S. 95.)
³⁰ "Only yellow corn / And white corn were their bodies. / Only food were the legs / And arms of man. / Those who were our first fathers / Were the four original men. / Only food at the outset / Were their bodies." (Edmonson [156], S. 148.)
³¹ Vgl. Schele [404], S. 213.

3.2.2 Heldenzwillinge

Jedoch ist die Erschaffung der Maismenschen erst erfolgreich, nachdem die göttlichen Heldenzwillinge die Welt von Dämonen befreit haben.[32] Ohne diese Geschichte von 'Eins *Hunahpu*' und 'Sieben *Hunahpu*', den Zwillingen, wäre "keine Beschreibung der Klassischen Maya-Religion auch nur annähernd umrissen".[33]

Das *Popol Vuh* stellt die beiden als großartige Ballspieler[34] dar. Eines Tages stören und erzürnen sie mit ihrem Ballspiel die Fürsten der Unterwelt, die unterhalb des Spielfelds leben, und werden daher von diesen nach *Xibalba* zitiert.[35] Dort unterzieht man sie einer Reihe von Prüfungen. Da sie diese jedoch nicht bestehen, werden sie von den Herren enthauptet. Den Schädel 'Eins *Hunahpus*' hängen die Fürsten der Unterwelt zur Warnung an einen in der Nähe des Ballspielplatzes stehenden Baum, wo er auf wundersame Weise mit seinem Speichel die Jungfrau *Xqu'ic* ('Blut'), die Tochter eines Unterweltsfürsten, schwängert.[36] Es gelingt 'Blut', vor ihrem Vater aus der Unterwelt zu fliehen und ihre Kinder, die Zwillinge *Hunahpu* und *Xbalanque*, zur Welt zu bringen. Eines Tages, als die Zwillinge zu jungen Männern herangewachsen sind, treffen sie eine Ratte, die ihnen die Ballspielausrüstung ihres Vaters und Onkels zeigt.[37] So beginnen auch sie mit dem Ballspiel und ziehen gleichfalls den Zorn der Fürsten der Unterwelt auf sich.

Diese werden später ebenfalls von den Unterweltsfürsten nach Xibalba zitiert und zum Ballspiel aufgefordert. Sie bestehen alle Prüfungen, gehen jedoch freiwillig in den Opfertod, um wiedergeboren zu werden und die Unterweltmächte besiegen zu können. Nach ihrem Sieg über die Fürsten von Xibalba, der als Paradigma für Wiedergeburt und Apotheose gesehen werden kann, steigen sie als Sonne und Mond zum Himmel empor.[38]

---

[32] Vgl. Taube [456], S. 95.
[33] Schele [404], S. 209.
[34] Zum kultischen Ballspiel vgl. Kapitel 3.3.3.
[35] Vgl. Schele [404], S. 209.
[36] Vgl. Vincke [507], S. 35.
[37] Vgl. Schele [404], S. 210.
[38] Vincke [507], S. 35. Doch auch eine Assoziation des älteren Zwillings mit der Venus in der klassischen Periode ist nachweisbar. (Vgl. Schele/Freidel [405], S. 519.)

Auf diese Weise wurde nach der Maya-Mythologie der Tod überlistet und der Menschheit neue Hoffnung gegeben. "Wird jetzt die Seele eines Menschen im Tod nach Xibalba gerufen, so darf sie ihre Reise in der Hoffnung antreten, daß es ihr gelingen kann, die Unterweltlichen genauso zu überlisten [...], um sich zu guter Letzt unter die verehrungswürdigen Ahnen einreihen zu können."[39]

Im Mythos der Heldenzwillinge drückt sich die Auffassung der Maya von Geschichte als einem zyklischem Gebilde aus, verkörpert durch die beiden Zwillingspaare und die Wiederholung der Ereignisse. Genauso spiegelt der Gedanke der Wiedergeburt eine zyklische Vorstellungswelt wider, welche uns bei den Maya immer wieder begegnet.

3.3 Zentrale Glaubensinhalte und Rituale

"Der Kosmos ist von zwei göttlichen Kräften erfüllt, in Maya *ch'ulel* und *itz*."[40] *Itz* ist in den Chol-Sprachen, im Yukatekischen und in anderen Zweigen der Sprachfamilie das Wort für "Sekretionen wie Blumennektar, Tau, Schweiß, Samen, Milch, Tränen oder auch fließendes Baumharz."[41] Gleichzeitig heißt es aber auch 'zaubern' oder 'verzaubern', so daß *ah itz* einen Zauberer bezeichnet. *Itz* ist eine magische Kraft aus dem Jenseits, die sich im Diesseits durch den Transfer *Itzam Yes*[42] manifestiert.

> *Ch'ulel*, die zweite der genannten göttlichen Kräfte, beschreibt eine göttliche Energie oder Seele, die nicht nur allen Lebewesen wie Menschen, Tieren und Pflanzen eigen ist, sondern sich ebenso in magischen Objekten findet, wie z. B. Szeptern, aber auch in Darstellungen göttlicher Wesen, in 'heiligen' Gebäuden, Quellen, Bergen oder Höhlen lokalisiert ist. Auch im Blut ist sie als unzerstörbarer Bestandteil erhalten, um, wenn ein Mensch stirbt, zur Ursubstanz zurückzukehren und von dort aus in einem Nachgeborenen wiederzuerscheinen.[43]

---

[39] Ebd., S. 65.
[40] Schele [404], S. 200.
[41] Ebd.
[42] Vgl. Kapitel 3.3.4.
[43] Schele [404], S. 200.

3.3 ZENTRALE GLAUBENSINHALTE UND RITUALE

Die vorspanischen Maya glaubten, daß der Mensch sogar zwei Seelen besitze: die unzerstörbare *k'ulel* und die *way*, eine Seele, ein Tier oder ein Schutzgeist, "der die individuelle *ch'ulel*-Seele mit seinem menschlichen Gegenüber teilte".[44] Alles, was dem Menschen widerfuhr, mußte auch sein *way* erleiden und umgekehrt. Spirituell begabte Menschen wie zum Beispiel Schamanen und Zauberer konnten sich in ihren *way* verwandeln und sich so in Form eines Tieres oder Geistes auf der Erde bewegen.[45] Die Verwandlung selbst wurde durch Blutopfer oder Trance-Tänze zu erreichen versucht. Die *wayob*[46] spielten in der Welt der Maya eine immens wichtige Rolle und waren unverzichtbarer Bestandteil des Lebens, denn: "Krieg, Tänze, öffentliche Zeremonien, auch das Ballspiel und die Mehrheit der spirituellen und politischen Tätigkeiten wurden von Menschen in Gestalt ihrer *wayob* oder in Begleitung von *wayob* durchgeführt, die durch rituelle Tänze aus dem Jenseits herbeigeholt wurden."[47]

3.3.1 Blutentnahmeritus

Die Maya glaubten, neben den *wayob* auch Götter und ihre Ahnen durch Blutopferrituale und Trance-Tänze beschwören zu können.[48] Gleichzeitig galt das geopferte Blut als Nahrung für die Götter.

> Während der klassischen Periode drehte sich das Leben der Maya um den Ritus der Blutentnahme. Blut aus dem eigenen Körper als Opfer darzubringen war eine Andachtshandlung, die von den feierlichen Gebräuchen bei der Geburt von Kindern bis hin zur Bestattung der Toten in jedem Ritual stattfand. Das Vollziehen des Ritus reichte vom Ablassen einiger Tröpfchen des kostbaren Saftes bis zu schwerer Selbstverletzung an verschiedenen Körperstellen, um das Blut in Strömen zum Fließen zu bringen. Die Blutentnahme konnte an jeder Körperstelle vorgenommen werden, doch galten bei Mann wie Frau die Zunge und

---
[44] Ebd.
[45] Vgl. ebd.
[46] Der Plural von *way* ist entsprechend der Grammatik der Mayasprachen *wayob*.
[47] Schele [404], S. 201.
[48] Vgl. ebd.

beim Mann zusätzlich der Penis als besonders geheiligte Quellen.[49]

Interessant ist der Gedanke eines Zusammenhangs zwischen Blut, Tod und Fruchtbarkeit, in welchem sich deutlich eine zyklische Weltauffassung spiegelt. Die Tatsache, daß der Penis als besonders geheiligte Quelle betrachtet wurde, läßt den Gedanken aufkommen, daß es sich bei diesem Blutopfer um eine Art 'Blutejakulation' handeln könnte. Daß Blut, Tod und Fruchtbarkeit miteinander in Verbindung gebracht wurden, kann man an verschiedenen Beispielen sehen, wie etwa am Mythos der Heldenzwillinge, in dem die Jungfrau 'Blut' durch den Speichel eines Totenschädels geschwängert wurde. Auch findet sich im Dresdener Codex (Blatt $15a$[50]) eine Abbildung des Totengottes, der mit Fruchtbarkeitssymbolen versehen ist.[51] Hinweise geben ebenfalls die Bedeutungen der Wörter *itz* — Samen, Blumennektar, Schweiß, fließendes Baumharz — und *k'ik'*, das sowohl für 'Gummi' als auch für 'Blut' steht, womit göttliche Kraft, fruchtbarer Samen, Körperflüssigkeiten wie Schweiß, fließendes Baumharz, damit verbunden Gummi (Kautschuk) sowie Blut in Beziehung gesetzt werden. Genauso wird ein Bezug zum Ballspiel über den verwendeten Kautschukball hergestellt.[52]

"Herzstück aller Kultpraktiken"[53] war das Blutopfer, durch das gleichfalls das Tor zum Jenseits geöffnet[54] und Visions- bzw. Trancezustände erreicht wurden. In Trance gelangten die Maya des weiteren durch Tänze (von den Königen oft in vollem Herrscherschmuck ausgeführt), den Genuß von "Drogen wie Tabak, der in seiner Wirkung weitaus stärker war als der

---
[49] Schele/Freidel [405], S. 82. Zum Blutsymbolismus in der Maya-Ikonographie vgl. Stuart [450].
[50] *a* benennt dabei das obere Drittel des Blattes, welches dreigeteilt ist.
[51] Vgl. den Kommentar Cordans zum Popol Vuh (Popol Vuh [356]), S. 197, sowie Villacorta/Villacorta [506], S. 40f., die auf die in einen blühenden Zweig transformierte untere Extremität hinweisen.
[52] Vgl. dazu auch Kapitel 3.3.3. Bezüglich des Ballspiels sprechen auch Leyenaar/Bussel von einem Zusammenhang von Tod bzw. Opfertod und Fruchtbarkeit. (Vgl. Leyenaar/Bussel [279], S. 193.)
[53] Schele/Freidel [405], S. 57.
[54] Vgl. ebd., S. 318.

uns bekannte",[55] oder das "Trinken eines Absuds aus dem Giftschleim der Kröte *Bufo Marinus* und anderer Ingredienzien".[56]

3.3.2 Menschenopfer

Der Pflicht, durch Opferung ihres Blutes das Wirken der Götter und den Fortbestand des Kosmos zu gewährleisten, kamen die Maya nicht nur durch Selbstverwundungen nach, sondern sie 'nährten' die Götter auch mit dem Lebenssaft Gefangener.[57]

Die Jagd nach Menschenopfern für die Götter und die damit verbundene Erprobung des persönlichen Mutes waren Teil der akzeptierten Wertordnung, und Gefangene zu opfern gehörte mit zu den selbstverständlichen Aufgaben, die Könige und Würdenträger in ihrer Rolle als Kultpriester zu erfüllen hatten.[58]

Meist wurden Menschen zur Abwendung von Notzeiten, die etwa durch Naturkatastrophen, Seuchen oder Kriege geprägt waren, geopfert, aber auch zu bedeutenden Ereignissen im Leben eines Herrschers wie Geburt, Thronbesteigung, militärischen Erfolgen und Tod.[59] Rituelle Tötungen standen darüber hinaus in Zusammenhang mit dem Kalender[60] oder wurden bei der Errichtung eines Zeremonialkomplexes oder sakralen Monumentes durchgeführt.[61]

Der geopferte Personenkreis umfaßte sowohl Männer und Frauen als auch Kinder, die meisten waren Sklaven und Kriegsgefangene. "Als besonders wertvolle Opfer galten Kriegsgefangene von hohem Rang. So kam es auch vor, daß Herrscher im Krieg gefangen und von ihren Gegnern geopfert wurden."[62] Eine Methode war das Enthaupten,[63] aber auch das Herausschnei-

---

[55] Schele [404], S. 202.
[56] Riese [372], S. 51.
[57] Vgl. Schele/Freidel [405], S. 151.
[58] Ebd.
[59] Vgl. Vincke [507], S. 158. Tote Herrscher nahmen Gefolgschaft oder Gefangene als Opfer mit in den Tod, um damit ihre Wiedergeburt zu begünstigen. (Vgl. Schele/Freidel [405], S. 261.)
[60] Vgl. Vincke [507], S. 158.
[61] Vgl. ebd.
[62] Ebd., S. 161.
[63] Vgl. Schele/Freidel [405], S. 156.

den des Herzens bei lebendigem Leibe oder das Durchbohren mit Pfeilen fanden Anwendung.[64]

3.3.3 Kultisches Ballspiel

Eine "zentrale Kultübung"[65] stellte das Spiel mit einem Gummiball dar.[66] Zwei Parteien, gebildet von Männern, standen sich gegenüber, wobei die Mannschaftsstärke variierte. Ziel war es, einen Naturgummiball, der nur mit bestimmten Körperteilen wie zum Beispiel Hüfte und Gesäß berührt werden durfte und gleichzeitig ständig in der Luft gehalten werden mußte, durch einen kleinen Steinring an der Begrenzungsmauer des Spielplatzes zu schlagen oder einen Markierungsstein am Rand des Platzes zu treffen. Das Material des Balles wurde aus der Baummilch der *Hevea*-Arten gewonnen, der Ball selbst war stets massiv, daher recht schwer und klein.[67] Das Spielfeld war meist ein eigens für dieses Spiel geschaffener Platz, der eine rechteckige Form besaß und an den Schmalseiten erweitert wurde, so daß er "die Form einer römischen Eins (I) erhielt."[68]

Berücksichtigt man, daß das yukatekische Wort für 'Gummi' — *k'ik'* — 'Blut' bedeutet, welches das Bindeglied aller Lebensbereiche der Maya war, so stellt der Ball "die Lebenskraft dar, das Blut der Ahnen", und gilt das Ballspiel als "Mittler zwischen Leben und Tod."[69] Dementsprechend wird das Ballspiel zu *Xibalba* in Bezug gesetzt.[70] In Analogie zum *Popol Vuh* kann die "Bewegung des Balls und das Ballspiel selbst [...] als Mittel

---

[64] Vgl. ebd., S. 433.
[65] Riese [372], S. 51.
[66] Zum Ballspiel vgl. neben der zitierten Literatur vor allem auch Freidel/ Schele/Parker [179], S. 337–393.
[67] Vgl. Riese [372], S. 52.
[68] Leyenaar/Bussel [279], S. 177. Aufbau und Größe der Spielfelder variierten jedoch. (Vgl. z. B. ebd., S. 180.)
[69] Ebd., S. 196. Bedenkt man, daß Kautschuk durch das Anritzen der Bäume gewonnen wird, aus denen dann Rohkautschuk fließt, Lebenssaft und 'Blut' der Bäume, so ist obige Analogie naheliegend.
[70] Vgl. dazu ebd., S. 186: "Alle Szenen auf den drei Markiersteinen aus Copán sind von einer vierblättrigen Rahmung umschlossen, die symbolisch als Eingang zur Unterwelt interpretiert wird".

3.3 ZENTRALE GLAUBENSINHALTE UND RITUALE

zur Schaffung einer Öffnung"[71] hin zur Unterwelt angesehen werden; die Brüderpaare des *Popol Vuh* werden in die Unterwelt befohlen, nachdem sie Ball gespielt haben. Die Bedeutung des Ballspielens liegt also im Erreichen des Ziels — der Unterwelt *Xibalba*.

> So hatte jede größere Maya-Stadt einen Ballspielplatz, wo das göttliche Ballspiel nachgespielt und ein Tor geöffnet wurde, durch das man die geopferten Gefangenen ins Jenseits sandte, und wo auch Zeit und Raum der Schöpfung wieder erstanden.[72]

Das Ballspiel wird oft in Zusammenhang mit der Enthauptung von Gefangenen gebracht; angenommen wird, "daß das Ballspielritual in die Opferung Kriegsgefangener eingebunden war."[73] Dies deutet wiederum auf eine Verbindung von Machtdemonstration und Ballspiel hin — in weltlicher Hinsicht, aber vor allem auch in religiöser:

> Die Beziehung der Herrscher zum Ballspiel wird in Hieroglyphentexten deutlich, in denen der König eng mit dem Ballspiel assoziiert wird. Möglicherweise kam den Ballspielplätzen eine zunehmend größere Rolle bei der Konsolidierung religiöser und politischer Macht des Herrschers und seiner Elite zu.[74]

3.3.4 Zum 'Pantheon' der Maya

Der König — genannt *k'ul ahaw*, 'Göttlicher Herr'[75] — beschwor nicht nur in zahlreichen Ritualen die Kraft des Übernatürlichen, sondern er "selbst *war* diese Kraft, war die heilig-mächtige und manifestierte Kraft des Übernatürlichen und deren wichtigstes Instrument."[76] Das älteste und am häufigsten benutzte Bildschema zeigt den König in Gestalt des Weltenbaums,

---

[71] Ebd.
[72] Schele [404], S. 214.
[73] Leyenaar/Bussel [279], S. 195. Insbesondere gibt es Reliefs, z.B. in Yaxchilán, auf denen zu opfernde Gefangene anstelle des Balles die Stufen einer Treppe hinabstürzen. (Ebd., S. 189.)
[74] Ebd., S. 180.
[75] Vgl. Schele [404], S. 208.
[76] Schele/Freidel [405], S. 84.

abgebildet mit Stamm und Ästen auf seinem Lendenschurz. Die doppelköpfige Visionsschlange, die sich in den Zweigen des Baums windet, hält er als Zeremonialstab vor sich.

> Dieser Baum war die Verbindung zwischen der menschlichen und der übernatürlichen Welt: Die Seelen der Verstorbenen sanken auf der durch den Baum bezeichneten Bahn nach Xibalba hinab [...]. Die Visionsschlange, das Symbol des Rapports mit Ahnen und Göttern, tritt auf der Verlaufsbahn des Baumstamms in Erscheinung. Der König war Achse und Drehpunkt des Kosmos in leibhaftiger Gestalt. Er war der Baum des Lebens.[77]

Der gefiederte Kopfschmuck auf dem Haupt des Königs verkörpert die höchste Vogelgottheit *Itzam Ye*, der die Spitze des Weltenbaums bildet, und liefert ein weiteres Argument für die Interpretation des Königs als Gottkönig und Weltenachse.[78]

Itzam Ye war die Tierform des Obergottes *Itzamna*, des 'Ersten Zauberers', der in Darstellungen eine *itz*-Blüte[79] in seinem Kopfschmuck trägt, um seinen Namen und seine Funktion zu verdeutlichen.[80] *Itzamna* war die wohl wichtigste Schöpfergottheit und wurde meist alt und runzelig dargestellt.[81] Seine Gattin *Ix Chel*,[82] eine greisenhafte Mondgöttin, wurde als Patronin der Webkunst, des Kindbetts, der Zauberei und der Heilkunst verehrt.[83]

Ein weiterer wichtiger Gott war der Regen- und Blitzgott *Chak*, der häufig schlangen- und äxteschwingend dargestellt ist.[84] Zu nennen wären noch eine ganze Reihe von Gottheiten wie zum Beispiel Gott L,[85] "der

---

[77] Ebd.
[78] Vgl. Schele [404], S. 208.
[79] In der Zeit der Klassik wurde die göttliche Kraft *itz* im Bild durch eine Blume mit herunterhängendem Stempel und von einer Perlenreihe umgeben symbolisiert. (Vgl. ebd., S. 200.)
[80] Vgl. ebd.
[81] Vgl. Taube [456], S. 89.
[82] Vgl. zu beiden Göttergestalten auch Thompson [490] und León Valdés [277], der sie in Bezug zu Sonnenfinsternissen setzt.
[83] Vgl. Schele/Freidel [405], S. 424.
[84] Vgl. Taube [456], S. 89, und Schele/Freidel [405], S. 475f.
[85] Paul Schellhas begann 1904 als einer der ersten mit der Erforschung der Göttergestalten. Obwohl er feststellte, daß fast jeder Gestalt bestimmte Hieroglyphen zugeordnet waren, die offensichtlich ihre Namen bezeichneten, verzichtete er (wohl um die Forschung

3.3 ZENTRALE GLAUBENSINHALTE UND RITUALE 65

den Vorsitz in der Götterversammlung führte, als am 'Tag Null' 4 Ahau 8 Kumku der Kosmos neu geordnet wurde",[86] oder die Richtungsgötter, "Vierfaltigkeiten, deren Glieder[n] die einzelnen Richtungen und Farben der Himmelsgegenden zugeordnet sind";[87] die gesamte Götterwelt vorstellen zu wollen, führte hier jedoch zu weit.

Die Götter[88] prägten nur zu einem kleinen Teil die religiöse Weltsicht der Maya, die von der gegenseitigen Durchdringung von Diesseits und Jenseits bestimmt war und viele übernatürliche Kräfte kannte, die Einfluß auf das Geschehen der diesseitigen Welt nahmen, aber auch abhängig von dieser waren.

> Die bisher vertretene Ansicht eines Maya-Pantheons läßt sich nicht länger aufrechterhalten; denn neben Göttern existierten eine Fülle übernatürlicher Wesen, einschließlich der Menschen, die sich in ihre Seelenbegleiter verwandeln konnten. Sie alle bevölkerten die Welt der Maya während der Klassischen Zeit — aber auch heute noch.[89]

---

durch spekulative Deutungen nicht in eine falsche Richtung zu lenken) auf eine Benennung. Statt dessen führte er ein System von Buchstaben ein — so ist *Chak* gleichzeitig Gott B —, das sich bewährt hat und noch heute Verwendung findet. (Vgl. Grube [201], S. 61f.)

[86] Schele/Freidel [405], S. 479.
[87] Ebd., S. 485.
[88] Vgl. dazu z. B. de la Garza [185].
[89] Schele [404], S. 203.

Kapitel 4

Zahlensystem

> "Sie zählen immer mit Fünfern bis zwanzig, mit Zwanzigern bis einhundert, mit Hunderten bis vierhundert und mit Vierhundertern bis achttausend; dieser Rechenart bedienten sie sich sehr häufig beim Kakaohandel." (Landa, Diego de [272], S. 54.)

Die intellektuelle Leistung einer Kultur, ein Zahlensystem auszuprägen, sollte nicht unterschätzt werden, denn "in general, number systems incorporate logical patterns determined by basic groupings and arithmetic principles which enable the user to precisely quantify number in an indirect manner."[1] Mengen faßbar werden zu lassen, ohne gegenständliche Hilfsmittel und entsprechende Methoden zu verwenden — wie zum Beispiel das Anhäufen von Kieselsteinen oder Schnitzen von Kerben in Knochen und deren Zählen —, stellt einen ersten bedeutenden Entwicklungsschritt[2] hin zu einem abstrak-

---

[1] Closs [121], S. 15.
[2] "Para contar y sumar, en una primera etapa se suele recurrir a los dedos de la mano y de los pies. Luego, a partir del 10 ó 20, se van agrupando en diez y en cinco, según las necesidades. También se puede recurrir a varias estrategias de apoyo adicional, como piedras, granos, conchas, etc." (Montaluisa Chasiquiza [340], S. 58.) (Um zu zählen und zu addieren, werden zuerst die Finger und die Zehen benutzt. Danach, ab 10 oder 20, wird in Zehnern und Fünfern gruppiert, so wie es benötigt wird. Man kann auch zu zusätzlichen Hilfsstrategien wie Steinen, Körnern, Muscheln etc. greifen.)

ten Zahlbegriff dar, der beliebig weites Zählen ermöglicht.[3] Rechnungen auf der Grundlage eines solchen Zahlbegriffs durchführen zu können und Algorithmen für komplexere Kalkulationen zu besitzen, deutet auf das Vorhandensein höherer Mathematik hin.

Ein entsprechendes Zahlensystem existierte bei den Maya,[4] es fand nicht nur Eingang in ihre täglichen Verrichtungen und den Handel,[5] sondern diente auch Zeitberechnungen,[6] der Astronomie und den damit verbundenen kultischen Zwecken:

> The system of numerical notation was at least seven or eight centuries old by the beginning of the 'classic' period, late third century A.D. It is probable that the Maya received it readymade, along with their chronological system and some of the components of their calendar, from other peoples in Oaxaca, Tabasco, and Vera Cruz. No doubt from its inception it was used — as it was when first observed by Europeans — in records of trade, levies of tribute, mensuration, census, and other functions of government and religion.[7]

Die Verbindung der Zahlen mit Religion und Mystik war wie in vielen Kulturen auch bei den Maya stark ausgeprägt. So gab es heilige Zahlen: die 7 (Zahl der Erde oder — wie Carlson vermutet — Anzahl der sieben 'Wanderer' Sonne, Mond, Merkur, Venus, Mars, Jupiter und Saturn), 9 (Anzahl der Unterweltsebenen bzw. der Herren der Nacht / Unterwelt) und 13

---

[3] "Number systems which can be extended indefinitely, if required, [...] have attained a level of conceptual development which makes them equivalent to the set of positive integers with the operations of addition and multiplication." (Closs [121], S. 15.)

[4] Vgl. Riese [370], S. 20: "Wir können also durchaus behaupten, daß hier Anfänge reiner Mathematik zu beobachten sind, wie sie sonst in der Menschheitsgeschichte vor allem von Babyloniern, Griechen, Arabern und Indern beigetragen wurden."

[5] "It is natural to expect that numbers were also used to enumerate objects of trade and tribute. However, unlike the situation for the Aztec, no Maya records of this type have survived. Nevertheless, there are some instances of a similar usage of number in which offerings are enumerated." (Closs [119], S. 300f.)

[6] Aufgrund der mangelhaften Quellenlage kamen Forscher früher zu dem Schluß, daß die Zahlzeichen lediglich Symbole zur Bezeichnung von Zeitabschnitten gewesen seien, auf keinen Fall hätten die Maya jedoch ein abstraktes Zahlensystem gekannt (vgl. Schellhas [410], S. 100) — eine Auffassung, die heute von niemandem mehr vertreten wird.

[7] Lounsbury [295], S. 764. So geht man heute von einem Einfluß anderer Völker wie dem der Olmeken aus, der ersten mesoamerikanischen Hochkultur in Mexiko, die sich während der Frühen Präklassik bildete. (Vgl. Schele/Freidel [405], S. 41.)

EINFÜHRUNG 69

(Anzahl der Himmelsebenen bzw. der Herren des Tages / Himmels),[8] deren Produkt 819 die Länge eines Zyklus in den Kalenderberechnungen angibt.[9] Andere Autoren nennen die 4, 9 und 13,[10] die 13 und 20 — die "Zahl 13 war den Maya heilig als Symbol des Himmels, die Zahl 20 als Symbol des Menschen"[11] — oder die 9, 13 und 20:

> Die Zahlen Neun, Dreizehn und Zwanzig waren im gesamten mesoamerikanischen Raum von größter Bedeutung. Neun war die Zahl der Herren der Nacht, der Götter der Unterwelt *Bolon Ti Ku. Bolon* 'neun' hat zugleich die sekundäre Bedeutung von 'rein' und 'unberührt' und ist Bestandteil zahlreicher Götternamen. Die Zahl Dreizehn (yuc. Maya *oxlahun*) galt als heilig, weil sie Grundbestandteil des 260tägigen rituellen Kalenders war und darüber hinaus vielen Einheiten des Mayakalenders zugrunde liegt. Auch sie ist Bestandteil von Götternamen[:] *Oxlahun Ti Ku*. Die Zahl Zwanzig (yuc. Maya *huncal*) stellt das Fundament der auf einem Vigesimalsystem basierenden Mathematik der Maya dar.[12]

Als Kennzeichen für den erreichten Stand des mathematischen Denkens und die Leistungsfähigkeit dieses Systems seien in diesem Kapitel beispielhaft (i) das Positionssystem, (ii) die abstrakte Notation[13] und (iii) die Existenz einer Null vorgeführt. Da für Betrachtungen von Rechenalgorithmen,

---
[8] Vgl. Schele/Freidel [405], S. 69, Carlson [110], S. 207 und 210, und Coe [128], S. 183f.
[9] Vgl. Kapitel 5.2.3.
[10] "Die Riten waren voll symbolischer Bedeutung. So erscheinen wiederholt die Zahlen 4, 9, 13 und die Farben und Himmelsrichtungen" (Coe [129], S. 186), wobei Farben und Himmelsrichtungen mit der 4 in Beziehung gesetzt werden. Zur Bedeutung der Zahl 4 vgl. auch Gubler [205]. Carlson äußert in diesem Zusammenhang einen interessanten Gedanken: "The *four-fold* symmetry of the human form [sich äußernd in den vier Extremitäten, A.S.] yields the divisions of space [...] into four quarters." (Carlson [110], S. 207.)
[11] Wilhelmy [520], S. 62.
[12] Aus dem mythologischen Wörterbuch in Rätsch [363], S. 301. Zum 260tägigen Kalender vgl. Kapitel 5.1.1, zum Vigesimalsystem Kapitel 4.1.
[13] Hinterlassenschaften der klassischen Periode bestehen vor allem in Steininschriften, Kunstwerken der Maya-Schreiber, die, wenn Zahlen abstrakt notiert wurden, meist eine Einheit (wie Tag, Monat etc.) mit überlieferten; auch wurden kunstvolle Glyphen für die Zahlen verwendet. (Vgl. Kapitel 4.2.) Dagegen wird in den postklassischen Codices durch die abstrakte Notation vor allem die Praktikabilität sichtbar. Aufgrund der unterschiedlichen Entstehungszusammenhänge und Funktionen der Niederschriften ist es schwierig, die Frage nach einer Weiterentwicklung des Zahlensystems im zeitlichen Verlauf zu beurteilen.

die Kalkulationen von Kalenderdaten miteinbeziehen sollen, die Kenntnis des Aufbaus der Kalender notwendig wird, soll die Arithmetik im Anschluß an eine Einführung in das Kalendersystem behandelt werden.[14]

4.1 Vigesimalsystem

Als eine der herausragendsten intellektuellen Errungenschaften Mesoamerikas gilt die Erfindung des Stellenwertsystems.[15] Anders als beim schwerfälligen additiven Prinzip, wie es etwa bei den Römern Verwendung fand, bestimmt in einem solchen System die Position eines Zahlensymbols seinen Wert. Dies hat insbesondere den Vorteil, daß eine begrenzte Anzahl von Symbolen ausreicht, um beliebig große Zahlen auszudrücken.[16] Die Schaffung neuer, höherwertiger Zahlensymbole ist nicht notwendig,[17] des weiteren ermöglicht ein Positionssystem, die Zahlen schnell zu erfassen, sofern die einzelnen Ziffern der Stellen auf einen Blick erkennbar sind.

Das Positionssystem der Maya ist ein Vigesimalsystem. Daß es die Basis 20 hat — im Gegensatz zu unserem und den Systemen der meisten Völker mit der Basis 10 — erscheint zunächst erstaunlich. Das Dezimalsystem dürfte durch das Zählen und Rechnen mit den Fingern entstanden sein, es entspringt also der Tatsache, daß der Mensch *zehn* Finger besitzt. Bezieht man die zehn 'Fußfinger' mit ein, so erklärt sich die Herkunft des Vigesimalsystems: "Die Maya, die Azteken und die Kelten benutzten — da man sich nur ein wenig zu bücken brauchte, um auch die Zehen mitzuzählen — die

---

[14] Vgl. Kapitel 6.
[15] Vgl. auch Ifrah [230], S. 16: "Die Babylonier erfanden die älteste bekannte Stellenwertschrift — eine Entdeckung, die den Maya, den Indern und den Chinesen ebenfalls gelang, jedoch völlig unabhängig voneinander." Allerdings wird angezweifelt, daß die Stellenwertschrift von den Maya entwickelt wurde. Wahrscheinlich war diese Notation in Mesoamerika schon den Olmeken bekannt und ist damit älter (vgl. Anmerkung 7.)
[16] "The names of the Maya numerical units up to 20^6 (or 64,000,000) are known, and in the enumeration of days, written numerals with higher-order units up to 360×20^{12} are recorded in inscriptions." (Lounsbury [295], S. 760.) Schele/Freidel nennen ein Beispiel eines Datums auf einer Stele, auf der insgesamt mehr als 20 Stellen notiert wurden. (Vgl. Schele/Freidel [405], S. 511, bzw. Kapitel 5.1.4.)
[17] Vgl. Coe [129], S. 189.

Zahl Zwanzig als Basis."[18] Jede Position im Stellenwertsystem der Maya steht für eine Zwanzigerpotenz, so daß ein Übertrag bei $20 = 20^1$, $400 = 20^2$, $8\,000 = 20^3$, $160\,000 = 20^4$ usw. notwendig wird. Die Ziffer Neun an erster Stelle im Positionssystem steht demzufolge für $9 \times 20^0 = 9$, an vierter Stelle dagegen für $9 \times 20^3 = 72\,000$.

Ähnlich wie die von oben nach unten notierte Schrift wurden die Zahlen und damit die Stellen im Positionssystem meist vertikal aufgeschrieben,[19] die kleinste Potenz, die die Einer umfaßt, stand zuunterst, während höhere Potenzen an entsprechender Stelle darüber gesetzt wurden. Bezeichnet Z die zu notierende Zahl, so läßt sie sich darstellen als $Z = a \times 20^0 + b \times 20^1 + c \times 20^2 + d \times 20^3 + ...$, wobei $a, b, c, d, ...$ die Ziffern der jeweiligen Position sind. Im Vigesimalsystem der Maya stehen damit von unten nach oben gelesen $a, b, c, d, ...$ mit $a, b, c, d, ... \in \{0, 1, 2, ..., 19\}$. Die Darstellung von Z läßt deutlich erkennen, worin die eigentliche kulturelle Leistung liegt, denn ein Positionssystem setzt arithmetische Grundregeln wie die Addition ebenso voraus wie das Bewußtsein, daß eine Ziffer an höherer Stelle eine größere Zahl bezeichnet als an niedrigerer Position, was einer (impliziten) Multiplikation der Ziffer mit dem jeweiligen Wert der Stelle entspricht.[20]

Verwendeten die Maya das reine Positionssystem — ohne zusätzliche Glyphen, die etwa wie bei Daten angaben, ob es sich um Tage, Monate oder Jahre handelte — so war es unumgänglich, eine Art Leerzeichen zu verwenden, das eingefügt wurde, falls an einer Stelle keine Ziffer von 1 bis 19 stand, nämlich die Null.[21]

---

[18] Ifrah [230], S. 14. Vgl. auch Spinden [441], S. 311, oder Tonda/Noreña [500], S. 21. Zur Untermauerung dieser Theorie siehe insbesondere die Zahlbenennungen des Volkes der Bororo am Rio Vermelho (Brasilien). So übersetzt Lounsbury die ihm genannten Zahlbezeichnungen folgendermaßen: 1 — 'only one', 5 — 'as many of them as my hand complete', 10 — 'my fingers all together in front', 13 — 'now the one on my foot that is in the middle again', 15 — 'now my foot is finished', 20 — 'your feet, now it is as many as there are with your feet' und 21 — 'starting them over again'. Wichtig ist hierbei, daß diese Benennungen "were given as if they were names for numerals, without accompanying gestures of finger showing or pointing to toes." (Lounsbury [295], S. 761.)

[19] Siehe dazu insbesondere die Zahldarstellungen in den Codices. Die Ziffern der einzelnen Stellen selbst konnten 'vertikal' oder 'horizontal' (letzteres läßt sich in den Inschriften des häufigeren beobachten) dargestellt werden. (Vgl. unten.)

[20] Vgl. Closs, welcher explizit notiert, daß "principles of grouping, addition, and multiplication are implicit in the structure". (Closs [121], S. 15.)

[21] Vgl. Kapitel 4.3.

Es ist davon auszugehen, daß insbesondere Händler und Kaufleute sich des reinen Positionssystems bedienten.[22] Im Kalendersystem wird es in leicht abgewandelter Form notiert, dies soll jedoch erst im Zusammenhang mit den Kalendern näher ausgeführt werden.[23]

4.2 Notation und Benennung der Ziffern

Zahlen können genauso wie andere Schriftzeichen[24] der Maya in verschiedenen Varianten geschrieben werden. Abgesehen von Feinheiten wie zum Beispiel dem Ausnutzen von Homophonien bei einzelnen Ziffern[25] verwendeten die Maya drei Methoden, ihre Zahlen darzustellen: eine abstrakte Notation, Kopf- bzw. Porträtglyphen und Vollfigurenglyphen.

Die abstrakte Variante besticht durch ihre Einfachheit und Praktikabilität und ermöglicht selbst Schriftunkundigen, die Zahlen zu lesen. Die Maya benutzten drei Symbole zur Darstellung: einen Punkt für die Eins, einen Balken, der die Fünf darstellte, und eine stilisierte Schnecke oder Muschel oder (Teile einer) Blüte als Zeichen für die Null.[26]

Die Darstellung der Eins durch einen Punkt[27] wird im allgemeinen auf die Tatsache zurückgeführt, daß Kakaobohnen das am weitesten verbreitete Zahlungsmittel bei den Maya waren und daß der Punkt folglich als Schematisierung einer Kakaobohne betrachtet werden kann. Um eine um eins größere Ziffer zu erzeugen, fügte man einfach einen weiteren Punkt hinzu. Da "die menschliche Fähigkeit zur unmittelbaren Wahrnehmung von Zahlen bzw. von konkreten Quantitäten sehr selten über die Zahl Vier hinausgeht",[28] erhöhte man die Anzahl der Punkte nur bis zur Vier, die

---

[22] Vgl. Coe [129], S. 190.
[23] Vgl. Kapitel 5.1.4.
[24] Vgl. Kapitel 2.2.1.
[25] Vgl. z. B. die Darstellung der 'vier' durch den Kopf einer Schlange. (Vgl. Kapitel 2.2.1.)
[26] Vgl. Coe [129], S. 189.
[27] Ein Punkt ist zwar naheliegend, genauso naheliegend wäre jedoch z. B. die Repräsentation durch einen Strich, wie sie sich etwa in China herausgebildet hat.
[28] Ifrah [230], S. 173. "Niemand, und sei er noch so gebildet, kann 5 (IIIII), 6 (IIIIII), 7 (IIIIIII) oder mehr Striche auf Anhieb zahlenmäßig erfassen." (Ebd.)

4.2 NOTATION UND BENENNUNG DER ZIFFERN

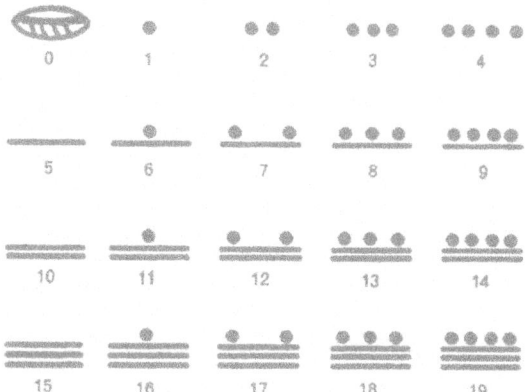

Abbildung 4.1: Abstrakte Notation der Ziffern (inkl. Null). (Gallenkamp [184], S. 78.)

Fünf selbst schrieb man als (einen die Einheiten zusammenfügenden) Balken.[29] Höhere Ziffern und Zahlen im Positionssystem erzeugten die Maya durch entsprechendes Hinzufügen von Punkten oder Balken. Zum Beispiel notierten sie die Ziffer 19 mit drei Balken (=15) und vier Punkten (d. h. $15 + 4 = 19$). "Thus the system of written numerals [...] was quinary below and between the vigesimal values."[30]

> Numbers could be written horizontally or vertically. If the bars were horizontal the dots were placed above them; if the bars were vertical the dots were placed to their left. Frequently, non-numerical crescents or other fillers were used to achieve a more esthetic balance for the numeral.[31]

---

[29] Man beachte, daß 'Fünf' gleichzeitig als Gesamtheit der Finger einer Hand aufgefaßt werden kann. Cordan vermutet daran anknüpfend eine andere Entstehung der Notationsweise mit Punkt und Balken: "Seit jeher hat sich der Mensch als das Maß aller Dinge genommen. Die 'abstrakte' Zahlenschrift ist nichts anderes als das Loch, das 1 oder 2 Finger in den Sand machen, 5 ist die flache Handkante." (Kommentar Cordans zum Popol Vuh (Popol Vuh [356]), S. 183.)

[30] Lounsbury [295], S. 764.

[31] Closs [119], S. 299.

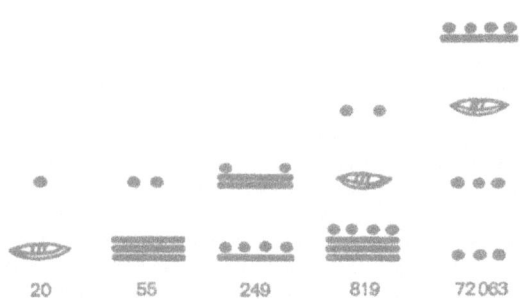

Abbildung 4.2: Beispiele des Vigesimalsystems der Maya. (Coe [129], S. 190.)

Bei der Bildung der abstrakten Zifferndarstellung verwendeten die Maya demnach das additive Prinzip und zwar so, daß jede einzelne Ziffer auf einen Blick zu erkennen war, da keines der vorkommenden Symbole häufiger als viermal auftrat. Wichtig ist, daß der Maya-Leser die Ziffern nicht mehr als zusammengesetzt, sondern als eine Einheit erfaßte: "La diferencia está en que para el maya, los puntos y las barras ERAN YA LOS NÚMEROS Y NO ÚNICAMENTE MARCAS O SEÑALES."[32] Gerade die Verwendung des Positionssystems kann als Beleg für die Erfassung der Ziffern als Einheit gewertet werden, da sonst ein schnelles Erkennen einer im Vigesimalsystem notierten Zahl nicht möglich gewesen wäre.

Eine weitere Möglichkeit, die Null und die anderen neunzehn Ziffern zu schreiben, waren Glyphen in Kopfform, welche als zusätzliche Indizien für den abstrakten Zahlbegriff gewertet werden können. Jede Ziffer wurde mit einer ihr zugeordneten Gottheit in Beziehung gesetzt — zum Beispiel wurde die Ziffer 10 durch den Kopf des Totengottes dargestellt.[33]

> Of all the numerals devised by man none can compare for sheer beauty with the Maya head variant numerals. These are represented by portraits of heads whose features or attributes are

---

[32] Calderón [105], S. 15. (Der Unterschied ist, daß für den Maya die Punkte und Balken schon Ziffern und nicht nur Markierungen oder Zeichen waren.)
[33] Vgl. Ifrah [230], S. 462.

the key to the number thus portrayed. Most of the numerical profiles have been identified as those of gods and it is safe to assume that all have a similar derivation.³⁴

Obwohl es, wie für die Ziffern 1 bis 12, auch für die 13 eine eigene Kopfglyphe gab, stellten die Maya die 13 häufig alternativ aus einer Komposition der Kopfglyphen für 3 und 10 dar.³⁵

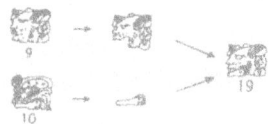

Abbildung 4.3: Die Ziffer 19: Entstehung der Kopfformdarstellung. (Ifrah [230], S. 462.)

Genauso wurden die Schriftzeichen der Zahlen 14 bis 19 aus denen der Zahlen 10 und 4 bis 9 abgeleitet. Dies geschah, indem "der ursprüngliche Unterkiefer des jeweiligen Götterbildnisses herausgenommen und durch den des Totengottes, des Symbols der Zahl 10, ersetzt",³⁶ also die arithmetische Grundregel der Addition angewendet wurde.

Die Gestaltung in Kopfform wurde im Vergleich zur abstrakten Notation selten gebraucht, war aber aufgrund ihrer Ästhetik und ihres Bezugs zu den Göttern prädestiniert für königliche Inschriften. Noch seltener wurden anthropomorphe Formen verwendet, Vollfigurenglyphen, die über die gleichen Kopfdarstellungen verfügten wie die entsprechenden Kopfvarianten der

---

³⁴ Closs [119], S. 334.
³⁵ Daß es speziell für die ersten dreizehn Ziffern eigene Kopfglyphen gab, wird — nimmt man den Aufbau des Kosmos in 13 Himmels-, 7 Erden- und 9 Unterweltschichten an — des häufigeren in der Forschung so interpretiert, daß diese nach den Bildern der dreizehn Götter gestaltet seien, die über die dreizehn Himmel des Himmelsgewölbes regieren. (Vgl. z. B. Ifrah [230], S. 462, oder Morley [341], S. 240.) Allerdings ist erstaunlich, daß die 13 alternativ als Komposition dargestellt wird. Ebenso gibt es im Yukatekischen für die ersten 12 Ziffern eigene Benennungen, ab 13 treten jedoch zusammengesetzte Bildungen auf (vgl. unten), so daß die 13 in der Reihe der Ziffern eine Sonderrolle einzunehmen scheint.
³⁶ Ifrah [230], S. 462.

Abbildung 4.4: Kopfvarianten der Ziffern (inkl. Null) mit ihren Entsprechungen im modernen Yukatekisch.(*) (Coe [128], S. 154.)

Ziffern und auf diese Weise charakterisiert wurden. In einem Fall allerdings — auf einer im Palacio von Palenque gefundenen Steintafel — "numbers were recorded by full figure glyphs having identifying marks on the limbs of the body or having characteristic symbols set into their headdresses."[37] Abbildung 4.5 zeigt ein Detail dieser Steintafel mit einer anthropomorphen Darstellung des Ausdrucks *0 k'in* ('0 Tage').

Das Vigesimalsystem zwingt dazu, statt neun — wie beim Dezimalsystem — neunzehn verschiedene Ziffern notieren und benennen zu können, erst bei zwanzig wird der erste Übertrag fällig.

---

[37] Closs [119], S. 339.

4.2 NOTATION UND BENENNUNG DER ZIFFERN

Abbildung 4.5: Detail einer im Palacio von Palenque gefundenen Steintafel mit einer anthropomorphen Darstellung des Ausdrucks *0 k'in*. (Ifrah [230], S. 468.)

Bemerkenswert ist die Tatsache, daß neben der Verwendung der Fünferbalken in der abstrakten Ziffernschreibung eine besondere Zäsur durch die Zehn in der Ziffernbenennung des yukatekischen Maya-Dialekts zu verzeichnen ist. Bis 12 werden die Zahlen gesondert benannt,[38] "bei den weiteren handelt es sich um zusammengesetzte Namen, wobei die Zehner die Rolle einer 'Hilfsbasis' in der Benennung der unter 20 liegenden Zahlen übernehmen".[39]

1	*hun*	11	*buluk*
2	*kaa, ka*	12	*lah-ka'*
3	*ox*	13	*ox-lahun*
4	*kan*	14	*kan-lahun*
5	*hoo, ho*	15	*hoo-lahun, ho-lahun*
6	*wak*	16	*wak-lahun*
7	*uuk*	17	*uuk-lahun*
8	*waxak*	18	*waxak-lahun*
9	*bolon*	19	*bolon-lahun*
10	*lahun*	20	*hun kal*

---

[38] Vgl. dazu die folgende Tabelle, die aus Closs [119], S. 293, adaptiert ist. Vgl. auch Brinton [93], S. 38, oder Lounsbury [295], S. 762.

[39] Ifrah [230], S. 65.

Worte für 'Zwanzig' sind in Maya-Sprachen *kal*, *may* und *winik*, wobei letzteres 'Mann' oder 'Mensch' bezeichnet und die Gesamtheit der Finger und Zehen versinnbildlicht.[40] "The other terms are apparently related to words for tying and bundling and may reflect practices of counting and packaging in ancient commerce and rendering of tribute."[41] *Kal* findet in der Bedeutung von '20 Stück'[42] (vergleichbar dem englischen 'score'[43]) Verwendung, und demzufolge werden die Zwanzigerstufen *hun kal* ('einmal zwanzig' = 20), *ka kal* ('zweimal zwanzig' = 40), *ox kal* ('dreimal zwanzig' = 60) usw. genannt.[44] Dies erscheint zunächst als Abweichung von der ausgesprochen regelmäßigen Bildung der Zahlen in den Mayasprachen,[45] da — den vorhergehenden Zahlen entsprechend — *hun kal* eher 21 bezeichnen müßte. Ab 21 tritt anstelle der reinen Aneinandersetzung der konstituierenden Ausdrücke wie bei den Zahlen 11 bis 19 im Yukatekischen[46] die Silbe *tu* auf, welche eine Addition ausdrückt: so bedeuten etwa *hun-tu-kal* '1 auf 20' bzw. $1 + 20 = 1 \times 20^0 + 1 \times 20^1$ und *waxaklahun-tu-kal* '18 auf 20' bzw. $18 + 20 = 38 = 18 \times 20^0 + 1 \times 20^1$. Die derart fortlaufende, regelmäßige Bildungsweise betont den Vigesimalcharakter des Zahlensystems, da so volle Zwanzigerblöcke in der Benennung ausgezeichnet und die dazwischenliegenden Zahlen diesen zugeordnet werden:[47]

---

[40] Vgl. Closs [119], S. 293, oder Carlson [109], S. 224, und [110], S. 207.
[41] Closs [119], S. 293, vgl. auch Lounsbury [295], S. 762.
[42] Vgl. z. B. Martínez Hernandéz [327], S. 489, oder Arzápalo Marín [13], S. 404.
[43] Vgl. Spinden [441], S. 311.
[44] Vgl. Brinton [93], S. 39, oder für das Yukatekische Thompson [494], S. 327.
[45] "Indeed, many Native American languages have numeral words below ten, which illustrate digital origins or origins by arithmetical processes. And, while some families, such as the Mayan, exhibit great uniformity in their numeral stems, others do not." (Closs [121], S. 4.)
[46] Auch in anderen Mayasprachen werden die Zahlen ähnlich gebildet, vgl. dazu z. B. das Jakaltekische. (Vgl. La Farge/Byers [267], vor allem S. 285–290.) Allerdings gibt es einen entscheidenden Unterschied in der Auffassung der 'Zwanzigerstufen': "The Indo-European peoples, like the Maya Yucatán, having reached the first score, proceed to count in terms of it until reaching the next unit of equal order, twenty-and-one, twenty-and-two, [...] and so on. But other Mayan languages, Jacalteca, Pokonchi, Tzeltal, Quiché, etc., although they continue counting in terms of ten through the teens, having reached a score regard that as completed, and put it behind them, starting immediately to count toward the next. In short, twenty, forty, sixty, ar not, as with us, the beginnings, but the endings of series of twenty." (Ebd., S. 290.)
[47] Die folgenden Angaben sind aus Thomas [473], S. 890, entnommen. (Man beachte die Abweichung von der regelmäßigen Bildung bei den 'Fünferstationen' 30 und 35.)

21	hun-tu-kal	31	buluk-tu-kal
22	ka-tu-kal	32	lahka'-tu-kal
23	ox-tu-kal	33	oxlahun-tu-kal
24	kan-tu-kal	34	kanlahun-tu-kal
25	ho-tu-kal	35	holahun-ka-kal
26	wak-tu-kal	36	waklahun-tu-kal
27	uuk-tu-kal	37	uuklahun-tu-kal
28	waxak-tu-kal	38	waxaklahun-tu-kal
29	bolon-tu-kal	39	bolonlahun-tu-kal
30	lahun-ka-kal	40	ka-kal

Als letztes Beispiel für Zahlenbenennungen sei der Kaqchikel-Ausdruck für 8 000, *chuwi*, genannt, welcher zugleich ein Wort für 'Sack' ist. "Its use as a numeral is said to derive from the custom of packaging cacao beans — an important commodity and also a medium of exchange — in quantities of 8 000 to the bag."[48] Es ließen sich noch viele bezeichnende Beispiele für Zahl- und Zifferbenennungen finden, doch sollen die aufgeführten an dieser Stelle ausreichen. Man sollte aber vor allem nicht der Versuchung erliegen, aufgrund zum Teil bildhafter Benennungen von einem niedrigeren Abstraktionsniveau des Maya-Zahlensystems auszugehen als dem des unsrigen. Zwar ist die Herkunft und Entstehung der Zahl- und Ziffernamen leicht auszumachen, doch war das Konzept der Zahlen weitgehend davon losgelöst.

4.3 Die Zahl Null

Los mayas utilizaban el cero para referirse a las fechas y periodos de tiempo en diversos monumentos y textos. Sin embargo, en

---

[48] Closs [119], S. 293f. Ein ähnliches Beispiel findet sich heute noch im Russischen: die Bezeichnung für 40, 'сорок', stammt von einem früher so genannten Sack, der vierzig Zobelfelle beinhaltete und zur Bezahlung verwendet wurde.

ocasiones éste no representaba la ausencia de unidades, el conjunto vacío o nada, sino que denotaba la terminación de un periodo de tiempo o fecha y el inicio del siguiente. Los términos que se han utilizado para describir esta característica del cero maya son 'cabalidad' o 'completamiento' (es decir, una fecha o periodo de tiempo acabado, completo o ajustado a la medida).[49]

Dies ist eine Sicht der Maya-Null, die viele Forscher vertreten haben und noch vertreten. In der Tat stellt sich die Frage, ob die Zeichen der Maya, die man mit 'Null' transkribiert,[50] (i) Lückenfüller im Positionssystem,[51] (ii) Zeichen für 'Nichts' und/oder (iii) Zeichen für Vervollständigung (einer Periode o. ä.) waren.[52] Weitergehend kann man fragen, ob die Maya eine Null in unserem Sinne kannten und sie als (iv) Zahl auffaßten, was insbesondere die Auffassung der Null als Vorgängerin von Eins, neutralem Element der Addition und Startpunkt eines diskreten oder kontinuierlichen Maßsystems einschließt. Dabei widersprechen sich die Konzepte 'Nichts' und 'Vervollständigung' nicht, sondern sind lediglich Ausdruck einer bestimmten Sichtweise, denn die Vervollständigung eines Zyklus läßt ihn gleichzeitig wieder an seinen Beginn zurückkehren, und *nichts* vom Zyklus ist vergangen, ähnlich wie ein Kreis sich bei $360° = 0°$ schließt. Genausowenig sind 'Vervollständigung' und 'Nichts' unvereinbar mit der Auffassung der Null als Zahl, sondern können durchaus Teil der Zahlvorstellung sein. Zu untersuchen ist demzufolge, welche Konzepte der Null die Maya hatten,[53] ohne

---

[49] Tonda/Noreña [500], S. 35. (Die Maya verwendeten die Null, um auf verschiedenen Monumenten und in Texten Daten und Zeitperioden zu bezeichnen. Trotzdem repräsentierte diese in manchen Fällen nicht die Abwesenheit von Einheiten, die leere Menge oder gar nichts, sondern zeigte das Ende einer Zeitperiode oder eines Datums und den Beginn einer neuen Zeitperiode an. Die Ausdrücke, die benutzt wurden, um diese Charakterisierung der Null der Maya zu beschreiben, sind 'cabalidad' oder 'completamiento' (bzw. ein Datum oder eine beendete, fertige, oder nach Maß festgelegte Zeitperiode).)

[50] Als erster nahm Förstemann 1885 eine solche Transkription vor. (Vgl. Lizardi Ramos [282], S. 159.) Vgl. ebenfalls Remington [365], S. 196: "By 1887 Förstemann had identified the month signs, the signs for 0 and 20, and the 260-day calendar."

[51] Vgl. hierzu auch Ibarra Grasso [229], für den das zur Diskussion stehende Glyphenzeichen lediglich auf das Fehlen, die Abwesenheit von Einheiten hinweist.

[52] Zum ersten Mal in der Menschheitsgeschichte wird bei den Maya die Null stets explizit notiert. (Vgl. Nahm [348], S. 1.)

[53] Jedoch findet man nur bei wenigen Autoren ausführlichere Bemerkungen zur Null der Maya wie z. B. bei Castañeda, J. [111], Fulton [180], Lizardi Ramos [282] und [283], Seidenberg [422], Spinden [445] oder Thompson [488].

4.3 DIE ZAHL NULL

direkt unser Konzept als naheliegend oder selbstverständlich auf die Maya übertragen zu wollen.

Einige Autoren vertreten die Meinung, daß die Nullzeichen nur Dekorationselemente auf Monumenten seien: "For all we know, there is nothing the Maya did with their zero, except for decorating monuments, that they could not equally easily have done without."[54] Andere dagegen sind überzeugt, daß die Konzepte der Maya in unseren heutigen Konzepten enthalten sind[55] oder sogar mit unserer Auffassung der Null als Zahl übereinstimmen.[56] Letzteres wird im folgenden aufzuzeigen sein.

Sicher ist, daß die Maya Nullzeichen verwendeten, um Positionen im Stellenwertsystem zu füllen und damit die Eindeutigkeit der Notierung zu sichern: "Place notation requires a zero symbol for otherwise unoccupied places, and for this purpose a 'shell' sign and several other hieroglyphs were employed."[57] Genauso setzten sie diese Zeichen in Datumsangaben auf Stelen ein. Zwar war es hier nicht *notwendig*, da meist die Einheit (Tag, Monat, etc.) zusätzlich aufgeführt wurde und somit durch eine gemischte Notation Eindeutigkeit gegeben war, doch "die Notwendigkeit, die Abwesenheit von Zeiteinheiten einer bestimmten Ordnung durch eine gesonderte Hieroglyphe wiederzugeben, [resultierte] tatsächlich aus technischen und religiösen Erfordernissen und aus den ästhetischen Bedürfnissen der Bildhauer der Maya."[58]

Deutlich erkennt man in Abbildung 4.6 die verschiedenen Nulldarstellungen — als stilisierte Muschel oder Schnecke, als Teil einer Blüte[59] oder als Kopfvariante, charakterisiert durch eine Hand über dem Unterkiefer.[60]

---

[54] Seidenberg [422], S. 384.
[55] "To state my own view briefly at the outset, I believe our modern mathematical concepts of zero do embrace the Maya concepts". (Fulton [180], S. 233.)
[56] Vgl. Lizardi Ramos [282] und [283].
[57] Lounsbury [295], S. 764.
[58] Ifrah [230], S. 468.
[59] Dieses Zeichen wird in der Literatur auch als Malteserkreuz gedeutet. (Vgl. Thompson [488], S. 138.)
[60] Gordon diskutiert in Gordon [193] die Zeichen für 0 und gelangt zu der Schlußfolgerung, das Blüten-Nullzeichen sowie die Darstellung mit der Hand hätten ursprünglich für 20 gestanden, insbesondere da "the hand is a symbol for twenty." (Ebd., S. 259.)

Abbildung 4.6: Darstellungen der Null. (Bowditch [76], Ausschnitte der Tafeln XVII und XVIII.)

In Anlehnung an die Hand in der Kopfvariante wird die abstrakte Darstellung durch eine stilisierte Muschel oder Schnecke von einigen Autoren als geschlossene Hand bzw. Faust gedeutet, die ihrer Meinung nach auf das Konzept der Vervollständigung hindeutet,[61] indem etwas von der Hand umfaßt werde. Spinden hat als erster explizit das Konzept der Vervollständigung befürwortet und die Interpretation der Nullzeichen als 'Nichts' abgelehnt: "To the Mayan mind zero was not nothingness but completion."[62] Naheliegender, vor allem vor dem Hintergrund der Entstehungsgeschichte des Zahlensystems, erscheint dennoch die Auffassung als 'Nichts' oder 'Null', sofern man die geschlossene Hand als Symbol für 'keine', also 'null Finger' betrachtet.[63]

Doch auch für die Darstellung als stilisierte Muschel oder als Schneckengehäuse bietet die Literatur einen Erklärungsansatz: "La concha es un elemento muy frecuente en la epigrafía Mesoamericana y su vinculación conceptual con la muerte ha sido, en mi opinión, bastante bien establecida."[64] Die Verbindung der 'Null' zum Tod wird als Zeichen für "la escala del tiempo"[65]

---

[61] Vgl. Thompson [488], S. 137: "The principal meaning (there are others) of the hand is that of completion. [...] Even were the meaning not precisely that of completion, the sign cannot possibly have the meaning of zero".
[62] Spinden [445], S. 18.
[63] Vgl. hierzu auch Sánchez [390], S. 8: "A closed fist *is* nothing when one counts by units and fives!"
[64] Calderón [105], S. 22. (Die Muschel ist ein Element, das oft in der mesoamerikanischen Epigraphik vorkommt, und seine konzeptionelle Verbindung zum Tod ist, meiner Meinung nach, ziemlich gut begründet worden.)
[65] Ebd. (die Skala der Zeit).

4.3 DIE ZAHL NULL

gewertet, wobei der Tod als Abschluß oder Vervollständigung einer Periode, nämlich der des Lebens, betrachtet wird:

> Ambos conceptos: el de cosa completa, que se representa con el puño cerrado, y el de muerte, que se expresa con la concha, se concilian en uno sólo. La terminación de la vida es también el cierre de un ciclo, la medida que se completa.[66]

Das im Maya-Zeichen der 'Null' enthaltene Konzept der Vervollständigung tritt — abgesehen von den obigen Interpretationen der Entstehung des Zeichens für die 'Null' — im Kalendersystem[67] zutage, wenn sich Zyklen im kalendarischen Positionssystem *Long Count*, einer Langzeittageszählung, schließen und damit mathematisch ein Übertrag fällig wird. Das Auftreten des Nullzeichens kann in zweifacher Hinsicht gedeutet werden. Einerseits schließt sich eine Zeitperiode, wobei man den *Long Count* dann als Ineinanderschachtelung von Zyklen interpretiert:[68]

> Observo también que el concepto de 'completamiento' es correcto cuando uno hace una operación que llamo 'ascendente', como la que se requiere frecuentemente en el calendario, cuando contando días va uno formando, por acumulación, los diversos períodos: Uinal, Tun, Katún, Baktún, etc.[69]

Sieht man den *Long Count* andererseits als ein die Tage linear durchzählendes System, so sollte das Nullzeichen als Füllzeichen im Positionssystem und als Ausdruck, daß null *winal, tun, bak'tun*, etc. seit dem letzten Übertrag vergangen sind, betrachtet werden, wobei der Nachweis der möglichen Interpretation als Zahl Null hier noch zu führen ist.

---

[66] Ebd., S. 24. (Beide Konzepte, das der vervollständigten Sache, das durch die geschlossene Faust repräsentiert wird, und das des Todes, welches sich durch die Muschel ausdrückt, vereinen sich in einem. Das Ende des Lebens ist auch der Abschluß eines Zyklus, das Maß, das komplettiert wird.)

[67] Vgl. Kapitel 5.1.4.

[68] Bei dieser Auffassung spielt die Vorstellung mit hinein, daß jeder Tag unter den gleichen, vor allem astrologischen Einflüssen stand wie derselbe Tag des entsprechenden Zyklus zuvor. (Vgl. Fulton [180], S. 237.)

[69] Lizardi Ramos [283], S. 345. (Ich beobachte auch, daß das Konzept der 'Vervollständigung' korrekt ist, wenn man eine Operation ausführt, die ich 'aufsteigend' nenne, wie sie häufig im Kalender notwendig ist, wenn beim Zählen der Tage durch Akkumulation die verschiedenen Perioden gebildet werden: winal, tun, k'atun, bak'tun etc.) *Winal, tun, k'atun, bak'tun* sind Bezeichnungen für Stellen im kalendarischen Positionssystem bzw. Zyklen des *Long Count*, vgl. Kapitel 5.1.4.

Eine Besonderheit gilt es im Zusammenhang mit dem Kalendersystem zu beachten: der *letzte* Tag in einem der achtzehn 20-tägigen Monate des 365-Tage-Kalenders trägt nicht den Koeffizienten 20 und den Namen des laufenden Monats, sondern ein Zeichen, das auf das Ende des laufenden oder das Einsetzen des folgenden Monats hinweist und im allgemeinen durch den Koeffizienten 0 mit dem Namen des Folgemonats transkribiert wird.[70] Obwohl dies primär ein Transkriptionsproblem ist, läßt sich an der Auffassung, daß der letzte Tag eines Monats gleichzeitig ein Einsetzen des Folgemonats bedeutet, das Konzept der Zyklen und der Vervollständigung erkennen. Diese Tatsache wäre mit Fulton auch noch anders deutbar: "It is *possible* to interpret this in terms of a zero signifying 'nothing', 'none', or 'no', if we assume that the Maya were really counting nights, or that they were *measuring* the month in portions of duration from a zero starting point, and meant that *no* day had yet *expired*."[71] Dabei bemerkt Fulton selbst, daß diese These kaum haltbar ("far-fetched") ist, ein berechtigter Einwand, denn dieses Einsetzungszeichen wird zwar als Null transkribiert, und alle anderen Tage eines Monats tragen Ziffern als Koeffizienten; die Maya verstanden die entsprechende Glyphe aber eher nicht als Zahl, sondern in der Tat meist in der Bedeutung 'Einsetzung'.[72]

Dem ästhetischen Bedürfnis der Schreiber nach Einheitlichkeit sowie dem Wunsch nach Vermeidung von Konfusion sind Belege für die Auffassung der Null als Zahl zu verdanken. Diese werden in Lizardi Ramos [282] und [283] angerissen, zwei bemerkenswerten, bereits vor mehr als 30 Jahren erschienenen Artikeln, die jedoch von der Forschung bisher kaum wahrgenommen wurden.[73]

---

[70] Gleiches gilt für den letzten Tag des 5-tägigen *Wayeb*. Vgl. Kapitel 5.1.2.
[71] Fulton [180], S. 235.
[72] Vgl. Lounsbury [295], S. 765. Die in diesem Zusammenhang auftretende Glyphe wurde auch für die Einsetzung eines Herrschers verwendet.
[73] Lediglich León-Portilla verweist auf Lizardi Ramos [283], und in Closs [120] und Kelley [238] wird diese Studie in der Bibliographie aufgeführt. Wie aus der Gesamtbibliographie Lizardi Ramos' in Thompson [476] (S. 389) hervorgeht, kannte Thompson diese Aufsätze zwar, nahm sie anscheinend jedoch nicht zum Anlaß, sein Vervollständigungskonzept kritisch zu überprüfen. Genauso übernahm León-Portilla die Auffassung Thompsons, daß die Null der Maya "principally as a symbol of completeness" (León-Portilla [276], S. 1) aufzufassen sei.

4.3 DIE ZAHL NULL

So wurden im Dresdener Codex auf den Seiten *46-50*[74] Zeiträume von acht Tagen verzeichnet, indem an unterster Stelle die Ziffer Acht und darüber das Nullzeichen notiert wurden:

> Here, as has been well shown by Cyrus Thomas, there is no question of the completion of a uinal. Only eight days are needed here, and the red ⊂⊃ in the uinal place is apparently added for the sake of uniformity, since all the other red numbers at the bottom of each of the five pages consist of two places.[75]

Dies bedeutet, daß der Schreiber um den Zahlenwert Null wußte.[76] Weitere Beispiele sind die Stelen J und K aus Quiriguá. Stele J notiert die Distanzzahl[77] 0.11.13.3,[78] was für das Zahlkonzept der Null spricht sowie für die Funktion der Null als Vorgänger von Eins. Auf Stele K liest man sogar die Distanzzahl 0.0,[79] was Lizardi Ramos lakonisch kommentiert: "No me parece que aquí se haya completado nada."[80] Auch wenn die letzten beiden Beispiele "the record of superfluous arithmetical terms"[81] sind, so sind sie doch sehr aufschlußreich, da gerade die explizite Darstellung eines Nullpunktes die Existenz eines Startpunkts der Tageszählung (zumindest im diskreten 'Maßsystem' der Distanzzahlen) belegt.

---

[74] Vgl. Villacorta/Villacorta [506], S. 102-110.
[75] Bowditch [76], S. 47. Die Literaturstelle, auf die Bowditch anspielt, ist in Thomas [470] auf Seite 298 zu finden.
[76] Long urteilt genau entgegengesetzt: "One must note that on plates 46-50 of the Dresden Codex, where the four subdivisions of five synodic periods of Venus are set down, the last subdivision of each synodic period, which has the value of 8 kins, is written 0-8, which shows that the principle of positional notation was not really grasped." (Long [289], S. 222.) Man kommt nicht umhin sich zu fragen, ob seiner Meinung nach auch die heutigen Gesellschaften des Computerzeitalters das Prinzip der Stellenwertschrift noch nicht verstanden haben, wo doch viele Beispiele dieser Art in unserer Kultur zu finden sind — z. B. Zeitangaben auf digitalen Uhren, Datumsangaben etc.
[77] Eine Distanzzahl ist ein Zahlenwert im *Long Count*-System, das auf Monumenten den Zeitraum zwischen zwei Daten angibt. (Vgl. Kapitel 5.2.)
[78] Vgl. Spinden [445], S. 259, der diese Distanzzahl unkommentiert läßt, daneben in der gleichen Arbeit aber seine Ansicht der Null als reiner Vervollständigung darlegt, und Morley [345], S. 119f., der die Möglichkeit eines Fehlers der Schreiber diskutiert, da Thompson in Thompson [493], S. 372, von einem solchen ausgeht und die 0 zu 1 korrigiert, Morley sich dieser Auffassung jedoch nicht anschließt.
[79] Vgl. Morley [345], S. 226f.
[80] Lizardi Ramos [283], S. 351. (Mir scheint nicht, daß hier etwas vervollständigt wurde.)
[81] Morley [345], S. 227.

Zum Schluß sei noch ein Beispiel erwähnt, das für die Auffassung der Null als neutrales Element der Addition spricht. Auf einer Tafel im Tempel des Kreuzes in Palenque wird eine Distanzzahl von 20 Tagen mit Hilfe eines Zeichens für den Mond ausgedrückt, wobei dieses mit einem Nullzeichen verbunden ist, was additiv als $20 + 0 = 20$ verstanden werden muß, denn "the moon sign is sometimes used in distance numbers with the value of 20, the attached coefficient being added to that number."[82] In diesem Fall gibt selbst Thompson zu, daß es hier schwierig ist, das 'Malteserkreuz' (also das Blüten-Nullzeichen) als Vervollständigung zu interpretieren:

> To judge by the analogous cases the whole would mean 20 plus 0 or 20 only. This interpretation rather favors the proponents of the thesis that the symbols under discussion mean zero. On the other hand, it does not seem special pleading to offer the translation 'completion of one lunar period of 20 days,' although it must be admitted that zero fits this particular case rather better.[83]

Die hier angeführten Beispiele sprechen eindeutig für eine Kenntnis der *Zahl* Null, die genau wie alle Ziffern eigene Kopfglyphendarstellungen besaß. Vor diesem Hintergrund kann man sich des Eindrucks schwerlich erwehren, daß einige Forscher — obwohl sie derart deutliche Belege kannten und auch diskutierten — sich dagegen sträubten, den Maya eine solche Kulturleistung zuzubilligen. Denn dies wäre geeignet gewesen, ihr Bild der 'edlen Wilden' zu zerstören, zeichnet doch eine solche Errungenschaft, die unabhängig voneinander außer den Maya nur wenige weitere Male in der Menschheitsgeschichte gelang,[84] die Maya-Kultur als hochentwickelte Zivilisation aus.

---

[82] Thompson [488], S. 138.
[83] Ebd.
[84] Vgl. Ifrah [230], S. 14.

Kapitel 5

Die zeitliche Ordnung

> "Mit [...] Buchstaben benannten die Indios die zu ihren Monaten gehörenden Tage, und aus allen Monaten zusammen machten sie eine Art von Kalender, nach dem sie sich sowohl bei ihren Festen als auch bei ihren Berechnungen, im Handel und bei den Geschäften richteten, wie wir uns nach unserem Kalender richten, nur daß sie ihren Kalender nicht mit dem ersten Tag ihres Jahres beginnen ließen, sondern viel später; dies taten sie wegen der Schwierigkeiten, die sie beim Zählen der zu den Monaten insgesamt gehörenden Tage hatten, wie man es an dem Kalender selbst sehen wird, den ich hier anführen werde". (Landa, Diego de [272], S. 93.)

Beschäftigt man sich mit dem Kalendersystem einer Kultur, so stellen sich mehrere, einander berührende Fragen: wie das System aufgebaut ist, aus welcher Motivation heraus es geschaffen wurde und welche anderen Elemente jener Kultur (wie z. B. religiöse Auffassungen) es miteinbezieht, welche Vorstellungen von 'Zeit' dem System zugrunde liegen und — mit letzterem eng verbunden — welche Bedeutung die Zeit in der Kultur besaß.

Die verschiedenen Kalender der Maya und ihr Verfahren, Daten zu notieren, gehören mit zu den am tiefsten durchdrungenen Gebieten der Maya-Forschung, obwohl auch hier längst nicht alle Fragen geklärt und einige

Antworten weiterhin umstritten sind.[1] Uneingeschränkt jedoch ist die Bewunderung für die erbrachte Leistung, ein solch bedeutungsvolles Kalendersystem aufgebaut zu haben.

> La preocupación de los mayas por medir el tiempo los llevó a hacer cálculos calendáricos y astronómicos tan precisos como los que realizan hoy en día los astrónomos modernos.[2]

5.1 Zeitmessung: Kalender und Zeitzyklen der Maya

Alle höher entwickelten Kulturen brauchen ein System, die Zeit einzuteilen, um entscheidende Augenblicke und Ereignisse im Leben der Herrscher zu fixieren, um einen Führer durch das landwirtschaftliche und zeremonielle Jahr zu haben und um die Bewegung der Himmelskörper festzuhalten.[3]

Bei den Maya[4] war dieses System ein sehr ausgeprägtes, das aus verschiedenen, ineinandergreifenden Zyklen bestand, denen von der Forschung zum Teil spezielle Funktionen zugeordnet werden. So gab es zum Beispiel einen rituellen Zyklus ohne ersichtliche Verbindung mit der Astronomie, aber auch eine Periode, die sich an der Sonne orientierte. Die Maya registrierten für

---

[1] Für weitergehende Diskussionen vgl. neben der zitierten Literatur z. B. auch Bandini [54], Berlin [65], Beyer [69] und [70], Bolles [74], Bowditch [76], Bricker, V. [85], Bricker, V./Bricker, H. [88], Brinton [94], Broda [97], Buck [102], Closs [122], Coggins [134], Edmonson [160], Förstemann [175] und [176], Girard [191], Gossen [194], Graulich [199], Imeson [231], Jones [235], Kelley [238], Lincoln [280], Long [288], Manning-Schwartz [323], Marshack [324], Miller, A. [337], S. 17–30, Morley [343], Owen [352], Puleston [360], Satterthwaite [395] und [396], Schulz Friedemann [420], Teeple [467] und [469], Thomas [471] und [472], Thompson [479], [484] und [487], Tichy [496], [497] und [499], Weitzel [518] sowie Worthy/Dickens [530].

[2] Tonda/Noreña [500], S. 8. (Die Sorge der Maya, die Zeit zu messen, brachte sie dazu, so präzise kalendarische und astronomische Berechnungen durchzuführen, wie sie heutzutage die modernen Astronomen verwirklichen.)

[3] Coe [129], S. 65f.

[4] Man geht davon aus, daß die Maya Teile ihres Kalendersystems von den Olmeken übernommen haben (vgl. Lounsbury [295], S. 764, zu den Olmeken vgl. auch Coe [132]), jedoch seien "the only calendrical cycles shared with other Mesoamerican systems [...] the ritual calendar and the vague year, along with their permutation as the calendar round." (Justeson [236], S. 79.)

jeden Tag den Stand des Mondes und die Stellung des Tages in Planetenjahren.[5] "Das Ensemble dieser vielfältigen kalendarischen Detailinformationen verlieh jedem Tag sein individuelles Gesicht, dank dem er sich unverwechselbar vom eintönigen Hintergrund der verfließenden Zeit abhob."[6]

Die wichtigsten dieser Zyklen werden als eigenständige Kalender betrachtet: die (i) *Sacred Round*,[7] das (ii) angenäherte Jahr von 365 Tagen, welches verschachtelt mit der *Sacred Round* die (iii) *Calendar Round* bildet, und der (iv) *Long Count*, in dem außerdem ein (v) 360-Tage-Jahr, *tun*, enthalten ist. Sie sind "the only ones appearing in the Postclassic hieroglyphic manuscripts, other [...] temporal cycles were also recorded in the inscriptions."[8] Als weitere Kalendernotierungen sind die 'Herren der Nacht', die Mondperiode und, obwohl seltener auftretend, die 819- und die 7-Tage-Zählung[9] zu nennen. Sie dienten der eindeutigen Identifizierung eines Tages, hatten aber auch religiöse Bedeutung und — wie unter anderem auch die Arbeit von Powell zu zeigen versucht — Bezug zur Astronomie.[10]

5.1.1 Sacred Round

Die *Sacred Round*, auch als *Tzolk'in* bekannt, ist der rituelle Kalender der Maya und stellt eine Überlagerung der Zahlen 1 bis 13 mit 20 Tagesnamen dar, umfaßt insgesamt also einen Zeitraum von 260 Tagen. Die Glyphen der 20 Tagesnamen sind in der folgenden Abbildung (Abbildung 5.1) aufgeführt. Dieser 260-tägige Kalender beginnt mit dem Tag[11] *1 Imix*, darauf folgen

---

[5] Vgl. Schele/Freidel [405], S. 73. So gab es z. B. einen Venus-'Kalender', der jedoch in die kalendarischen Angaben auf den Monumenten nicht integriert war. (Vgl. Haberland [208], S. 110.)
[6] Schele/Freidel [405], S. 73.
[7] Dieser Begriff wurde von Satterthwaite geprägt: "We shall use the term 'round' as a classificatory term for any other cycle which is structurally a combination of two or more constituent cycles. For example we shall call the 260-day 'Sacred Almanac' of Thompson the 'Sacred Round' — the 'Tzolkin' of various other writers." (Satterthwaite [396], S. 126.)
[8] Justeson [236], S. 77.
[9] Vgl. Rohark [384], S. 53.
[10] Vgl. Powell [357] und Kapitel 7.4.
[11] Paßt man in Abbildung 5.1 die Schreibung der Tagesnamen an die neue Orthographie (vgl. dazu Exkurs B) an, so erhält man die folgende Reihung: *Imix, Ik', Ak'bal, K'an, Chikchan, Kimi, Manik', Lamat, Muluk, Ok, Chuwen, Eb, Ben, Ix, Men, Kib, Kaban, Etz'nab, Kawak* und *Ahaw*. (Vgl. Mathews [330], S. 76, und Abbildung 5.2.)

Abbildung 5.1: Die Tageszeichen des 260-Tage-Kalenders.(*)
(Schele/Freidel [405], S. 70.)

2 Ik', 3 Ak'bal, 4 K'an usw. bis *13 Ben*. Der nächste Tag heißt entsprechend der Abfolge der Tagesnamen *Ix*, trägt aber wieder den Koeffizienten 1 — also *1 Ix* usw.

> Any day in the compound cycle of 260 can thus be specified by a pair of coordinates: for example *1 Imix, 2 Ik*, and so forth, to *13 Ahau*; or translated into numerical equivalents: $(1,1)$, $(2,2),\ldots,(13,20)$, expressing the position of the day in two simultaneous cycles of different moduli.[12]

Der Kalenderzyklus schließt am 260. Tag — dem kleinsten gemeinsamen Vielfachen von 13 und 20 — mit dem Tag *13 Ahaw*, um darauf wieder

---

[12] Lounsbury [295], S. 764.

neu mit *1 Imix* zu beginnen. Man kann sich die *Sacred Round* als zwei ineinandergreifende Zahnräder unterschiedlicher Größe vorstellen, wie in der schematischen Darstellung (Abbildung 5.2) gezeigt.

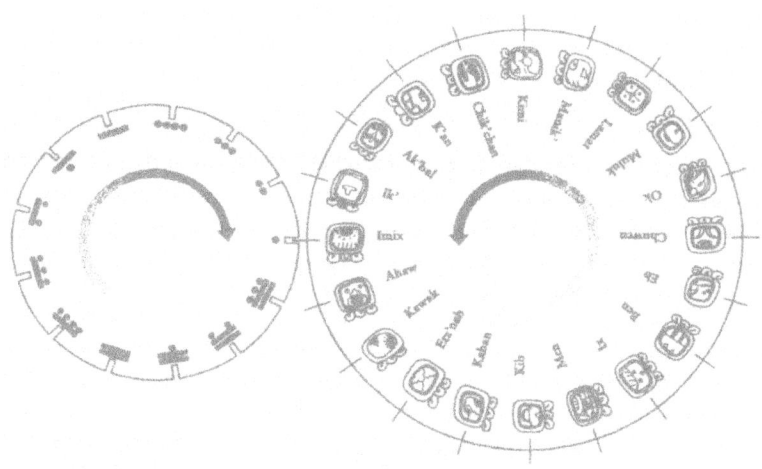

Abbildung 5.2: Schematische Darstellung der 260-Tage-Zählung. (Coe/Kerr [133], S. 51.)

Es existieren verschiedene Theorien zur Motivation der Länge des 260-Tage-Zyklus. So ist eine weit verbreitete Auffassung, er spiegele die Zeit "from the first missed menses to birth"[13] wieder. Doch nicht nur zu diesem natürlichen Zyklus sei er in Bezug setzbar:

> What I think the Maya time-counters found so magical about the number 260, however, is that it fits together neatly with so many natural periods. For example, it is approximately equal to the average period Venus spends in the sky as evening or

---

[13] Brotherston [101], S. 280f. Vgl. auch Earle/Snow [155] und Furst [182], S. 72: "whether or not people are still concious of it today, in the old Indian conception the 260 days of the periodic return of a deity are directly linked with the duration of pregnancy."

morning star (263 days); it is very close to the period of gestation of a human female (avg. 253 days); it approximately equals the average length of the agricultural season in many parts of Mexico. It even beats in the ratio of 2 to 3 with the long-term average interval between eclipses (the so-called eclipse year of 173.32 days).[14]

Andere Hypothesen gehen von einem astronomischen Ursprung des rituellen Kalenders aus, der entweder aus den periodischen Bewegungen der Venus[15] oder aus einem Intervall von 260 Tagen zwischen den Zenitdurchgängen der Sonne bei etwa 15° nördlicher Breite[16] herrühre; demzufolge wäre bei letzterer Hypothese ein geographisch eng begrenztes, nicht-zyklisch auftretendes Naturphänomen Entstehungsursache für einen in Mesoamerika ausgesprochen weit *verbreiteten Zeitzyklus*.[17] Des weiteren wird in der Forschung vermutet, "daß eine Zähleinheit, Zwanzig [...], mit der Anzahl der Tagesstunden (13) in Verbindung gebracht wurde",[18] allerdings ist noch umstritten, in-

---

[14] Aveni [15], S. 108. Ein "eclipse year" entspricht dem deutschen Begriff des *Eklipsesemesters*, das das langfristig berechnete durchschnittliche Intervall zwischen dem Auftreten zweier Finsternisse bezeichnet.

[15] "El propósito de este trabajo es explicar que el periodo 260 tiene un fundamento astronómico cuyo origen es el movimiento periódico de Venus." (Flores G. [168], S. 249.) (Absicht dieser Arbeit ist zu erklären, daß die Periode 260 eine astronomische Basis besitzt, deren Ursprung die periodische Bewegung der Venus ist.)

[16] "V.H. Malmstrom has pointed out that only at this latitude is there a 260-day interval between the zenith days that bracket the movement of the sun into the southern hemisphere and, thus, the 260-day count may have originated at this latitude." (Coggins [136], S. 113.) Malmström wiederholt diese Theorie in Malmström [320] und [322]: "What the ephemeris also revealed was that such a 260-day interval could only be measured between the time that the sun passed *southward* over that line until its next crossing in a northerly direction. Thus, in the sun's apparent annual migration from tropic to tropic, it took 260 days for it to travel from 14.8° N latitude to the Tropic of Capricorn and return, whereas only 105 days were required for the sun to go up to and return from the Tropic of Cancer. Most intriguing of all, however, was the *date* on which this 260-day interval commenced. It was August 13 — the day the Maya believed that the present age of the world had begun!" (Malmström [320], S. 3.)

[17] Vgl. zur Diskussion Aveni [34], S. 148–151, Fitchett [167], Henderson [223], Malmström [321] und Merrill [334], S. 309f. Henderson faßt die Gegenargumente prägnant zusammen: "It is extremely unlikely that the 260-day cycle could have been based upon any natural phenomenon that was not continuously repetitive and that was not observable in the greater part of the area in which the sacred almanac was in use." (Henderson [223], S. 542.)

[18] Haberland [208], S. 106.

5.1.1 SACRED ROUND

wieweit die Maya ihren Tag einteilten.[19] Da der *Sacred Round* strukturell die zwei Zyklen der 13 Ziffern und 20 Tagesnamen — entsprechend *Trecena* und *Veintena* genannt[20] — zugrunde liegen, ist vielmehr die Annahme plausibel, daß die 260-Tage-Zählung das Ergebnis zweier vor ihr schon existierender ritueller Zyklen war,[21] denn: "Such a structure is unlikely to arise in a calendar whose essential rationale was its overall length; subdivision in such instances is usually into sequential units."[22] Die Herkunft der beiden konstituierenden Zyklen ist unbekannt. Unsicher ist man sich über den Grund für die Verwendung der 13, denn obwohl 13 eine wichtige mythische und rituelle Zahl war, war dies womöglich eher die Konsequenz aus als der Grund für ihre Position im Gefüge der *Sacred Round*.[23] Die 20 spiegelt das Vigesimalsystem wider, dessen Basis sie ist. Wichtig im Zusammenhang der Diskussion über die Chronologie der Entstehung der Zyklen könnte der Hinweis sein, daß der 20-Tage-Zyklus über die Maya-Sprachen für eine Zeit rekonstruiert werden kann, die hinter die Entstehungszeit der ältesten erhaltenen Aufzeichnungen von *Sacred Round*-Daten zurückreicht.[24]

In diesem rituellen Kalender hatte jeder Tag "seine besonderen Vorzeichen und Beziehungen, und der unerbittliche Lauf der zwanzig Tage wirkte wie eine dauernd laufende Prophezeiungsmaschinerie, die die Geschicke der Maya und aller Völker Mexikos lenkte."[25] Die *Sacred Round* war der 'Wahrsagekalender', mit dessen Hilfe man das Schicksal, "vor allem von Neugeborenen, aber auch ganzer Völker"[26] ablas. Sicherlich nutzten die Maya die

---

[19] Vgl. dazu z. B. Schele/Freidel [405], S. 68, denen zufolge die Maya ihre kalendarische Einheit des ganzen Tages in seine zwei Hälften 'Tag' und 'Nacht' unterteilten, und Aveni/Morandi/Peterson [47], S. S3: "This is much clear from previous studies: that, as far as the calendrical inscriptions are concerned, number and day are each regarded as indivisible whole units." Zur Diskussion um die Tageseinteilung vgl. Everson [164], S. 111f.
[20] Vgl. Lounsbury [295], S. 764.
[21] Vgl. Justeson [236], S. 78, oder Henderson [223], S. 542, und [224], S. 50. Aveni vertritt in Aveni [26] allerdings die gegenteilige Auffassung, vgl. dort, S. 199f.
[22] Justeson [236], S. 78.
[23] Vgl. ebd.
[24] Vgl. ebd. Für genauere Angaben siehe ebd., S. 79.
[25] Coe [129], S. 66. Vgl. zur Bedeutung des rituellen Kalenders auch Rupflin-Alvarado [387].
[26] Haberland [208], S. 106.

Übereinstimmungen mit natürlichen Gegebenheiten aus, sobald das System installiert war:

> The importance of the 260-day calendar in beliefs about human activity is well attested. The fact that 260 days is a good approximation to a human pregnancy period meant that people could easily avoid coitus on particularly bad days with the result of a statistically significant decline in the number of births on such days. [...] Thus, even such events as birth, which we tend to think of as essentially random, or patterned by climatic conditions, may be partly determined by astrological beliefs.[27]

5.1.2 Das angenäherte Jahr von 365 Tagen

Das angenäherte Jahr, auch *Vague Year* oder (der Bezeichnung der yukatekischen Maya entsprechend[28]) *Haab* genannt, besteht aus 18 Monaten von je 20 Tagen und einem Intervall von fünf gefürchteten Unglückstagen, dem *Wayeb* ('der Namenlose'), am Jahresende.[29] Das Attribut 'angenähert' oder 'vague' hat seinen Ursprung in der offensichtlichen Nähe zur Länge des Sonnenjahres, Grundlage war zweifellos die genaue "Beobachtung des Sonnenjahrs, doch genau wie das 260-Tage-Jahr zählte und benannte jeder *Haab*-Zyklus die vollen Tage fort und fort nach unverändertem Schema":[30] "Interestingly the Maya made no attempt to keep their 365-day vague year in line with the seasons or the sun, in spite of a clear seasonal basis for at least two of the Yucatec month names".[31] Nach 1 508 angenäherten Jahren sind jedoch genau 1 507 Sonnenjahre vergangen, denn es gilt $365 \times 1\,508 = 550\,420 = 365,2422 \times 1\,507$, so daß nach dieser Zeit das gleiche Datum die gleiche Position im Sonnenjahr besitzt wie zu Beginn.[32]

---

[27] Kelley/Kerr [246], S. 180.
[28] Vgl. Edmonson [158], S. 7.
[29] Vgl. Coe [129], S. 66.
[30] Schele/Freidel [405], S. 71.
[31] Justeson [236], S. 78. Die beiden Monate, auf die er anspielt, sind *Yaxk'in* mit der Bedeutung "the time of new growth" und *K'ank'in*, "the time of ripening or maturity". (Ebd.)
[32] Allerdings gibt es keine Belege, die darauf hinweisen, daß den Maya diese Beziehung geläufig war. (Man beachte noch, daß 1 508 angenäherte Jahre 29 *Calendar Rounds* (vgl. Kapitel 5.1.3) entsprechen.)

5.1.2 DAS ANGENÄHERTE JAHR

Aufgrund der im Laufe der Zeit auftretenden Diskrepanz ist es fraglich, ob das dem Sonnenjahr vorauslaufende angenäherte Jahr eine Funktion im landwirtschaftlichen Bereich erfüllte, und es hat sich gezeigt, daß Korrekturen des angenäherten Jahres, die den Maya zugeschrieben wurden, gar nicht existierten.[33]

Das Jahr beginnt mit dem Monat *Pohp*, die einzelnen Tage innerhalb eines Monats werden mit Ziffern durchnumeriert, so daß der erste Tag des Jahres den Koeffizienten 1 erhält. Der nächste Tag ist demnach *2 Pohp*, es folgt *3 Pohp* usw. Die weiteren Monatsnamen und -zeichen sind in Abbildung 5.3[34] aufgeführt.

Hingewiesen sei noch einmal auf die Besonderheit, daß der letzte Tag in der Schreibung der Maya nicht den Koeffizienten 20 trägt, sondern ein Zeichen, das auf das Ende des laufenden[35] oder das Einsetzen des folgenden Monats hinweist. Vielleicht haben praktische Erwägungen bei der Entstehung einer solchen Notation eine Rolle gespielt, denn eine Ziffer 20 gab es nicht, statt dessen hätte man einen zweistelligen Koeffizienten vor den Monatsnamen setzen und somit das System der Mayaschrift durchbrechen müssen.[36]

The numbers employed for days in the month were 1 to 19, and 1 to 4 in the residual period. In place of 20 in the months, and in place of 5 in the residue, the last day of any period was sometimes designated with a glyph whose reading was *tun*, a word

---

[33] Vgl. Coe [129], S. 193. Zum Beispiel spricht Schlenther im Zusammenhang der Kalender davon, daß die Maya "die nötigen Korrekturen nach längeren Zeiträumen durch Addition oder Subtraktion ganzer Tage" (Schlenther [413], S. 62) vornahmen.
[34] Paßt man die Schreibung der Monatsnamen (in der Abbildung) an die neue Orthographie (vgl. Exkurs B) an, so erhält man *Pohp, Wo, Sip, Sotz', Tzek, Xul, Yaxk'in, Mol, Ch'en, Yax, Sak, Keh, Mak, K'ank'in, Muwan, Pax, K'ayab, Kumk'u* und *Wayeb*. (Vgl. Mathews [330], S. 76a.)
[35] Vgl. dazu Thompson [488], S. 121 und Fig. 19, Abb. 21–27.
[36] Zwar gab es Glyphen für 20, diese fanden jedoch in Distanzzahlen und in astronomischen Kontexten Verwendung, insbesondere im Zusammenhang mit dem Mond (vgl. dazu auch Closs [119], S. 343, Lounsbury [295], S. 764, oder Thompson [488], S. 139: "Proof that it does represent the moon is to be found in the fact that the inscriptional type of this sign, which it resembles in appearance and duplicates in function, also serves as the symbolic variant of the head of the moon goddess"), so daß ein Gebrauch als Zahlenglyphe nicht anzunehmen ist.

Abbildung 5.3: Monatszeichen des angenäherten Jahres.(*) (Schele/Freidel [405], S. 70.)

with several senses (homonymous), one of which was 'end' or 'final.' But far more frequently it was designated as the 'seating' or 'installation' day of the next month, employing a glyph of that meaning (also employed for the seating or installation of rulers).[37]

In dieser Notationsweise manifestiert sich die Auffassung der Maya, daß sich der Einfluß einer bestimmten Zeitspanne schon vor ihrem Beginn bemerkbar macht.[38] Transkribiert wird dieses Einsetzungszeichen in der Forschung durch den Koeffizienten 0 und den Namen des Folgemonats, "since it is in

---

[37] Lounsbury [295], S. 765.
[38] Vgl. Coe [129], S. 67.

effect the zero day of the month about to begin."³⁹ *0 Pohp* ist demnach der letzte Tag des alten Jahres, Nachfolger von *4 Wayeb*, und bereitet schon auf den Beginn des neuen Jahres vor.⁴⁰

Üblicherweise wird die Subperiode von 20 Tagen des *Haab* mit 'Monat', einem mit der Mondperiode in Verbindung gebrachten Begriff, betitelt. Allerdings besteht keinerlei Zusammenhang zwischen Name und Dauer dieser Zeitperiode. "The reasons are (1) that some of the Maya are known to have done the same, and (2) that the hieroglyph for 'twenty' is the 'moon' sign."⁴¹ Beachtet werden sollte, daß auch in diesem Kalender die Zahl Zwanzig eine große Rolle spielt, hier jedoch nicht in Form eines Subzyklus, sondern als unterteilende Periode.

5.1.3 Calendar Round

Das angenäherte Jahr übernimmt die Funktion eines konstituierenden Zyklus, der zusammen mit der *Sacred Round* bzw. den dieser zugrundeliegenden Zyklen von 13 und 20 (*Trecena* und *Veintena*) den größeren Zyklus der *Calendar Round* bildet, in dem sich die Subzyklen ebenfalls verschränken. Jeder Tag besitzt einen Stellenwert in der *Sacred Round* und im angenäherten Jahr von 365 Tagen, beide zusammen formen das Datum in der *Calendar Round* und werden gleichzeitig und in entsprechender Reihenfolge (erst das *Sacred Round*-Datum, dann das des angenäherten Jahres) notiert; als Beispiel sei hier das Nulldatum⁴² *4 Ahaw 8 Kumk'u* angeführt.

A day in the calendar round was specified by its positions in the component cycles; [...] representing a triple classification of the

---

[39] Lounsbury [295], S. 765.
[40] Trotz des in der einschlägigen Literatur über die Kalender und in Überblickswerken stets beigefügten Hinweises, daß der mit dem Koeffizienten 0 und dem Namen des Folgemonats transkribierte Tag nicht den Beginn des Monats bezeichnet, stellen einige Forscher die Behauptung auf, die Tage eines Monats würden von 0 bis 19 durchnumeriert. (Vgl. z. B. Aveni [34], S. 151, Edmonson [158], S. 7, Ifrah [230], S. 457, Malmström [320], S. 60, oder Riese [373], S. 113.)
[41] Lounsbury [295], S. 765.
[42] Zum Nulldatum vgl. auch Kapitel 5.1.4.

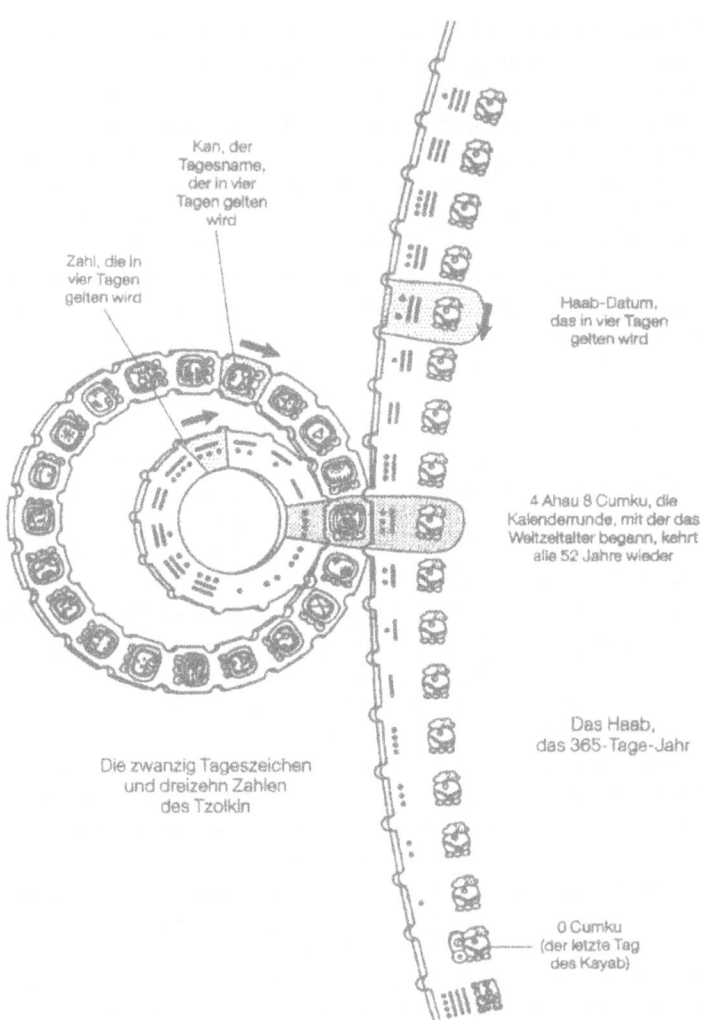

Abbildung 5.4: Schematische Darstellung der 52-jährigen *Calendar Round*.[(*)] (*National Geographic Magazine*, Dezember 1975, hier nach Schele/Freidel [405], S. 72.)

5.1.3 CALENDAR ROUND

day according to its places in three cyclical schemes with moduli 13, 20, and 365.[43]

Erst nach 18 980 Tagen, dem kleinsten gemeinsamen Vielfachen der Zahlen 260 und 365,[44] kann ein *Calendar Round*-Datum wiederkehren, also nach 73 *Sacred Rounds* oder 52 angenäherten Jahren.

The calendar round, with its three component cycles, provided a unique characterization for every day in a 52-year span of time. It was the most heavily employed system for the dating of events. Employed as it was with an occasional anchor to the day count, its specifications became unique in their reference, not just within a 52-year span, but for all time.[45]

Da das *Veintena* und das angenäherte Jahr sowie jeder seiner Monate den gemeinsamen Faktor 5 besitzen, ist jeder Tag des *Veintena* auf bestimmte Positionen im angenäherten Jahr festgelegt. So können zum Beispiel die 5., 10., 15. und 20. Tage des *Veintena* — *Chikchan, Ok, Men* und *Ahaw* — in der durch das Nulldatum vorgegebenen Verbindung der Zyklen nur auf die Tage 3, 8, 13 oder 18 eines Monats und auf den dritten Tag des *Wayeb* fallen.[46] Die 20 Tagesnamen (des *Veintena*) teilen sich somit in fünf Äquivalenzklassen mit jeweils vier Elementen auf, wobei die Relation darüber definiert ist, welche vier Tage eines Monats und welcher Tag im *Wayeb* angenommen werden. "And because the days of the year were eighteen score *and five*, the positions of the year days shifted five places in the veintena from one year to the next."[47] Daraus folgt, daß das Neujahr der Maya im angenäherten Jahr (*1 Pohp*) im 20er-Zyklus durch vier Tage permutiert,

---

[43] Lounsbury [295], S. 765. Vgl. auch Vyshinskiy [512], S. 44: "Analyzing the Mayan calendar carefully, we observe that time was calculated in a numeration system of residue classes. Thus, this calendar used the moduli $p_1 = 13$; $p_2 = 20$; $p_3 = 365$, where $(p_1, p_2) = (13, 20) = 1$, $(p_1, p_3) = (13, 365) = 1$, and $(p_2, p_3) = (20, 365) = 5$."
[44] Als System von Residuenklassen betrachtet, ist die *Calendar Round* eines "with nonrelatively prime moduli". (Vyshinskiy [512], S. 44.) Da $(p_2, p_3) = (20, 365) = 5$, treten nicht alle möglichen Kombinationen der drei Zyklen auf (dies ergäbe $13 \times 20 \times 365 = 94\,900$), sondern gerade ein Fünftel, nämlich 18 980 Kombinationen.
[45] Lounsbury [295], S. 766. Zum "day count" vgl. Kapitel 5.1.4.
[46] Ebd., S. 765f.
[47] Ebd., S. 766.

die sog. *Year Bearers*.[48] Dieser Überlegung folgend kann ein angenähertes Jahr nur an den Tagen *Ak'bal*, *Lamat*, *Ben* und *Etz'nab* anfangen,[49] allerdings mit den Koeffizienten 1 bis 13, die der Reihe nach von Jahr zu Jahr durchlaufen werden (also z. B. *1 Ak'bal* im ersten Jahr, *2 Lamat* im zweiten, dann *3 Ben*, *4 Etz'nab*, *5 Ak'bal* etc.). Das gleiche *Calendar-Round*-Datum an Neujahr wiederholt sich in der Tat erst nach $13 \times 4 = 52$ angenäherten Jahren, da 4 und 13 teilerfremd sind. Daß die Koeffizienten der Reihe nach auftreten und sich das *Trecena* bezüglich des angenäherten Jahres in jedem Jahresdurchlauf um einen Tag verschiebt, beruht auf der Tatsache, daß $365 = 28 \times 13 + 1$, die Länge des angenäherten Jahres also genau ein Vielfaches von 13 plus einem Tag ist.[50]

5.1.4 Long Count

Die *Calendar Round* erwies sich vor allem für die Archivierung oder Berichterstattung über Ereignisse, die mehr als 52 Jahre zurücklagen und damit über die Länge eines Durchlaufs zurückreichten, als nachteilig. Diesen Mangel glich der *Long Count* aus:

> Der 'Long Count' besteht wiederum aus der Verzahnung mehrerer Zyklen, aber die Zyklen sind so groß, daß, anders als bei der 'Calendar Round', jedes Ereignis in historischer Zeit ohne Mehrdeutigkeit fixiert werden kann.[51]

Der *Long Count* stellt eine umfassende Langzeitrechnung in absoluter Zählung dar, die die Tage von einem durch Konvention festgelegten Nullpunkt aus durchnumeriert, welchen die Maya offenbar mit dem Beginn des gegenwärtigen Weltzeitalters identifizierten.[52] Um die seit diesem Nulldatum

---

[48] Vgl. Love [301], S. 70, Satterthwaite [392], S. 611ff., oder Thompson [488], S. 124: "These days falling on first of Pop were called in Yucatan *ah cuch haab*, 'bearer of the year'."

[49] Vgl. Förstemann [176], S. 142f. Hingewiesen sei noch auf eine Besonderheit, die aufgrund der Übereinstimmung der Länge eines Monats mit der des *Veintena* zustandekommt: "Thus, if the first day of the year [...] came, for example, on Akbal, then Akbal was also the beginning [...] day of all the other months, including the final 5-day month Uayeb." (Vyshinskiy [512], S. 44.)

[50] Vgl. Lounsbury [295], S. 766.

[51] Coe [129], S. 69.

[52] Vgl. Schele/Freidel [405], S. 73.

5.1.4 LONG COUNT

vergangene Zeit zu notieren, verwendeten die Maya ein leicht abgeändertes Vigesimalsystem, an dessen dritter Position eine Unregelmäßigkeit auftrat, "the place values in the base-20 system of positional notation were in series, not as $1, 20, 20^2, 20^3, 20^4, \ldots, 20^n$ (as in Mayan languages), but rather as $1, 20, 360, 20 \times 360, 20^2 \times 360, \ldots, 20^n \times 360$."[53] Dieser Bruch des reinen Vigesimalsystems an der dritten Stelle von 400 zu 360 (es darf also maximal die Ziffer 18 in der zweiten Position erscheinen) erschwert Rechnungen im System. So bedeutet etwa die Hinzufügung einer Null am Ende einer Zahl keine Multiplikation mit der Basis — hier 20 — mehr, wie es im reinen Positionssystem der Fall ist. Doch gibt es einfache Algorithmen, die das variierte Vigesimalsystem in ein reines überführen — und umgekehrt — und auf diese Weise den skizzierten Nachteil leicht überbrücken.[54]

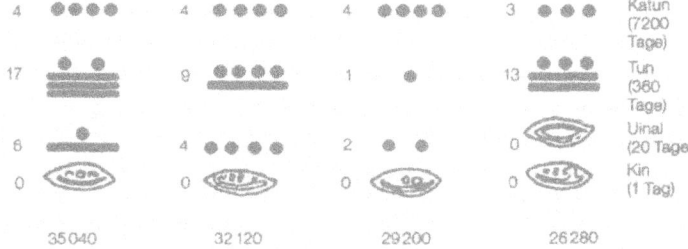

Abbildung 5.5: Zahlzeichen der Maya in der Kalenderrechnung, Ausschnitt aus Blatt 24 des Dresdener Codex.(*) (Nach Schele/Freidel [405], S. 74, bzw. Villacorta/Villacorta [506], S. 58.)

Aufgrund dieser Unregelmäßigkeit an der dritten Stelle im Positionssystem wird ein Jahr von 360 Tagen, von den Maya *tun* ('Jahr',[55] 'Stein')

---

[53] Justeson [236], S. 79.
[54] Vgl. Kapitel 6.2.2.
[55] "The hieroglyph designating this period is known from several kinds of evidence to have been read *tun*, and this was the Maya term for the chronological year. The glyph is the same as that used for the homonymous *tun* meaning 'end' or 'final,' used at times for the designation of the last day of a calendar month." (Lounsbury [295], S. 766.)

genannt, als Ausgangspunkt und Basis des *Long Count* betrachtet. Transkribiert man die vertikale Zeichenfolge der Maya "als eine von links nach rechts zu lesende Folge von arabischen Zahlen mit Punkten als Trennungszeichen zwischen den verschiedenen Klassen von Perioden",[56] so steht 1.0.0 für 1 *tun* oder 360 Tage.

"The 360-day year clearly developed to accommodate the 365-day period to some other exigency, not only are these spans of almost equal length, but the same words, ha^7b and $tu·n$, were applied to both."[57] Dabei wird davon ausgegangen, daß die Anpassung wegen des Vigesimalsystems erfolgte.[58] Auf diese Weise erhielt man ein auf 20 basierendes Stellenwertsystem, dessen dritte Position dem Sonnenjahr angenähert war.

Die neueste Theorie nimmt jedoch "solid calendrical, astronomical, mathematical and numerological reasons"[59] für die Unregelmäßigkeit an dritter Stelle an. Der Zahl 949 (= 584+365, also der Summe der ganzzahligen mittleren synodischen Umlaufzeit der Venus und der Länge des angenäherten Jahres) wird eine besondere Rolle zugewiesen, sie wird als "earliest and most fundamental structure upon which all subsequent constructs were based"[60] betrachtet. Multipliziert man nun diese Zahl mit 360 (statt 400), so erhält man 341 640, eine Zahl, welche gleichzeitig das Ende einer Kalenderrunde beschreibt (341 640 = 18 980 × 18 = 365 × 936 = 360 × 949), während eine Multiplikation mit 400 keine kalendarische oder astronomische Bedeutung hätte.[61]

---

[56] Schele/Freidel [405], S. 511.
[57] Justeson [236], S. 79.
[58] Vgl. ebd. Dennoch, so Justeson, könnte das 360-Tage-Jahr "have become the base for positional notation after having been devised for another purpose." (Ebd.) Dafür gibt er zwei Beispiele an: (1) Ein Sonnenjahr entspreche $12\frac{1}{2}$ Mondmonaten, so daß 360 eine formale Zeitspanne gewesen sein könne, die zu beiden Zyklen über 12 gleiche Einheiten von 30 Tagen in Beziehung gestanden habe. Damit werde die synodische Mondumlaufzeit approximiert, genauso wie "the Venus year was approximated, by a single whole-number value, and the excess of 5.63 days over 12 lunar months would roughly match the shortfall of 5.24 days in the solar year." (Ebd., S. 121.) (2) 360 bringe das *Veintena* in Einklang mit dem angenäherten Jahr und sei in dieser Funktion sinnvoll als Rechenmittel, um die 260- und die 365-Tage-Zählung in Relation zu setzen.
[59] Powell [357], S. 9.
[60] Ebd., S. 3.
[61] Vgl. ebd., S. 12f. Zu Powells Theorie vgl. auch Kapitel 7.4.

5.1.4 LONG COUNT

Die folgende Tabelle zeigt einige *Long Count*-Zyklen, hier entsprechend der Maya-Notierung aufgeführt, mit dem kleinsten Zyklus *Tag* an unterster Stelle beginnend:[62]

20	alawtun	=	1	hablatun	=	460 800 000 000	Tage
20	kinchiltun	=	1	alawtun	=	23 040 000 000	Tage
20	kalabtun	=	1	kinchiltun	=	1 152 000 000	Tage
20	piktun	=	1	kalabtun	=	57 600 000	Tage
20	bak'tun	=	1	piktun	=	2 880 000	Tage
20	k'atun	=	1	bak'tun	=	144 000	Tage
20	tun	=	1	k'atun	=	7 200	Tage
18	winal	=	1	tun	=	360	Tage
20	k'in	=	1	winal	=	20	Tage
			1	k'in	=	1	Tag

K'in heißt im Yukatekischen 'Tag', *winal* bezieht sich auf *winic*, das Wort für 'Mensch', "weil dieser Monat so viele Tage wie der Mensch Finger und Zehen hat."[63] Alle anderen Begriffe außer *k'atun* sind Neubildungen der Maya-Forschung, wobei sich jeder dieser Ausdrücke aus einem yukatekischen Zahlwort — zum Beispiel *bak'* (400), *pik* (8 000), *kalab* (160 000), *kinchil* (3 200 000), *alaw* (64 000 000)[64] — und der Hauptkomponente *tun* zusammensetzt.[65] Der Name für die Periode von 20 *tun*, nämlich *k'atun*, "is well attested from postconquest documentary sources; it is quite surely from *kal* ('twenty' or 'score') plus *tun*, with loss of syllable-final *l*".[66]

Im allgemeinen herrscht Konsens darüber, daß der *Long Count* lange nach der *Calendar Round* entwickelt worden sein muß; mit welcher zeitli-

---
[62] Vgl. Coe [129], S. 69, Schele/Freidel [405], S. 73, Lounsbury [295], S. 766, und Spinden [441], S. 312.
[63] Schele/Freidel [405], S. 511.
[64] Vgl. Brinton [93], S. 44.
[65] Vgl. Closs [119], S. 303.
[66] Lounsbury [295], S. 766.

Abbildung 5.6: Glyphen der im *Long Count* verwendeten Zyklen: (a) Einführungsglyphe, (b) *bak'tun*, (c) *k'atun*, (d) *tun*, (e) *winal* und (f) *k'in*. (Coe [129], S. 191.)

chen Differenz dies geschah, ist allerdings unklar. Die ältesten *Long Count*-Daten fallen in das *bak'tun* 7 und erscheinen auf Monumenten, die außerhalb des Mayagebietes liegen. Das zur Zeit anscheinend älteste Monument (Stele 2 in Chiapa de Corso) mit einem *Long Count*-Datum notiert 7.16.3.2.13, was dem 9. Dezember 36 v. Chr. entspricht.[67] "Wir können also sicher sein, daß der Maya-Kalender seine endgültige Form im ersten Jahrhundert v. Chr. schon ziemlich erreicht hatte, und zwar bei Völkern, die sich damals unter starkem olmekischen Einfluß befanden und vielleicht noch nicht einmal Maya waren."[68] Dies gilt nur unter der unwahrscheinlichen Annahme nicht, daß alle Daten von einem vollkommen anderen Ausgangsdatum aus gerechnet werden müssen als dem von der Forschung allgemein anerkannten Nullpunkt.[69]

Das Nulldatum des Maya-Kalendersystems deckt sich mit dem Tag 13.0.0.0.0 der Langzeitrechnung und Tag 4 Ahau 8 Kumku in der Kalenderrunde und galt zudem als Tag, an dem der neunte Herr der Nacht regierte [...]. Mit der Fixierung des Nulldatums im Schnittpunkt dieser drei Koordinaten war der Maya-Kalender ein für allemal präzise festgelegt. All die Zyklen, die

---

[67] Vgl. Coe [129], S. 70, und Haberland [208], S. 108. Zum Korrelationsproblem vgl. Exkurs A.
[68] Coe [129], S. 71.
[69] In der Tat tritt zwischen den Epiolmeken und den Maya eine Verschiebung im Nulldatum um 20 Tage auf, erkennbar an dem Regenten des Monats, dem variablen Mittelteil der Einführungsglyphe. (Zur Einführungsglyphe vgl. Kapitel 5.2.) Doch ist dieser Unterschied für den Argumentationsgang nicht ausschlaggebend.

5.1.4 LONG COUNT

nach Maya-Auffassung im Zeitablauf wirksam sind, rücken seit jenem Zeitpunkt Tag für Tag um eine Position weiter.[70]

Aus antiken Inschriften ist bekannt, daß die Maya den bevorstehenden Achsentag von 13.0.0.0.0, der diesmal in der Kalenderrunde auf das Datum *4 Ahaw 3 K'ank'in* und im Gregorianischen Kalender auf den 23. Dezember 2012 fällt, "nicht für den Beginn einer neuen Schöpfung hielten, wie oft behauptet wird."[71] Ausgegangen wird jedoch von früheren Schöpfungen: "Other eras, however, had preceded this one, and some dates (of mythological events or retrospective astronomical projections) were given in the chronology of the last preceding era."[72]

Im Normalfall wurden in Datumsangaben die Stellen oberhalb der *bak'-tun*-Position vernachlässigt, da die Zeitperioden, die sie bezeichneten, außerhalb des Bereichs der historischen Vorstellungskraft gelegen hätten.[73] Dennoch gibt es Ausnahmen von dieser Regel. So gaben zum Beispiel die Maya in Cobá das Schöpfungsdatum mit zwanzig Stellen oberhalb des *k'atun* wieder:

13.13.13.13.13.13.13.13.13.13.13.13.13.13.13.13.13.13.13.0.0.0.0
4 Ahaw 8 Kumk'u.[74]

Für den Schöpfungstag wurde die Zählung aller Perioden jenseits des *k'atun* auf 13 gesetzt, die allerdings in der Praxis der Kalenderrechnung den arithmetischen Wert Null vertraten.[75]

Dennoch war die Wahl des verschobenen Nullpunktes offenbar nicht kanonisch, sondern nur darin begründet, daß man übli-

---

[70] Schele/Freidel [405], S. 73f. Der Nullpunkt wird mit 13.0.0.0.0 angesetzt, allerdings besitzt die 13 den arithmetischen Wert 0, so daß ein Datum wie (7.16.)3.2.13 gerade $7 \times 144\,000 + 16 \times 7\,200 + 3 \times 360 + 2 \times 20 + 13 \times 1$ Tage vom Nulldatum entfernt sind. Zur Bedeutung des 'neunten Herrn der Nacht' vgl. Kapitel 5.1.5.
[71] Ebd., S. 511.
[72] Lounsbury [295], S. 766.
[73] Vgl. ebd. Vgl. auch Justeson, der den *Long Count* bezeichnet als "a time count whose cycle was so long that it was effectively linear during the historical era." (Justeson [236], S. 78.)
[74] Vgl. Schele/Freidel [405], S. 511.
[75] Vgl. ebd., S. 512.

cherweise mit fünfstelligen Zahlen rechnete. Bei sechsstelligen Zahlen hätte offenbar die Wahl ...13.0.0.0.0.0 näher gelegen.[76]

Warum diese Setzung, die eine ausgeprägte Abstraktionsfähigkeit voraussetzt, vorgenommen wurde, ist umstritten. Bemerkenswert ist zunächst, daß gerade die heilige Zahl 13 erneut eine herausragende Position einnimmt. Diese Notationsweise hat gleichzeitig einen praktischen Vorteil, denn um Daten der vorhergehenden Schöpfung, also mythologische Zeitpunkte, angeben zu können, brauchte man nicht auf negative Zahlen zurückzugreifen.[77] Tauchten Daten des *bak'tun* 12 in den Inschriften auf, so war den Maya-Lesern sofort klar, daß es sich hier um mythologische Daten handeln mußte. Auch bei der Frage der Setzung der 13 scheint die Theorie von Powell, wieder auf der 949 beruhend, eine Lösung zu bieten, denn "a Maya era of thirteen Bak'tuns (13.0.0.0.0), or higher and their apparent subdivisions (13s with 4, 3, 2, and no zeros) can all be logically derived by applying the mathematical components of the Venus / Solar period and the Calendar Round to the place values of the Long Count."[78] Dies faßt die folgende Tabelle zusammen, wobei im ersten Block 949 (584 + 365) mit den 5 Werten der jeweiligen Stellen des *Long Counts* multipliziert wird und die Ergebnisse auf Venus, angenähertes Jahr (*Haab*), *Calendar Round* und Periodenenden bezogen werden. Im zweiten Block werden die Ergebnisse durch den größten gemeinsamen Teiler von 584 und 365, 73, dividiert und die Resultate erneut mit Unterteilungen der Maya-Zeitrechnungen in Bezug gesetzt:[79]

---

[76] Nahm [348], S. 1.
[77] "Mythologischen oder astronomischen Daten aus früheren Schöpfungsperioden sollten negative Zahlen entsprechen, deren Bezeichnung problematischer war. Zwar findet sich im Dresdener Kodex eine Notation, die zu unserer im wesentlichen isomorph ist, aber noch nicht auf den Steindenkmälern der klassischen Zeit. Stattdessen wird dort der Nullpunkt verschoben, so daß der Schöpfungstag als ...13.13.13.13.0.0.0.0 notiert wird, gelegentlich mit recht hoher Stellenzahl, oft aber einfach als 13.0.0.0.0." (Ebd.) Beispiel für die zu unserer Notation isomorphen Darstellung negativer Zahlen ist die auf Blatt *24* des Dresdener Codex verzeichnete *Ring Number* 6.2.0. Vgl. dazu Kapitel 7.2.1.
[78] Powell [357], S. 15. Die beste ganzzahlige Approximation an die durchschnittliche synodische Umlaufzeit der Venus beträgt 584 Tage.
[79] Vgl. ebd., S. 17 (Tabelle 1).

5.1.4 LONG COUNT

949 × 1	(1)	=	949	=	*Venus + Haab*
949 × 20	(1.0)	=	18 980	=	*Calendar Round*
949 × 360	(1.0.0)	=	341 640	=	*Tun-Ending*
949 × 7200	(1.0.0.0)	=	6 832 800	=	*K'atun-Ending*
949 × 144 000	(1.0.0.0.0)	=	136 656 000	=	*Bak'tun-Ending*

949	÷ 73 = 13	(13)	=	*Trecena*
18 980	÷ 73 = 260	(13.0)	=	*Sacred Round*
341 640	÷ 73 = 4 680	(13.0.0)	=	*4 680day Almanac*
6 832 800	÷ 73 = 93 600	(13.0.0.0)	=	*K'atun Wheel*
136 656 000	÷ 73 = 187 200	(13.0.0.0.0)	=	*Maya Era*

Bedenkt man, daß bei der Notation im *Long Count*-Positionssystem jeder Zählzyklus des Kalenders zwanzig Zyklen der nächst tieferen Stufe umfaßt (bis auf den Zyklus an dritter Stelle), so kann man ausrechnen, "wie lange es dauern wird, bis die höchste Stelle im Schema der zitierten Datumsangabe aus Cobá auf 1 umspringen wird, nämlich

$$41\,341\,050\,000\,000\,000\,000\,000\,000$$

Tropenjahre."[80] Diese enorme Zahl erfüllte sicherlich primär den Zweck, die Unendlichkeit kosmischer Dimensionen zum Ausdruck zu bringen. Dazu gibt es ein weiteres Beispiel auf der Treppe vom Tempel 33 in Yaxchilán, auf der ein Datum in einen umfassenderen kosmischen Bezugsrahmen gesetzt wurde, indem der Schreiber acht Stellen über der *bak'tun*-Zählung notierte:

13.13.13.13.13.13.13.13.9.15.13.6.9 3 Muluk 17 Mak.[81]

Eine Inschrift im Inschriftentempel von Palenque, *1.0.0.0.0.8 5 Lamat 1 Mol*,[82] blickt "in die Zukunft voraus, auf das achtzigste Kalenderrunden-Jubiläum der Thronerhebung Pacals des Großen".[83] Dieser Termin wird

---
[80] Schele/Freidel [405], S. 512.
[81] Vgl. ebd., S. 511.
[82] Vgl. ebd., aber auch Thompson [488], S. 314.
[83] Schele/Freidel [405], S. 512.

mit der Angabe der genauen Anzahl der Tage vom Nullpunkt bis dahin bestimmt und liegt zufällig nur acht Tage nach dem Ende des ersten *piktun*, welches in unserem Kalender der 15. Oktober 4772 ist; Pakals Jubiläum fällt also auf den 23. Oktober 4772.[84]

Weitere Berechnungen der Maya in die ferne Vergangenheit und Zukunft schildert Thompson;[85] diese sind zwar noch nicht alle vollständig nachvollzogen, doch sind sie Ausdruck dafür, daß, "if time consisted of larger and larger cycles, obviously there was no beginning."[86] Bedient man sich des Bildes ineinanderlaufender Räder zur Veranschaulichung der Perioden bzw. Zyklen des *Long Count*, so erlaubten die "gewaltigen Dimensionen der äußersten Räder [...] den Maya die Überlagerung von linearer und zyklischer Zeitauffassung: Für den menschlichen Geist sind von den großen Kreisläufen nur tangentiale Abschnitte wahrzunehmen",[87] wodurch die Unendlichkeit der Zeitkonzeption betont wird, da Beginn und Ende nicht erfaßbar sind.

5.1.5 Herren der Nacht

Der 9-tägige Zyklus der 'Herren der Nacht' wird in den Datumsinschriften durch die Glyphen *G* und *F* dargestellt. *G* tritt in den neun Formen *G1* – *G9* auf, von denen man annimmt, daß jede dieser Varianten einen 'Herren der Nacht' (*Lord of the Night*)[88] und damit jeweils einen der Unterweltgötter *Bolon-ti-ku* repräsentiert.[89] *F* dagegen gilt als "a constant glyph that follows glyph *G*, or into which glyph *G* is infixed, which perhaps names the standard event of which the particular lord of *G* is protagonist — or the constant predicate of which the variable *G* is subject".[90]

---

[84] Zur Korrelation vgl. Exkurs A.
[85] Vgl. Thompson [488], S. 314ff.
[86] Ebd., S. 316.
[87] Schele/Freidel [405], S. 512.
[88] Vgl. dazu schon Thompson [485].
[89] Kelley setzt die 'Neun Herren der Nacht' jedoch mit 'Planeten' (Sonne, Mond, Merkur, Venus, Mars, Jupiter, Saturn sowie zwei 'unsichtbaren Planeten', die als Ursache für Finsternisse gewertet worden seien — vgl. Kelley [243], S. 58) in Bezug — wie dies in Indien geschehen sei — und sieht darin einen guten Beleg für die sehr fragwürdige Theorie, daß "much of the Mesoamerican calendar system is of Old World derivation." (Ebd., S. 53.)
[90] Lounsbury [295], S. 767. Zu *F* vgl. Position B6 in Abbildung 5.9.

5.1.5 HERREN DER NACHT

Abbildung 5.7: Glyphen *G1 - G9*. (Coe [128], S. 184.)

Die 'Herren der Nacht' folgen einem endlosen Kreislauf, wobei jeder von ihnen für eine Nacht herrscht,[91] und bilden damit einen weiteren Zeitzyklus, der alle 9 Tage von neuem beginnt. Es sei an dieser Stelle kurz angemerkt, daß Rohark den Beginn des Zyklus nicht entsprechend der Zählung bei *G1*, sondern bei *G6* vermutet,[92] gefolgt von *G7, G8, G9, G1* usw. Tatsächlich wurde die Frage, welcher 'Herr der Nacht' den Zyklus eröffnet, in der Forschung bisher nicht näher erörtert, sondern die der Benennung mit Ziffernindices folgende Reihung, eine "Einteilung von frühen Epigraphikern",[93] weitgehend kritiklos übernommen. Trotzdem sollen die Bezeichnungen hier beibehalten werden, *G1* wird also weiterhin als 'erster Herr der Nacht' bezeichnet, auch wenn man sich der angerissenen Problematik bewußt sein sollte.

Da die Länge der Kalenderrunde von 52 angenäherten Jahren oder 73 *Sacred Rounds* keinen gemeinsamen Faktor mit 9 besitzt, denn es ist $18\,980 = 2^2 \times 5 \times 13 \times 73$, "ergibt sich durch die Kombination der 'Herren der

---
[91] Vgl. Aveni [34], S. 162.
[92] Vgl. seine Argumentation in Rohark [384], S. 78ff.
[93] Ebd., S. 79.

Nacht' mit der Kalenderrunde eine neue 'Runde' von 468 Sonnenjahren bzw. 657 Ritualjahren, bis ein bestimmter 'Herr der Nacht' wieder mit einem bestimmten Datum des Sonnen- und des Ritualkalenders zusammentrifft".[94]

Das Nulldatum *13.0.0.0.0 4 Ahaw 8 Kumk'u* ist zudem der Tag, an dem der neunte 'Herr der Nacht' regierte,[95] wodurch *Long Count* und der 9-Tage-Zyklus der 'Herren der Nacht' in Beziehung gesetzt werden. Daran und an der Tatsache, daß 360 (in *Long Count*-Notierung 1.0.0) ohne Rest durch 9 dividierbar ist, läßt sich eine Rechenregel ablesen, mit der sich für ein beliebiges *Long Count*-Datum über die ersten zwei Stellen der entsprechende 'Herr der Nacht' bestimmen läßt:

> A short cut to determining the ruling Lord of the Night consists of dividing the sum of the lowest two places of the Long Count date by nine. The remainder is the number of the ruling lord. For example, in the case of the Leyden Plate, we have 1.12 or 32 ÷ 9 = 3 with a remainder of 5, thus predicting form 5 of Glyph G. If there is no remainder, then number 9 is the ruling lord. Lord 9 is the one most frequently encountered in the inscriptions since he rules tun and katun ending dates, the anniversaries of which are often noted in the inscriptions.[96]

Eine ähnliche Überlegung, die jedoch nicht auf das Dezimalsystem zurückgreifen muß, sondern lediglich die Stellen im Vigesimalsystem benötigt, führt zum gleichen Ergebnis. Jeder Übertrag in die zweite Position steht für $20 = 2 + 2 \times 9$ Einheiten, somit bleibt bei einer Division durch 9 der Rest 2. Damit folgt nun, daß uns die Formel (n_1 sei der Koeffizient der *k'in*-Position, n_2 der der *winal*-Stelle) $2n_2 + n_1$ (mod 9) den regierenden 'Herren der Nacht' angibt.[97]

---

[94] Haberland [208], S. 110.
[95] Vgl. Schele/Freidel [405], S. 73f., und Kapitel 5.1.4.
[96] Aveni [34], S. 162f.
[97] Vgl. Lounsbury [295], S. 773, oder Closs [119], S. 321.

5.1.6 Mondserie

Mit den Glyphen E, D, C und A^{98} notierten die Maya die Mondperiode. Sie werden hier entsprechend der Reihenfolge ihres Auftretens in den Datumsangaben[99] aufgeführt.[100]

E und D geben zusammen das Alter des Mondes, also die seit dem letzten Neumond vergangenen Tage an. "Often these signs represent an actual record of observed moon ages, for in many cases, given the proper correlation, they agree within a day or two of the actual moon age determined from modern astronomical calculations."[101] Glyphe E besteht meist aus einem einzigen Element — etwa einem stilisierten Halbmond — sowie einem dazugefügten Koeffizienten bis zur 9. Sie wird gelesen als jeweiliges Alter des Mondes "over 20 days by an amount equal to the accompanying coefficient."[102] Hat sie also zum Beispiel den Koeffizienten 5, so gibt Glyphe E an, daß der Mond an jenem Tag 20 + 5 = 25 Tage alt war. Glyphe D "is a compound usually consisting of a hand with the forefinger pointing to the right and/or a half-moon sign with three vertical dots."[103] D und ihr Koeffizient (bei D sind Koeffizienten bis zur 19 nachweisbar) notieren "the age of the moon up to and including 20 days, supplemented by the preceding glyph E when over 20 days."[104] Treten beide Glyphen ohne Koeffizienten auf, so impliziert dies Neumond.[105]

Glyphe C besitzt eine ähnliche Form wie D: in der oberen Ecke der einen Seite finden sich eine Hand und häufig ein kleiner Kopf, auf der ande-

---

[98] Die Benennungen entspringen einem alphabetischen Code, den die Forschung für einen Teil der Glyphen von Datumsangaben einführte. (Vgl. Kapitel 5.2.) Zur Zugehörigkeit einzelner Glyphen zur Mondserie vgl. auch Anmerkung 109.
[99] Vgl. Kapitel 5.2.
[100] Für Beispiele dieser Glyphen vgl. Kapitel 5.2, insbesondere Abbildung 5.9.
[101] Aveni [34], S. 163. Vgl. auch: "Our conclusion then is that Glyphs D and E show the age of the moon counted from last new moon. Whether the count is from the astronomer's new moon or from the layman's visible new moon is not important and would make a difference of only a few hours, or a day at most." (Teeple [466], S. 49.) Zum Korrelationsproblem vgl. Exkurs A.
[102] Aveni [34], S. 163.
[103] Ebd.
[104] Lounsbury [295], S. 767.
[105] Vgl. Aveni [34], S. 163.

ren Seite eine Art Halbmond. Als mögliche Koeffizienten treten Ziffern bis 6 auf; der Koeffizient von C "counts the number of a particular lunation in a completed cycle of six moons (177 days), or a 'lunar semester'."[106] Durch die Gleichsetzung von 177 Tagen mit 6 Mondperioden besaßen die Maya eine recht gute Approximation des synodischen Mondumlaufs, der scheinbaren Umlaufzeit des Mondes, die heute im Mittelwert mit 29,530588 Tagen angegeben wird.[107] Der Kopfanteil der Glyphe tritt in drei Varianten auf, als Mondgöttin, junger Gott oder Schädelgott.[108] Dabei wechseln sich die Götter in einem Rhythmus von je 6 Lunationen ab, so daß mit einem Lauf durch alle Kombinationen 18 Monde erfaßt werden.[109]

Es wird vermutet, daß Glyphe C in ihrem Ursprung mit Finsternisberechnungen zusammengehangen haben könnte, da das Intervall von 177 Tagen auf ein Eklipsesemester ('lunar semester') hinweist.[110] Die bisweilen auftretende Zählung bis zu nur 5 Mondperioden wird als Korrekturmethode interpretiert, um den gesamten Zyklus der synodischen Mondumlaufzeit besser anzugleichen.[111]

> When Glyph C occurs, its accompanying coefficient is almost always two to six. If there is no coefficient, then the first moon in the cycle is indicated. [...] It is still an open question whether this notation refers to current moons or elapsed moons. There is some evidence that in the so-called Period of Independence (about 9.5.0.0.0 to 9.12.0.0.0) different lunar numbering systems were kept among the Maya cities, one of them calling a particular moon the fifth in a cycle while another called it the fourth.[112]

---

[106] Ebd.
[107] Vgl. ebd., S. 169.
[108] Vgl. Rohark [384], S. 66.
[109] Dies gilt natürlich nur abgesehen von etwaigen Korrekturzählungen der Lunationen, vgl. dazu unten. Vgl. in diesem Zusammenhang die kurz angerissene Diskussion der Glyphe X in Kapitel 5.2, die mit C zusammenhängt, aber von der Forschung noch nicht einhellig zur Mondserie gezählt wird und daher — wie auch B — in dieser Arbeit bei der Betrachtung von Datumsangaben behandelt wird.
[110] Vgl. Kapitel 7.1.2.
[111] Zu solchen Korrekturmechanismen vgl. Kapitel 7.1.
[112] Aveni [34], S. 169.

5.1.6 MONDSERIE

Mit Glyphe A schließlich wird festgehalten, "whether the completed lunation referred to was of 29 or 30 days' duration."[113] A ist eine Mondglyphe, die stets entweder den Koeffizienten 9 oder 10 hat.[114] Da die Maya ganze Zahlen verwendeten, um ihre Perioden zu notieren, liegt es nahe, daß es aufgrund der synodischen Umlaufzeit von im Mittel etwas mehr als 29,5 Tagen drei (20 + 9 =) 29-Tage-Monde und drei (20 + 10 =) 30-Tage-Monde in einem Mondhalbjahr gibt. Zusätzlicher Beleg für diese Interpretation der Glyphe ist, daß, wenn C einen ungeraden Koeffizienten hat, A meist für 30 Tage steht, hat C dagegen einen geraden Koeffizienten, so gibt A 29 Tage an.[115] Durch die Verwendung der 5-Monate-Zählung als Korrektur wird damit ermöglicht, 30-Tage-Monate direkt aufeinanderfolgen zu lassen.

Es stellt sich die Frage, warum die Maya die Mondperiode so ausführlich mit mehreren Glyphen behandelten. Zwar ist jedes einzelne Zeichen in seiner Funktion nachvollziehbar: So läßt sich die Unterscheidung in E und D — Mondalter über 20 Tagen und Mondalter bis zu 20 Tagen — numerologisch begründen. Da die Maya nur 19 Ziffern kannten, konnte ein Mondalter von mehr als 20 Tagen nicht mit einem einstelligen Koeffizienten notiert werden, so daß man sich dazu einer weiteren Glyphe bediente, die mit ihren Koeffizienten die höheren Mondalter bezeichnete. Glyphe C wird dadurch einsichtig, daß sie in Finsternisberechnungen[116] eine Rolle gespielt haben mag und dort ihren Ursprung fand. Die Angabe der Länge einer Mondperiode mit Hilfe von A war ebenfalls sinnvoll, auch hier scheint das Vigesimalsystem durch, da nur die Anzahl der Tage über zwanzig aufgeschrieben wurde. Doch die Bedeutung und der Platz, die dem Mond insgesamt zugebilligt wurden, ist dennoch erstaunlich.

> Compared with the simple annual oscillating motion of the sun, the apparent motion and cyclic changes of the moon are complex. It is perhaps this very reason which led the ancients to expend so much energy trying to comprehend its motion.[117]

---

[113] Ebd., S. 165, vgl. auch Lounsbury [295], S. 774f.
[114] Vgl. Teeple [468], S. 108.
[115] Vgl. Aveni [34], S. 165.
[116] Vgl. Kapitel 7.1.2.
[117] Aveni [34], S. 67.

In Betracht gezogen werden müssen seine herausragende Stellung am Nachthimmel und die Tatsache, daß er durch seine Größe und schnelle Umlaufzeit einerseits leicht zu beobachten ist, durch seine Phasen andererseits jedoch besondere, schwer verständliche Eigenschaften aufweist. Auch kam ihm — zusammen mit der Sonne — in der Mythologie besondere Bedeutung zu, was Anlaß zu außergewöhnlicher Beobachtung und Notation gewesen sein mag. Das offensichtliche Interesse der Maya am Mond läßt den Gedanken zu, daß er eines der ältesten regelmäßig dokumentierten Gestirne war und die Notation der Mondserie nicht nur aus praktischen Erwägungen in der gegebenen Form auftrat, sondern ebenso aus geschichtlicher Entwicklung entstand und als Relikt in spätere Zeiten übernommen wurde.

5.1.7 819-Tage-Zählung

> There was yet another cycle, of 819 days and somehow involving the rain god, which attained importance at some sites, and in which the date might also be placed by specifying how many days it was past the last station (or zero day) in that cycle; and since the stations rotated with the cardinal directions and colors, which also were specified, this became in effect a 4 × 819 or 3,276-day cycle.[118]

Die Zählung wird in einer Phrase notiert, die nach Yasugi/Saito sechs Glyphen umfaßt: neben einer (1) Einführungsglyphe Glyphen für (2) Himmelsrichtung und (3) Farbe, eine (4) Kopfglyphe einer Gottheit bzw. eine geometrische Glyphe, (5) Glyphe Y[119] und schließlich eine (6) Gott-K-Glyphe.[120] Die beiden Autoren vermuten, daß (4) den 'Herren der Nacht',[121]

---

[118] Lounsbury [295], S. 767. Als erstem gelang Thompson in Thompson [486] der Nachweis, daß die Maya eine 819-Tage-Zählung besaßen und diese Eingang in die Datumsangaben fand. (Vgl. auch Thompson [488], S. 212.) Doch nicht nur in Datumsangaben spielte dieser 819-Tage-Zyklus eine Rolle: "Bestimmte für das rituelle Leben einer Stadt verantwortliche Ämter und Funktionen wechselten mit den 819-Tage-Abschnitten, mithin war innerhalb der Gemeinschaft eine Rotation von Macht und Prestige sowie des Aufwands an Vermögen und Zeit von einer Gruppe zur anderen sichergestellt. [...] Viele Herrscher ließen den 819-Tage-Abschnitt, in dem sie geboren oder inthronisiert worden waren, in ihren Inschriften festhalten." (Schele [404], S. 199f.)
[119] Vgl. zu Glyphe Y Kapitel 5.1.8.
[120] Vgl. Yasugi/Saito [533], S. 8f.
[121] Vgl. Kapitel 5.1.5.

5.1.7 819-TAGE-ZÄHLUNG

(5) den 'Herren der Erde'[122] und (6) den 'Herren des Himmels' benennen, womit der 819-Tage-Zyklus explizit durch eine Verzahnung der ihn konstituierenden teilerfremden Faktoren 9, 7 und 13 dargestellt wäre.[123] Die Kombination mit den vier Himmelsrichtungen und den ihnen zugeordneten Farben impliziert des weiteren einen (4 × 819 =) 3 276-Tage-Zyklus.

Da 819 = 41 × 20 − 1, tritt jeder der 20 Tage der *Sacred Round* in rückläufiger Reihenfolge am Anfang eines solchen 819-Tage-Zyklus auf. Jeder vierte dieser Anfänge ist damit der gleichen Himmelsrichtung und der entsprechenden Farbe zugeordnet, und da 20 durch 4 teilbar ist, wird jede Himmelsrichtung und ihre Farbe mit fünf bestimmten Tagen der *Sacred Round* verbunden,[124] wie die nachstehende Übersicht zeigt:

Osten	**Norden**	**Westen**	**Süden**
Imix	*Ik'*	*Ak'bal*	*K'an*
Chikchan	*Kimi*	*Manik'*	*Lamat*
Muluk	*Ok*	*Chuwen*	*Eb*
Ben	*Ix*	*Men*	*Kib*
Kaban	*Etz'nab*	*Kawak*	*Ahaw*
rot	weiß	schwarz	gelb

Diese Zuordnung wurde durch eine Auswertung der Inschriften gewonnen,[125] läßt sich aber auch durch folgende Herleitung bestimmen: "Der erste 819-Tage-Abschnitt der gegenwärtigen Schöpfung begann den Inschriften in Palenque zufolge mit der Aufstellung des gelben *K'awilnal* im Süden, zwanzig Tage bevor Erste Mutter geboren wurde",[126] also 1.0 + 6.14.0 = 6.15.0[127]

---

[122] Vgl. die Diskussion der 7-Tage-Zählung in Kapitel 5.1.8.
[123] Vgl. Yasugi/Saito [533], S. 9. Allerdings bleiben die Zuweisungen zwischen den verschiedenen Glyphen und den jeweiligen 'Herren' spekulativ.
[124] Vgl. Berlin/Kelley [68], S. 11.
[125] Vgl. ebd., S. 11ff.
[126] Schele [404], S. 200. Ein *K'awilnal* ('Nahrung' oder 'Ort der Verkörperung') war ein 'Baum-Gott', der zu Beginn eines jeden dieser 819-Tage-Abschnitte in der dem jeweiligen Zeitabschnitt entsprechenden Himmelsrichtung aufgestellt wurde. (Vgl. Schele [404], S. 199.)
[127] Dieses Datum wurde in späterer Zeit von den Schreibern tatsächlich notiert. (Vgl. Lounsbury [295], S. 810.)

= 2 460 Tage vor der Schöpfung (zwanzig Tage zuzüglich des Alters der Ersten Mutter am Nulldatum[128]). Da nach 2 457 Tagen drei vollständige 819-Tage-Zyklen durchlaufen waren, war das Nulldatum mit dem vierten Tag des vierten Durchlaufs identisch, welcher demzufolge mit einem Tag *Kaban* begann und dem entsprechend der rückläufigen (bezogen auf obige Tabelle) Rotation durch die Himmelsrichtungen und Farben der Osten sowie die Farbe rot[129] zugeordnet waren. Und weil 2 460 ein Vielfaches von 20 ist, begann der erste Abschnitt von 819 Tagen mit dem gleichen *Sacred Round*-Tag, den der Schöpfungstag trägt, nämlich *Ahaw*.

Mit dem gleichen Verfahren läßt sich der Koeffizient im *Trecena* bestimmen, denn bei einer Division von 6.15.0 Tagen durch 819 bleibt genau ein Rest von 3 Tagen, die vor dem Schöpfungstag in der vierten 819-Tage-Zählung schon vergangen waren. Da der Schöpfungstag die *Trecena*-Position 4 trug, mußten von dieser gerade 3 subtrahiert werden, um die entsprechende *Trecena*-Position am Anfangstag des 819-Tage-Abschnitts zu erhalten. Damit ergibt sich der Koeffizient 1, der an allen Anfangstagen eines solchen Abschnitts auftritt, denn: "The position in the trecena of all 819-day stations was the same, since the number is divisible by 13. The trecena position was 1."[130] Genauso läßt sich feststellen, daß stets der gleiche 'Herr der Nacht' am Anfangstag eines 819-Tage-Zyklus regiert, da 9 ein Teiler von 819 ist. Geht man hier ebenso wieder vom Nulldatum aus, das vom neunten 'Herren der Nacht' regiert wurde, so folgt — da 2 460 = 9 × 273 + 3 —, daß die Anfangstage der 819-Tage-Abschnitte vom sechsten 'Herren der Nacht' bestimmt wurden. Dies kann man anhand der Rechenregel[131] zu den 'Herren der Nacht' prüfen, denn die letzten beiden Stellen von 6.15.0 im *Long Count*, 15.0, ergeben im Dezimalsystem 300 bzw. nach der Formel $2n_2 + n_1$ die Zahl 30, wobei bei der Division durch 9 ein Rest von 3 bestehen bleibt, so daß der entsprechende Nulltag der 819-Tage-Zählung von dem 'Herren der Nacht' regiert wurde, der 3 Tage vor dem

---

[128] Vgl. Kapitel 3.2.1.
[129] Zur Zuordnung der Farben zu den Himmelsrichtungen vgl. Kapitel 3.1.
[130] Lounsbury [295], S. 774.
[131] Vgl. Kapitel 5.1.5.

5.1.7 819-TAGE-ZÄHLUNG

des Schöpfungstages die Macht besaß, also dem sechsten 'Herrn'. Beachtet werden muß lediglich, daß es sich bei 6.15.0 um ein vom Nulltag zurückgerechnetes Datum handelt, und damit nicht der Rest 3, sondern erst die Subtraktion 9 – 3 den entsprechenden 'Herren der Nacht' angibt. Ebenso gilt für den 7-Tage-Zyklus, daß stets die gleiche Position in dieser Periode auf die Anfangstage des 819-Tage-Zyklus fielen, da 7 ein weiterer, der letzte noch nicht behandelte Faktor von 819 ist.[132]

Man hat lange über den Ursprung der 819-Tage-Zählung spekuliert, und da ein sinnfälliger Zusammenhang mit astronomischen oder jahreszeitlichen Rhythmen nicht direkt zu erkennen war, nahm man an, daß sich dieser Kalenderzyklus auf numerologischen Spekulationen gründete.[133] Inzwischen vertritt die neueste Theorie die Auffassung, daß "the 819-day cycle was developed by the Maya specifically to incorporate the mean synodic val[u]es of Jupiter and Saturn into the previously existing calendrical system",[134] welche vorher nicht numerologisch in irgendein bestehendes kalendarisches Konstrukt eingebunden werden konnten. Allerdings spekulierten schon Justeson und Lounsbury, daß die 819-Tage-Zählung mit den Bewegungen von Saturn und/oder Jupiter in Beziehung stünden, "because of common factors (21 for Jupiter, 3 · 21 for Saturn) of their synodic periods with 819 and a high frequency of Saturn and Jupiter events associated with 819-day counts, and the factors of 819 (7, 9 and 13) show up in structurally parallel ways in canonical synodic periods of all the planets except Venus."[135] Dieses Konzept ähnelt dem der Zahl 949,[136] zu dem Parallelen gezogen werden. An dieser

---

[132] Vermutlich fällt die siebte Position der 7-Tage-Zählung auf die Anfangstage des 819-Tage-Zyklus. (Vgl. Abbildung 5 in Yasugi/Saito [533], S. 9.) Vgl. zum 7-Tage-Zyklus und zur Glyphe Y Kapitel 5.1.8.
[133] Vgl. Schele/Freidel [405], S. 510. In diesem Zusammenhang stellt Quiñones die fragwürdige Theorie auf, die Maya hätten über die Division von 819 durch 260 (der Länge des rituellen Jahres) mit dem Ergebnis von 3,15 eine hervorragende Approximation an π erreicht. (Vgl. Quiñones [361], S. 61f.) Thompson geht dagegen von einem Aufbau des Zyklus aus den rituell bedeutsamen Faktoren 7, 9 und 13 aus: "However, only after 819 days would sequences of nine lords of the underworlds, thirteen lords of the heavens, and the presumed seven lords of the earth once more coincide." (Thompson [486], S. 142.)
[134] Powell [357], S. 22. Die synodische Umlaufzeit des Jupiter wird heute mit 398,9 Tagen, die des Saturn mit 378 Tagen angegeben.
[135] Justeson [236], S. 103. Vgl. auch Lounsbury [297].
[136] Vgl. Kapitel 5.1.4 und 7.4.

Stelle sollen die gegebenen Hinweise genügen, für eine genauere Betrachtung vergleiche Powell [357], S. 18–29. Als unterstützend für diese Theorie kann die Tatsache herangezogen werden, daß die 819-Tage-Zählung nicht vor Mitte der Klassik nachweisbar und daher als eine auf Planetenumlaufzeiten und Numerologie beruhende Periode durchaus denkbar ist:

> The earliest evidence for it is from Palenque (Chiapas) in a stucco glyph panel commemorating an event in the life of the ruler Pacal in 9.11.15.15.0, which would be in A.D. 668. The panel may have been placed there later, but probably no later than the next *katun*-ending, 9.12.0.0.0, or A.D. 672. The 819-day station was 9.11.15.11.11. [...] There are earlier stations recorded, going all the way back to mythological antiquity (the earliest being 6.15.0 before the current era), but they are on monuments erected no earlier than 9.13.0.0.0.[137]

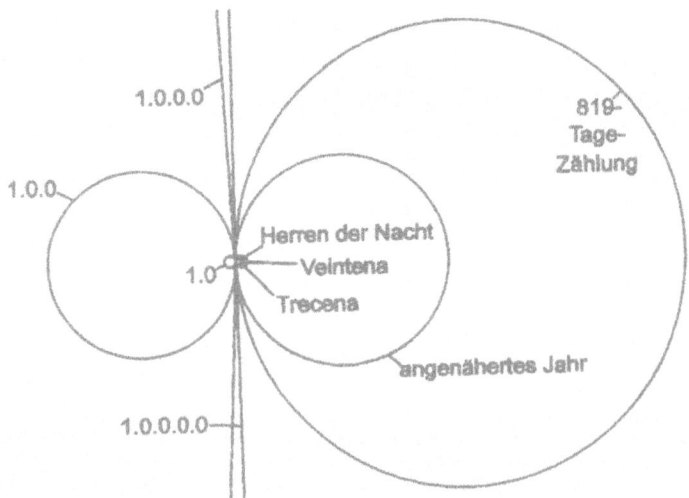

Abbildung 5.8: Einige Zyklen des Maya-Kalendersystems.

---

[137] Lounsbury [295], S. 811.

5.1.8 7-Tage-Zählung

Als letzter Kalenderzyklus sei die zuweilen auftretende 7-Tage-Zählung erwähnt, die in Datumsangaben mit den Glyphen Z und Y festgehalten wird.

> Glyph Z is the so-called '*bix* glyph,' which is often used in place of the *k'in* sign in Distance Numbers. It also appears in some passages associated with death. Glyph Y has been called the 'beetle glyph' due to its somewhat peculiar appearance.[138]

Y erscheint nicht nur in Zusammenhang mit der Notation der 7-Tage-Zählung, sondern ist unter anderem auch als Glyphe *G6* mit Koeffizient 9[139] sowie in den Phrasen der 819-Tage-Zählung zu finden.[140] In der Aufzeichnung des 7-Tage-Zyklus hängen die Glyphen Z und Y eng zusammen: ist Z vorhanden, so taucht Y ohne einen Koeffizienten auf, ist Z jedoch abwesend, so besitzt Y einen Koeffizienten.[141] "From this pattern we can consider Glyph Z with a coefficient as a simple part of the numeral of Glyph Y."[142] Der Zyklus wird demzufolge in der Form 'Koeffizient plus Glyphe Y' notiert, wobei der Koeffizient mit Hilfe der Glyphe Z ausgedrückt sein *kann*, wie dies zum Beispiel auf Stele 4 von Yaxchilán mit Y und 5Z der Fall ist. Eine weitere Möglichkeit ist eine Kopfformdarstellung des Koeffizienten an Position der Glyphe Z, so sei nach Yasugi/Saito eine Kopfformglyphe an der Position von Z etwa auf Stele B von Tila zu finden, welche den Koeffizienten 5 repräsentiere.[143]

> We have clear examples of Glyph Y with coefficients that run from **2** to **6**, but no examples with coefficients **1** to **7**. Therefore, we cannot determine with certainty whether the Glyph Y possibilities run from **0** to **6** or from **1** to **7**. But we favour the latter possibility, mainly by the analogy of G[l]yph C, with its possibilities going from **1** (no numeral expression) to **6**. By this, a Glyph Y with no numeral coefficient would be read as '1Y'.[144]

---

[138] Yasugi/Saito [533], S. 2.
[139] Vgl. Abbildung 5.7 in Kapitel 5.1.5.
[140] Vgl. Yasugi/Saito [533], S. 2.
[141] Vgl. ebd.
[142] Ebd.
[143] Vgl. ebd., S. 6.
[144] Ebd., S. 7. Zur Glyphe C vgl. Kapitel 5.1.6.

Über den Ursprung der 7-Tage-Zählung kann man momentan lediglich Vermutungen anstellen. Möglicherweise ist sie auf das numerologische Interesse der Maya zurückführbar, wichtige und heilige Zahlen in verschiedene miteinander verzahnte Zyklen aufzunehmen. Neben den 'Herren des Himmels', die durch das *Trecena* dargestellt werden, und den 'Herren der Nacht' oder 'Herren der Unterwelt' des 9-Tage-Zyklus gehören in eine solche Reihe ebenso die 'Herren der Erde' einer 7-tägigen Zählung. Die Verschränkung dieser Zyklen bildet den 819-Tage-Zyklus, wodurch die Zusammengehörigkeit der drei Gruppierungen der 'Herren' der Erde, der Nacht und des Himmels hervorgehoben wird. Nach Überlegungen, die Yasugi/Saito anhand der Monumente angestellt haben, fällt die siebte Position der 7-Tage-Zählung auf den Anfangstag des 819-Tage-Zyklus.[145] Das *Trecena* steht jeweils am Beginn eines 819-Tage-Zyklus auf Position 1. Nach herrschender Forschungsmeinung nimmt der Zyklus der 'Herren der Nacht' zu Beginn des 819-Tage-Zyklus keine ausgezeichnete Position ein, da $G6$ den Anfangstag der Zählung regiert. Folgte man aber Roharks Theorie,[146] so begänne jeder 819-Tage-Zyklus nicht nur mit dem ersten 'Herren des Himmels', sondern auch mit dem den 9-Tage-Zyklus eröffnenden und insofern als ersten aufzufassenden 'Herren der Nacht'.[147] Aus der Tatsache, daß dem Nulldatum $G9$ zugeordnet ist, ließe sich dann allerdings nicht mehr schließen, daß nach der ersten in der jetzigen Schöpfung vergangenen Zähleinheit des *Long Count* der erste 'Herr der Nacht' regierte.

Bemerkenswert ist schließlich, daß sowohl die Kopfformglyphen des *Trecena* (die gerade die Gottheiten des Himmels darstellen) als auch die Glyphen G variabel sind, während Glyphe Y fest ist.

---

[145] Vgl. Abbildung 5 in Yasugi/Saito [533], S. 9. Der erste 'Herr der Erde' regiert somit den zweiten Tag eines jeden 819-Tage-Zyklus; eine Theorie zur Motivation dessen vgl. in Anmerkung 147.

[146] Vgl. Kapitel 5.1.5.

[147] Rohark leitet aus seinen Überlegungen Thesen über die verschiedenen Weltalter und ihren jeweiligen Beginn her. "Die 9-Tage-Zählung und die 819-Tage-Zählung zeigen uns, wann das erste Weltalter begann — am Tag 1 Caban (1 Erde) [...]. Im ersten Weltalter, als die Erde erschaffen wurde, existierten schon Himmel und Unterwelt. Darum beginnen auch die 9-Tage-Zählung und die 819-Tage-Zählung an diesem Tag. *Aber die 7-Tage-Zählung, welche ja ein Symbol der Königsherrschaft ist, kann nicht an diesem Tag beginnen, denn im ersten Weltalter gab es noch keine Herrscher oder Könige. Jene kamen erst mit dem zweiten Weltalter.*" (Rohark [384], S. 82.)

> Why? Aztec ethnological data show that each of the nine Lords
> of the Night is a different god. For this reason, the glyphs are
> different. [...] If Glyph Y represents the seven lords of the earth,
> they would have only one name and be distinguishable only by
> coefficient.[148]

Abschließend sei noch darauf hingewiesen, daß 7 kein Faktor der *Calendar Round* von 18 980 Tagen ist, so daß eine Kombination der Kalenderrunde mit dem 7-Tage-Zyklus eine 'Runde' von 364 angenäherten Jahren oder 511 Ritualjahren ergibt. Nimmt man die 'Herren der Nacht' hinzu, so erhält man die gleiche Zykluslänge wie bei der Kombination mit der 819-Tage-Zählung, nämlich etwa 3274 angenäherte Jahre bzw. 4599 Ritualjahre, in denen unabhängig von *Long Count* und Mondserie keine Datumsangabe der anderen geglichen hätte, sofern alle Zyklen erfaßt worden wären.

5.2 Datumsangaben

Die Datumsangaben der Maya folgen in ihren Inschriften in der Regel einem festen Schema, in dem die *Initialserie* den wichtigsten Platz einnimmt:

> The Long Count, vague year, and ritual cycle, taken together,
> constitute the Initial Series portion of a Maya date. These are
> the first symbols one usually encounters in a calendric inscription.[149]

Meist handelt es sich bei Datumsangaben wie bei der üblichen Notationsweise von Schriftzeichen um eine (Doppel-)Spalte. Diese beginnt mit einer einleitenden Glyphe, welche etwa den zwei- oder vierfachen Platz der anderen Glyphen einnimmt. Im Beispiel der Ostseite der Stele E von Quiriguá (Abbildung 5.9) besetzt sie etwa zweieinhalb Zeilen, sei aber der Einfachheit halber hier als zweireihig und den Raum A1 – B2[150] belegend angesetzt.

---

[148] Yasugi/Saito [533], S. 11. Die Aussage, die hier für die 'Herren der Nacht' getroffen wird, trifft analog auch auf die 'Herren des Himmels' zu.
[149] Aveni [34], S. 144. Der Begriff *Initialserie* wurde 1886 von Alfred P. Maudslay geprägt. (Vgl. Schlenther [412], S. 103.)
[150] Entsprechend der schon erwähnten Referierungstechnik werden die Zeilen mit 1, 2,..., die Spalten mit A, B bezeichnet.

Abbildung 5.9: Beispiel einer Initialserie: Stele E in Quiriguá, Ostseite. (Nach Weaver [515], S. 174, und Morley [341], S. 245.)

5.2 DATUMSANGABEN

Im allgemeinen wird diese Glyphe *Einführungsglyphe* genannt. "Ihr unteres breites Element ist immer gleich. Wahrscheinlich ist es ein Zeichen für *tun*. Von den drei darüber befindlichen Elementen sind die beiden äußeren, symmetrisch angebrachten gleich."[151] Variabel ist das Mittelelement, von dem man annimmt, daß es — meist in Kopfdarstellung — je einem bestimmten *winal* zugeordnet ist und den Regenten des jeweiligen Monats symbolisiert:[152] "Infixed into it is a variable element, varying according to the calendar month which appears further on in the elaboration of the date, and was thus in some way symbolic of that month (patron deity?, hieroglyph of an ancient name?)."[153] Im Beispiel der Ostseite der Stele E von Quiriguá zeigt das variable Mittelelement die Namensglyphe der Schutzgottheit des Monats *Kumk'u*,[154] in welchen das dortige Datum fällt.

Auf die Einführungsglyphe folgt die *Long Count*-Angabe, die meist fünfstellig notiert wird, oben beginnend mit der *bak'tun*-Periode, dann folgen *k'atun*, *tun*, *winal* und *k'in*, jeweils mit den entsprechenden Koeffizienten versehen. Besonders leicht lassen sich die Koeffizienten der abstrakten Zahlennotation im Beispiel entziffern, die Glyphen A3 – A5 geben das *Long Count*-Datum 9.17.0.0.0 wieder, wobei die Null durch Teile einer Blüte dargestellt wird.

B5 gibt das *Sacred Round*-Datum *13 Ahaw* an: "Following this numerical specification of the place of the date in the day count there are given its positions also in the almanac [*Sacred Round*, A.S.] and in the calendar year, as well as in other supplementary cycles."[155] Die angesprochenen ergänzenden Zyklen, die die *Supplementary Series* oder *Ergänzungsserie* bilden, sind der 9-Tage-Zyklus, die Mondserie, "früher als 'Sekundär-Serie' (*Secondary Series*) bezeichnet",[156] die 819-Tage-Zählung sowie gelegentlich andere Zyklen wie etwa die Periode modulo 7.[157]

---

[151] Schlenther [412], S. 103.
[152] Vgl. ebd., S. 103ff.
[153] Lounsbury [295], S. 767.
[154] Vgl. die Darstellung der Schutzgottheiten der verschiedenen Monate in Morley [341], S. 205.
[155] Lounsbury [295], S. 767.
[156] Haberland [208], S. 110.
[157] Vgl. Nahm [348], S. 1.

> [Morley] formally defined the Supplementary Series, labeling its ordered constituents as Glyphs G, F, E, D, C, X, B, and A. [...] Andrews IV added Glyphs Z and Y — Morley had called them the 'extraneous glyphs' — to the series, between Glyphs E and F.[158]

Im angegebenen Beispiel tritt G in der Variante $G9$ an Position A6 auf, gefolgt von F auf B6. E, D, C sind Glyphen der Mondserie; E und D stehen im Beispiel zusammen an Position A7 — beide ohne Koeffizienten, womit 'Neumond' impliziert ist.[159] C tritt an Stelle B7 mit der Mondgöttin als Kopfglyphenanteil und dem Koeffizienten 2 auf, wobei mit letzterem der zweite Mondzyklus in einer Folge von sechs angegeben wird. X ist "a variable glyph, in a cycle of the same magnitude as that of glyph C, and partially constrained by the value of C".[160] Linden vermutet, daß mit X die Position in einem 18-monatigen Mondkalender angegeben wurde,[161] eine Interpretation, die inzwischen als gesichert gilt.[162] Stele E von Quiriguá notiert hier die Variante $X3$ (nach Lindens Notationsweise) an Position A8. Glyphe B, im Beispiel an Stelle B8, ist eine ebenfalls noch nicht verstandene Glyphe mit wenigen bekannten Ausprägungen, "usually a sky sign with elbow shape or an animal (dog?) head",[163] welche die Idee repräsentieren könnte, daß der Mond 'in sein Haus eingetreten' ist, also in Konjunktion steht bzw. 'verschwunden' (=Neumond?) ist.[164] Schließlich folgt Glyphe A, wiederum Teil der Mondserie, im Beispiel an Stelle A9 mit dem Koeffizienten 9 in Kopfglyphendarstellung und damit eine Mondperiode von 29 Tagen bezeichnend.

---

[158] Yasugi/Saito [533], S. 1. Vgl. auch Andrews [8] und Lounsbury [295], S. 767, der darauf hinweist, daß der alphabetische Schlüssel in der Literatur Verwendung fand, bevor die Bedeutung der einzelnen Glyphen bekannt war.
[159] Vgl. Morley [341], S. 245.
[160] Andrews, E. [9], S. 139; Coe interpretierte X als Glyphe für den Vorsitz habenden Gott (vgl. Coe [128], S. 182) und Thompson als Notation des Zyklus der 'Herren der Erde' (vgl. Satterthwaite [392], S. 611).
[161] Vgl. Linden [281].
[162] Vgl. Schele/Grube/Fahsen [407]. Vgl. auch Rohark [384], S. 69, der nicht von der 'Position' in einem Mondkalender ausgeht, sondern davon, daß X "den Namen für den Mondmonat wiedergibt."
[163] Aveni [34], S. 165.
[164] Vgl. Teeple, zitiert nach Lizardi Ramos [285], S. 362. Rohark liest dagegen X und B zusammen als 'X ist der Name des jungen Mondes', denn B trete nie auf, wenn X nicht vorhanden sei. (Vgl. Rohark [384], S. 83.)

5.2 DATUMSANGABEN

Die *Sacred Round*-Angabe geht der Ergänzungsserie voraus, die der *Calendar Round* kann dies ebenfalls oder — was nur sehr selten der Fall ist — zwischen *F* und *E* oder *D* auftreten. Gewöhnlich folgt sie jedoch *A*,[165] wie dies auch im Beispiel der Fall ist; so wird mit der letzten Glyphe an Position B9 das Datum *18 Kumk'u* notiert. "Placement in the 819-day cycle, if present, is usually last."[166] Der 819-Tage-Zyklus sowie die selten notierte 7-Tage-Zählung sind im angegebenen Beispiel nicht enthalten.

Kurz erwähnt werden sollen im Zusammenhang mit Datumsangaben noch die *Distanzzahlen*, Zahlenwerte des *Long Count*, die auf Monumenten den Zeitraum zwischen zwei Daten angeben:

> A chronological count which links two recorded calendar dates is commonly described as a 'Distance Number'. The same term applies to a chronological count which links a recorded date to an earlier or later event, glyphically specified, although not labeled by a date. In all but a handful of cases Distance Numbers in the inscriptions are represented by an ascending series of period glyphs.[167]

Im Gegensatz zu anderen Daten des *Long Counts* werden die Positionen meist in aufsteigender Folge niedergeschrieben.[168] Die Distanzzahlen weisen auf die von den Maya leicht durchgeführten arithmetischen Operationen der Addition und Subtraktion im *Long Count* hin, da sonst — wie des öfteren in den Inschriften zu finden — nicht nur die vor- oder zurückzurechnende Anzahl der Tage, sondern auch das Ergebnis der Berechnung selbst notiert worden wäre.

---

[165] Vgl. Lounsbury [295], S. 767.
[166] Ebd.
[167] Closs [119], S. 306.
[168] Eine genauere Beschreibung der Distanzzahlen, ihre verschiedenen Formen, Postfixe, 'Einführungsglyphen', Zeitindikatoren, die die Richtung der Berechnung angeben, und weitere Informationen finden sich in Thompson [488], S. 157–180.

5.3 Die Bedeutung der Zeit in der Kultur der Maya

"Die Maya waren besessen von der Idee der Meßbarkeit der Zeit"[169] und von allem, "was mit Daten und dem Kalender zu tun"[170] hatte.

> Dieser endlose Ablauf der Tage wurde in Gruppen immer wiederkehrender Zyklen untergliedert, deren Dimensionen vom Überschaubaren und Nachvollziehbaren bis zum Unvorstellbaren reichten. Ein Teil dieser Zyklen war aus der Naturbeobachtung, zum Beispiel aus der Wahrnehmung des Mondzyklus und der zyklischen Bewegungen der Planeten und der Sternbilder abgeleitet. Andere basierten teils auf der Gesetzmäßigkeit des Zwanziger-Zahlensystems, teils auf der Zuschreibung sakraler und magischer Qualitäten an bestimmte Zahlen und ihr Mehrfaches.[171]

Gerade die immer wiederkehrenden Zyklen[172] im Kalendersystem der Maya spiegeln einen Grundgedanken ihrer Zeitvorstellung wider und bieten einen Erklärungsansatz, warum sie Berechnungen in die ferne Vergangenheit und Zukunft durchführten. So stellten die Maya für die einzelnen Tage einen Zusammenhang zwischen den jeweiligen Zyklen, astrologisch-kalendarischen Einflüssen und historischen Ereignissen her, überzeugt davon, daß solche Kombinationen in den darauffolgenden Zeitperioden erneut wirksam würden:

> Maya time was [...] cyclical, producing a repetition of the same day in earlier and later periods. Believing that the events of a day were related to its position in the calendar, Maya priests divined the future by examining the history of that day in a previous cycle.[173]

---

[169] Wilhelmy [520], S. 60.
[170] Coe [129], S. 192.
[171] Schele/Freidel [405], S. 68f.
[172] So spricht Haberland von den "zyklisch denkenden Maya". (Haberland [208], S. 110.)
[173] Collea [139], S. 125.

Auf diese Weise versuchten sie, Strukturen zu finden, denen menschliches Handeln unterlag. Gleichzeitig verzahnten sich durch die auftretenden Einflüsse religiöse, astronomische und alltägliche Bereiche des Lebens miteinander, wodurch eine Zwangsläufigkeit und innere Konsistenz im Weltbild erreicht wurde. In der zyklischen Zeitauffassung und dem Glauben, daß sich Ereignisse in bestimmten Rhythmen wiederholen, werden inzwischen mit die wichtigsten Gründe gesehen, warum die Maya etwa in ihrem angenäherten Jahr keine systematische Korrektur anbrachten und sich bewußt gegen Schaltjahre entschieden haben müssen: "Durch Schaltjahre könnten diese Zyklen und ihre gegenseitigen Verzahnungen gestört werden — wie es z. B. durch die genaue Berechnung des Venusjahres [...] geschah, durch die Venus-, Ritual- und Sonnenjahr nicht mehr zusammenkommen konnten."[174]

Die Kultur der Maya war astrologisch geprägt, man nahm an, daß Sonne, Mond, die Planeten und der Fixsternhimmel Einfluß auf menschliche Schicksale besaßen. Daher wurden politische Strategien und gesellschaftliche Ereignisse innerhalb dieses komplexen Systems vielschichtiger Einflüsse geplant. Allerdings bedurfte es dazu nicht nur einer genauen Kenntnis der Eigenschaften eines Tages im Hauptzyklus der *Calendar Round* (bestehend aus *Sacred Round*-Datum und der Position im angenäherten Jahr von 365 Tagen), sondern grundsätzlich in allen Kalendern. "Bestimmte Tage zeichneten sich durch eine besonders wichtige Beziehung zu Xibalba und dem Kosmos im ganzen aus",[175] wobei das jeweilige Beziehungsgeflecht anhand spezifischer Berechnungen ermittelt wurde, indem man 'Artgleichheit' (d. h. identische Position in einem der Kalenderzyklen) zwischen einem gegebenen historischen Datum und einem mythologischen, vor dem Schöpfungstag liegenden herstellte.[176] Nach Auffassung der Maya waren an jedem beliebigen Tag viele verschiedene Götter am Werk, "und sowohl deren individuelle Aktivitäten als auch die daraus folgenden Resultate formten die heilige

---

[174] Haberland [208], S. 106. Vgl. dazu die Existenz von Schaltmonden, die zeigen, daß den Maya ein solches 'Schaltkonzept' nicht nur bekannt war, sondern von ihnen auch angewendet wurde. (Vgl. Kapitel 7.1.)
[175] Schele/Freidel [405], S. 76.
[176] Vgl. ebd., S. 512.

Zeit".[177] Kein Tag stand unter den exakt gleichen Einflüssen, da sich nie eine Zykelkombination wiederholte, so daß trotz des Glaubens an Zyklizität und Rhythmus jeder Tag durch die jeweilige Zusammenstellung ein eigenes Gesicht bekam.

Dabei faßten die Maya die Zeit als beseelt auf[178] und personifizierten sie in ihren Schriften durch Götter, die Zeiteinheiten als Lasten auf dem Rücken trugen.[179] Diese Lasten wurden am Ende eines Zyklus an einen anderen, nachfolgenden Gott weitergereicht:

> Maya thought achieved a new form of expression through this image of gods as bearers of time. Their arrival at the end of a journey (*lub*, as termination or complete count in various Maya languages) is precisely the moment of the 'weariness' of the gods. *Lub* also means 'to become tired' in the various languages of this family. The new deities who in the same moment will take over the burden of time will carry it on their backs until, overcome by fatigue, they arrive at another place of rest which is the completion of one cycle and the beginning of another.[180]

Aus dieser Darstellung erklärt sich insbesondere auch die Bezeichnung *Year Bearers*, wobei die entsprechenden Götter der vier Tage der *Sacred Round* an Neujahr des angenäherten Jahres die 'Jahreslast' übernahmen. "The personality of the deity strongly influenced the divination for this temporal burden, lending the days either good or ill fortune."[181] Besonders die fünf 'namenlosen Tage' am Ende eines Jahres, die des *Wayeb*, galten als unheilbringend und wurden mit Fasten und Beschränkungen aller Tätigkeiten auf das Notwendigste verbracht[182] — vielleicht weil man sich vor den

---

[177] Ebd., S. 76.
[178] Vgl. Collea [139], S. 125. Vgl. auch Thompson: "The days are alive; they are personified powers, to whom the Maya address their devotions, and their influences pervade every activity and every walk of life; they are, in truth, very gods." (Thompson [488], S. 69.)
[179] Für eine genauere Diskussion dieser Auffassung der Zeit als etwas Göttlichem und der Personifikation durch verschiedene Götter vgl. León-Portilla [276], insbesondere das Kapitel *Time as an Attribute of the Gods*.
[180] Ebd., S. 51.
[181] Collea [139], S. 125.
[182] Vgl. Wilhelmy [520], S. 61.

Auswirkungen der Müdigkeit des die Jahreslast tragenden Gottes fürchtete.

In unserer abendländischen Kultur werden Jahrhundert- und insbesondere Jahrtausendwenden als einschneidende Zeitpunkte erlebt und oft mit Vergangenheitsbetrachtung, aber auch mit Zukunftsangst verbunden. Ähnliche Achsentage wie Weihnachten, Ostern, Feiertage etc. erfahren wir als Markierungspunkte im linearen Fluß der Zeit, welchem dadurch Form und Gestalt gegeben und mithin Geschichte existent wird. Für die Maya war Zeit dagegen "the very substance of life rather than merely a measure of the events that took place within it."[183] Doch sie besaßen ebenfalls Achsentage, die mit Enthusiasmus und speziellen Riten gefeiert wurden:[184]

> Allerdings betrachteten die Maya das mit solchen Tagen verbundene zeremonielle Brauchtum nicht als Reminiszenz, sondern als Reaktualisierung, nicht als Vergangenheitserinnerung, sondern als Wiederholung von Ereignissen, die an diesem bestimmten Tag einmal stattgefunden hatten und nach wie vor stattfanden und immer wieder stattfinden würden.[185]

---

[183] Collea [139], S. 125.
[184] So wurde in Yucatán das Ende eines *k'atuns* fast immer mit Opferritualen zelebriert. (Vgl. Vincke [507], S. 158, und Taube [457], S. 183, der von "penitential blood offerings marking calendrical period endings, particularly that of the roughly twenty-year Katun" spricht.) Auch finden sich Jahresgedenkdaten in den Inschriften der klassischen Zeit sehr häufig, *Calendar Round*-Daten, die eine bestimmte Zahl von *k'atuns* oder *tuns* von einem bestimmten Datum entfernt liegen, das nicht mit einem Perioden-Enddatum identisch ist. (Vgl. Coe [129], S. 192.)
[185] Schele/Freidel [405], S. 76.

Kapitel 6

Arithmetik

> "Sie haben andere, sehr weitläufige Berechnungen, und diese dehnen sie *ad infinitum* aus, indem sie achttausend mit zwanzig malnehmen, was einhundertsechzigtausend ergibt, und diese einhundertsechzigtausend nochmals mit zwanzig vervielfachen, und nachdem sie es so mit zwanzig allmählich weiter vervielfachen, erhalten sie schließlich eine unzählbare Zahl. Sie rechnen auf dem Boden oder auf einem ebenen Gegenstand." (Landa, Diego de [272], S. 54.)

Jegliche Untersuchungen zur Arithmetik der Maya und den von ihnen aufgestellten Theorien und verwendeten Algorithmen stehen vor enormen Schwierigkeiten, denn:

> The Maya left no treatises on mathematical or astronomical methods or theories. There is no posing of a problem, proof of a theorem, or statement of an algorithm — none of the usual kinds of source material for the history of a science. [...] What they left are the various end products of the application of their methods. It is up to the students of these remains to decipher what the problems were and what may have been the methods employed in their solution.[1]

---

[1] Lounsbury [295], S. 760.

Damit ist die Forschung[2] weitgehend auf Vermutungen angewiesen, wobei verstärkt kritisch überprüft werden sollte, ob und in welchem Maße Auffassungen und Einstellungen gegenüber der Kultur der Maya die Mutmaßungen und Hypothesen der einzelnen Forscher beeinflussen. Dennoch dürfte es trotz kritischer Reflexion nahezu unmöglich sein, sich von durch unsere Denkstrukturen geprägten Theorien, Modellen und Algorithmen vollständig zu lösen. Besonderes Gewicht erhält hier auch die Frage, welche Entwicklungen überhaupt als universell und kulturunabhängig gelten müssen.

Hilfsmittel der Maya für die Durchführung von Rechnungen sind nicht erhalten. Doch ist davon auszugehen, daß die Maya eine Art Abakus besaßen oder sich für Rechnungen auf dem Boden oder auf ebenen Gegenständen (wo sie Landa zufolge ihre Rechnungen durchführten[3]) Muster schufen, die eine ähnliche Funktion wie ein Rechenbrett übernahmen.[4] Daß Rechnungen auf einem ebenen Untergrund ausgeführt wurden, weist auf räumliche Verschiebeoperationen hin. Um die Zahlzeichen Punkt und Balken darzustellen, mögen Gegenstände wie etwa Bohnen und Bohnenhülsen oder Steine und kleine Stöckchen verwendet worden sein.[5] Benutzt man aber nur Gegenstände, die jeweils für eine Grundeinheit stehen (also einen Punkt im Maya-Zahlensystem repräsentieren), so daß das Äquivalent für den Balken nicht mehr existiert, dann kann man das Vorgehen mit demjenigen am Abakus vergleichen,[6] wobei Rechnungen mit einfachen Verschiebe- und Ersetzungsregeln durchgeführt werden. Da die Maya ein Stellenwertsystem besaßen, bei dem die niedrigste Potenz zuunterst, höhere darüber notiert wurden,[7] läßt sich sogar ein fortgeschrittener Abakus vermuten, bei dem jede Zeile (oder Ebene) eine Stelle im Positionssystem repräsentierte und demzufolge für alle Rechnungen das Vigesimalsystem verwendet wurde. So

---

[2] Zur Arithmetik der Maya vgl. weiterführend neben der zitierten Literatur Anderson [6], Bowditch [75], Calderón [105], Castañeda, J. [111], Díaz-Bolio [145], Lizardi Ramos [284] und [286], Rössler [381], Satterthwaite [393], Tonda/Noreña [500], Vinette [508] und Zimmermann [534].
[3] Vgl. Landa [272], S. 54.
[4] Long bezweifelt, daß die Maya einen Abakus benutzten. (Vgl. Long [289], S. 220.)
[5] Vgl. Thompson [481], S. 42, und Schele/Freidel [405], S. 87.
[6] Vgl. Thompson [481], S. 43.
[7] Vgl. dazu Kapitel 4.1.

konnten Rechenoperationen durch regelgemäße Durchführung weitgehend automatisiert ablaufen.

6.1 Grundlegende Berechnungen

Zum Addieren legte man zwei Zahlen nebeneinander aus und bildete nach einfachen Ersetzungsregeln die Summe. Für jeden erreichten Zwanzigerwert wurde eine Ebene höher eine Einheit zugelegt. Bei der Subtraktion lief das gleiche Verfahren in umgekehrter Richtung: Auch sie reduzierte sich auf ein Hin- und Herschieben von Zahlensymbolen, für das man keine komplizierten Werttabellen im Kopf zu haben brauchte. Multiplikation und Division waren nicht ganz so einfache Operationen, aber dennoch ohne Tabellen oder auswendiggelerntes 'Einmaleins' zu bewältigen.[8]

Addition und Subtraktion verlaufen analog wie in jedem Stellenwertsystem durch Hinzufügen oder Entfernen der zu addierenden oder subtrahierenden Anzahl von Einheiten, ergänzt durch die aufgrund des Vigesimalsystems notwendig gewordenen Überträge.[9] Da das Zahlensystem der Maya nicht nur vigesimal, sondern innerhalb einer Stelle des weiteren quinär ist, werden im Ergebnis je fünf Einheiten (Punkte) in einer Stelle zu einem Fünfer (Balken) vereinigt, so daß am Ende wiederum an jeder Stelle eine Ziffer in abstrakter Notation zu finden ist (einschließlich der Null). Zu beiden Rechenoperationen ist auf den folgenden Seiten je ein Beispiel (im reinen Vigesimalsystem) angegeben. Überträge sind direkt ausgeführt.

"Addition and subtraction were probably the only mathematical operations they utilized."[10] Diese Meinung über von den Maya benutzte Rechenverfahren wurde lange vertreten.[11] Einer ihrer Verfechter war Thompson,

---
[8] Schele/Freidel [405], S. 515.
[9] "Adding and subtracting becomes a simple operation when we can borrow or lend units readily between orders." (Aveni [34], S. 137.)
[10] Ebd., S. 141.
[11] Vgl. dazu vom gleichen Autor (et al.): "We can say nothing about the multiplication process, which may have consisted of repeated addition." (Aveni/Morandi/Peterson [47], S. S5.) Vgl. auch Long [289], S. 221.

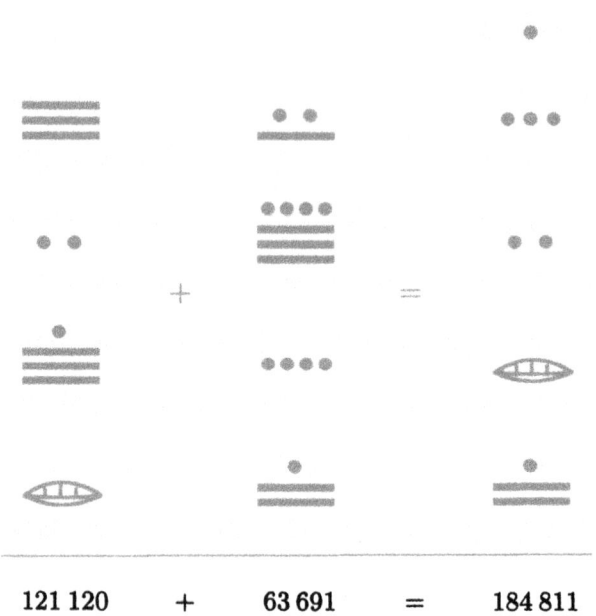

121 120   +   63 691   =   184 811

der sogar glaubte, Belege dazu gefunden zu haben: "Indeed, there is ample evidence in the Dresden Codex that Maya arithmetic never embraced multiplication or division but achieved results solely by addition and subtraction."[12] Gemeint sind Tabellen im Dresdener Codex, die Vielfache auflisten, zum Beispiel vom sogenannten *Computing Year*[13] von 364 Tagen (auf den Blättern *32a*, *45a* und *63–64* des Codex verzeichnet).[14] Die Ergebnisse waren für Thompson klar "obtained not by multiplication but by addition",[15] seiner Meinung nach Beleg genug für den Schluß, daß in der Kultur der Maya nicht multipliziert wurde. Diese Argumentation scheint jedoch zu kurz zu greifen, bleibt doch fraglich, ob solche Tafeln überhaupt Hinweise zu die-

---

[12] Thompson [481], S. 41.
[13] Zu seiner Bedeutung in der Maya-Arithmetik vgl. Kapitel 6.2.2.
[14] Vgl. Villacorta/Villacorta [506], S. 74f., S. 100f. und S. 136–139, und Thompson [481], S. 43–47.
[15] Ebd., S. 45.

6.1 GRUNDLEGENDE BERECHNUNGEN

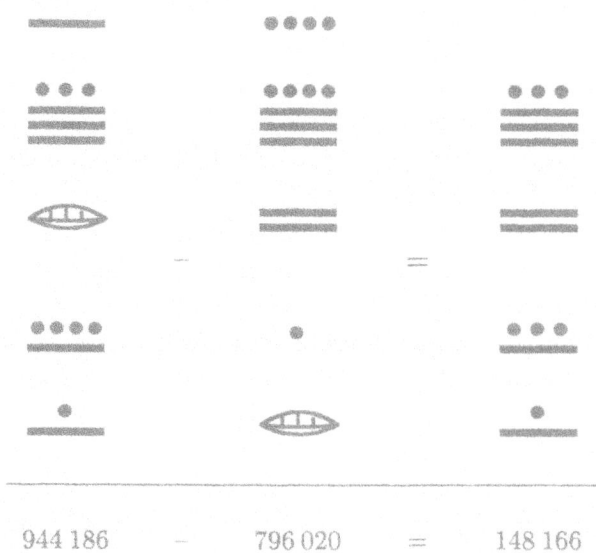

944 186 — 796 020 = 148 166

ser Diskussion geben können, da sie vermutlich vielmehr als Hilfsmittel für andere Rechenoperationen gedacht waren,[16] ohne mit der Multiplikation in Zusammenhang zu stehen. Eine ähnliche Auffassung wie Thompson vertritt Lounsbury:

> It is doubtful that the Maya did multiplications, other than by two and by twenty, except by repeated additions. There are no records of elementary multiplication tables, although in the codices there are tables of multiples of important longer periods.[17]

Das Auffinden einer elementaren Multiplikationstafel wäre in der Tat ein Beleg für die Existenz des Multiplikationsverfahrens der Maya. Das Fehlen einer solchen kann aber nicht als Gegenargument verwendet werden, da das Datenmaterial zu rudimentär ist und man nicht unbedingt solche Tafeln

---

[16] Dies wird im Fall der Vielfachen von 364 noch deutlich werden.
[17] Lounsbury [295], S. 768f.

benötigt, sondern schnelle Berechnungsverfahren mit nur drei grundlegenden Operationen denkbar sind.[18]

Sicherlich lassen sich alle Multiplikationen durch wiederholte Additionen ausführen. Doch die Existenz des Positionssystems mit der implizit enthaltenen Multiplikation weist auf ein Beherrschen dieses Konzeptes (und als Pendant des der Division) hin.[19] Aber auch Belege anderer Art sind gegeben: "Eloquent testimony that the Maya did use their number system for complicated arithmetic is found in their language. They had words for *multiply, multiplication, divide, division*, etc."[20] Des weiteren spricht Landa explizit von "mit zwanzig malnehmen" und "mit zwanzig vervielfachen" bis hin zu einer "unzählbare[n] Zahl".[21] Hier berichtet er — ohne Werturteile zu äußern — als Zeitzeuge über das tatsächliche Vorgehen der Maya. Die Erwähnung des Faktors 20 weist nicht nur auf die Verwendung des Positionssystems in den Rechnungen der Maya hin, sondern auch auf Landas Kenntnis des mayaischen Zahlensystems, so daß sein Bericht als zwar sekundäre, aber erstklassige Quelle für die Fähigkeit zur Multiplikation gelten kann.

Multiplikation und Division sind im Vigesimalsystem analog zum Vorgehen im Dezimalsystem durchführbar. Dabei gibt es im System der Maya sogar zwei Methoden, bequem zu multiplizieren, wobei beide Wege mit ein wenig Übung schnell zum Ziel führen: (1) Man prägt sich — entsprechend dem Einmaleins des Dezimalsystems — die Multiplikationstafel bis 19×19 ein oder (2) man merkt sich nur die Multiplikationsergebnisse der Symbole, aus denen sich die abstrakten Zahlzeichen zusammensetzen, also die zwischen Punkten, Punkt und Balken und zwischen Balken, und verfährt in der Rechnung Symbol für Symbol, ohne mit den Ziffern zu arbeiten:[22]

$$\bullet \times \bullet = \bullet ,$$

---

[18] Vgl. weiter unten.
[19] Vgl. Sánchez [390], S. 13.
[20] Ebd., S. 21. Dabei handelt es sich um ethnohistorisches Datenmaterial, entnommen aus Wörterbüchern wie etwa Martínez Hernández [327].
[21] Landa, Diego de [272], S. 54.
[22] Vgl. Sánchez [390], S. 25.

6.1 GRUNDLEGENDE BERECHNUNGEN

Mit diesem Wissen läßt sich hervorragend multiplizieren,[23] sofern man — vergleichbar unserer schriftlichen Multiplikation — stets darauf achtet, das Ergebnis des jeweiligen Einzelschrittes an der entsprechenden Stelle im Stellenwertsystem zu positionieren, notwendige Überträge auszuführen und soweit wie möglich 'zusammenzufassen', also fünf Punkte zu einem Balken zu vereinigen und fünf Balken an einer Position in die zweistellige Zahl (= 25) umzuwandeln.

Bei der Division werden diese Prozesse umgekehrt durchlaufen. Ansonsten verfährt man beim Dividieren ebenfalls in der aus dem Dezimalsystem bekannten Form.

> As in Arabic, *but without reference to multiplication tables*, a 'trial' quotient is obtained by dividing the highest number of the divisor into the highest or, that failing, into the highest and next highest numbers of the dividend, etc.[24]

Die Summe der in den aufeinanderfolgenden Divisionsschritten erhaltenen Quotienten gibt schließlich den Gesamtquotienten an. Als Beispiel sei die Division von ⋮ durch ⋮ vorgeführt.[25] Dabei sei der

---
[23] Ausführliche Beispiele zur Multiplikation sind ebd., S. 23–34, zu finden.
[24] Ebd., S. 35.
[25] Vgl. ebd., S. 36ff.

Divisor über dem Dividenden notiert (und damit der horizontale Strich bei einer Lesefolge von unten nach oben als Bruchstrich interpretierbar). Der Quotient (des jeweiligen Zwischenschrittes) sei rechts vom Dividenden notiert, das Ergebnis der Multiplikation von Quotient und Divisor links vom Dividenden. Die Subtraktion dieses Ergebnisses vom Dividenden schließe sich als Rest der durchgeführten Operation ganz links an.

(1)

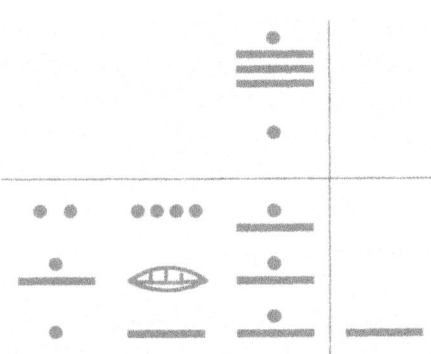

(2)

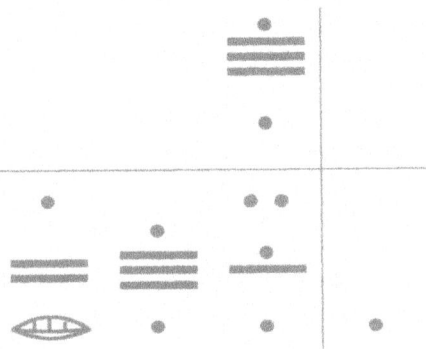

(3)

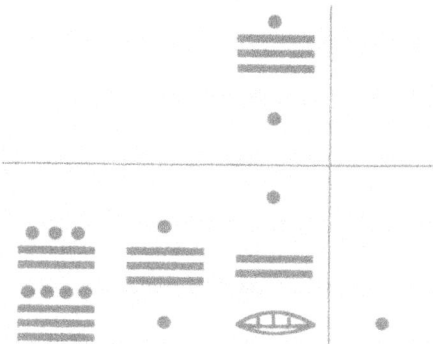

Bildet man nun zum Abschluß die Summe der Quotienten, so erhält man

den Gesamtquotienten Als Rest der Division bleibt  .

Selbstverständlich muß eine solche Division nicht wie hier in einzelnen Schritten durchgeführt werden, denn schnell werden Schemata und direkt anwendbare Strukturen offensichtlich.[26] Generell dürfte deutlich geworden sein, daß "the Maya number system is so simple and so mechanical (and, therefore, so efficient) that it is not far-fetched to conjecture that the Maya mathematicians used the system in highly advanced arithmetic operations."[27]

Ein wesentliches Merkmal der Mathematik der Maya liegt in der Existenz unteilbarer Einheiten. Jedenfalls deuten alle Hinterlassenschaften der Maya darauf hin, daß sie keine Brüche verwendeten, sondern stets ganzzahlig 'approximierten' (zum Beispiel über den — von ihnen jedoch nicht

---

[26] Vgl. ebd., S. 39: "Also, one need not be limited to building up the quotient by single bars and single dots." Vgl. auch das weitere Beispiel in Sánchez [390], S. 39–42.
[27] Ebd., S. 12.

explizit berechneten — Mittelwert einer Folge ganzer Zahlen[28]) oder etwa Gleichungen mit ganzzahligen Koeffizienten aufstellten, um Größen in Bezug zueinander zu setzen.[29]

> Maya arithmetic was characterized by virtually complete absence of fractions. No doubt the Maya understood simple fractions such as one-half, one-quarter, and one-third. But quantities, including those we think of as continuous and indefinitely divisible, were, for them, strictly *counted* values of 'indivisible' units. This is, indeed, characteristic of primitive arithmetic everywhere.[30]

Ob man Fultons Interpretation folgen und die Arithmetik der Maya als primitiv einstufen sollte, ist fraglich. So erscheint es diskussionswürdig, ob nicht das Prinzip der Monade, der unteilbaren Einheit (das auch in unserer Kultur lange Zeit — bis hin zu Leibniz — eine wichtige Rolle spielte) aus philosophisch-religiösen Gründen die Mathematik der Maya beeinflußte. Allerdings ist ein solcher Gedanke bisher nicht weiter verfolgt worden, so daß keine fundierte Aussage getroffen werden kann.

6.2 Berechnungen von Kalenderdaten

Will man sich bei der Untersuchung der Arithmetik der Maya an deren Hinterlassenschaften orientieren, so ist man weitgehend auf eine Betrachtung von Kalenderdaten beschränkt, welche den größten Teil des Materials stellen.[31] Algorithmen zur Kalenderkalkulation müssen nicht nur Problemlösungen für Berechnungen innerhalb der einzelnen Zeitzyklen der Maya anbieten, sondern auch Möglichkeiten eröffnen, die Zyklen zu verbinden

---

[28] Vgl. z. B. Kapitel 7.1.
[29] Vgl. z. B. die Formel 405 Mondperioden = 11 960 Tage. (Vgl. Kapitel 7.1.2.)
[30] Fulton [181], S. 188.
[31] "Understandably, the stone monuments of the Maya recorded only dates [...] and not any other application of their arithmetic. Unfortunately, written records, other than those on stone, were almost completely destroyed early in the Spanish conquest. Because of this, investigations into Maya arithmetic have been limited to studies of their calendrical counts." (Sánchez [390], S. 12.) Es gibt jedoch einen Hinweis auf Maya-Algorithmen durch die Vielfachentafel von 364 Tagen im Dresdener Codex, vgl. dazu Kapitel 6.2.2.

6.2 BERECHNUNGEN VON KALENDERDATEN

und zu einem gegebenen Datum eines Zyklus mögliche Positionen in anderen Zyklen zu berechnen.

Für die 'Herren der Nacht' und den 819-Tage-Zyklus sind vereinfachende Rechenverfahren schon angegeben worden.[32] Dieses Kapitel soll sich daher auf die *Calendar Round* und den *Long Count*[33] beschränken. Innerhalb der *Calendar Round* stellen sich vor allem zwei Probleme: "The two most typical problems were that of adding an increment (or decrement) to a given position in the calendar round, and that of determining the interval between any two given positions in the calendar round."[34] Bei Berechnungen im *Long Count* ist vor allem die Frage nach der Handhabung des variierten Vigesimalsystems zu beantworten. Schließlich stellen noch Algorithmen, die die beiden Zyklen *Calendar Round* und *Long Count* kombinieren, einen interessanten Untersuchungsgegenstand dar.

6.2.1 Daten der Calendar Round

Bevor Algorithmen zu *Calendar Round*-Berechnungen[35] vorgestellt werden, seien einige Abkürzungen definiert:[36] T sei der Tag im *Trecena* und nimmt damit Werte zwischen 1 und 13 an. V sei das Datum des *Veintena*, angegeben in Zahlenwerten, die den Tagesnamen des *Veintena* folgendermaßen entsprechen: *Imix* (1), *Ik'* (2), *Ak'bal* (3), *K'an* (4), *Chikchan* (5), *Kimi* (6), *Manik'* (7), *Lamat* (8), *Muluk* (9), *Ok* (10), *Chuwen* (11), *Eb* (12), *Ben* (13), *Ix* (14), *Men* (15), *Kib* (16), *Kaban* (17), *Etz'nab* (18), *Kawak* (19), *Ahaw* (20 oder 0). H sei der Tag des angenäherten Jahres, ausgedrückt durch einen Wert von 1 bis 365 (oder in Maya-Notierung von 1 bis 1.0.5) oder — wie sonst üblich — über die Notation D M, wobei D den Tag im Monat M angibt. Den Monaten seien wie den Tagen des *Veintena* Zahlenwerte zugeordnet, beginnend bei *Pohp* (1) und endend mit *Kumk'u* (18)

---

[32] Vgl. Kapitel 5.1.5 und 5.1.7.
[33] Vgl. Kapitel 5.1.3 und 5.1.4.
[34] Lounsbury [295], S. 769.
[35] Ob die hier aufgeführten Algorithmen den Maya bekannt waren, ist nicht nachweisbar. Des weiteren sei darauf hingewiesen, daß die Darstellung heutigen Notationsweisen entspricht.
[36] Vgl. Lounsbury [294], S. 2f.

und *Wayeb* (19). M nimmt daher Werte zwischen 1 und 19, D entsprechend der bis zu 20 Tage eines Monats Werte zwischen 1 und 20 an. Es besteht die Beziehung H = 20(M−1) + D. N_1 gebe die Anzahl der Tage in der *k'in*-Stelle des *Long Count* an, N_2 die Anzahl der *winals*, N_3 die *tuns*, N_4 die *k'atuns* und N_5 die *bak'tuns*. Da der *Long Count* meist nur fünf Stellen umfaßt, seien nicht mehr als fünf Stellen miteinbezogen. "The technique can be expanded to cover other larger intervals if required."[37] ΔT und ΔV seien die minimalen Intervalle zwischen zwei *Trecena-* bzw. *Veintena*-Daten, des weiteren seien ΔSR das kleinste Intervall zwischen zwei Daten der *Sacred Round*, ΔH der minimale Abstand zwischen zwei Daten des angenäherten Jahres und ΔCR das kleinste Intervall zwischen zwei *Calendar Round*-Daten. N(H) sei die Anzahl der ganzen angenäherten Jahre und N(SR) die Anzahl der ganzen *Sacred Rounds* in einem ΔCR. Ein Datum der *Calendar Round* werde durch die drei Koordinaten (T, V, H) angegeben; der Index 0 weise auf das jeweilige Ausgangsdatum hin.

Um das von einem gegebenen Ausgangsdatum (T_0, V_0, H_0) der *Calendar Round* durch eine addierte Distanzzahl $N_5.N_4.N_3.N_2.N_1$ erreichte *Calendar Round*-Datum (T, V, H) zu erhalten, wende man folgenden Algorithmus (Algorithmus I) an:[38]

$$T = T_0 - N_5 - 2N_4 - 4N_3 + 7N_2 + N_1, \mod 13.$$
$$V = V_0 + N_1, \mod 20.$$
$$H = H_0 + 190N_5 - 100N_4 - 5N_3 + 20N_2 + N_1, \mod 365.$$

Die Koeffizienten der einzelnen Summanden werden über Modulorechnungen erzeugt, zum Beispiel gelangt man zum Koeffizienten 190 von N_5 (in der Gleichung für H) über modulo 365, denn ein *bak'tun* entspricht 144000 Tagen und es gilt 144 000 − 394 × 365 = 144 000 − 143 810 = 190. Der Rechenaufwand zur Herleitung des Algorithmus I läßt sich minimieren, denn man kann jeden Koeffizienten von seinem rechten Nachbarkoeffizienten durch dessen Multiplikation mit dem geeigneten Faktor und schließlich die Reduktion des Ergebnisses durch den relevanten Modulus ableiten.[39] So erhält man zum

---

[37] Closs [119], S. 309.
[38] Vgl. ebd., und Lounsbury [294], S. 3, und [295], S. 769.
[39] Vgl. Lounsbury [294], S. 12.

6.2 BERECHNUNGEN VON KALENDERDATEN

Beispiel jeden Koeffizienten in der Formel für T durch Multiplikation des jeweils rechtsstehenden Koeffizienten mit dem Faktor 7, allerdings beginnend mit dem Koeffizienten 1 für die einzelnen Tage bei N_1 und abgesehen vom Koeffizienten für N_3, der aufgrund des Bruchs im Vigesimalsystem an der dritten Stelle[40] mit einem anderen Faktor errechnet werden muß.

> This is because the magnidute [sic] of the units in each position, except the third, is 20 times the magnitude of the units in the position to its right, and 20 times 1, minus 13, is 7. In the third position however the factor is 5, because the units in this position are 18 times the magnitude of those of the second position, and 18 minus 13 is 5.[41]

Der Koeffizient von N_4 etwa berechnet sich zu -2, da $7 \times (-4)$ (dem Koeffizienten von N_3) gleich $-28 \equiv -2 \pmod{13}$ ist. Analog kann man sich die einfache Formel für V direkt verdeutlichen, da der Koeffizient der zweiten Stelle — und mit ihm auch alle weiteren — bereits wegfällt (denn $20 \times N_1 \equiv 0 \pmod{20}$).

Eine schwierigere Aufgabe ist die Bestimmung des minimalen Intervalls ΔCR zwischen zwei *Calendar Round*-Daten. Gegeben seien die beiden Daten (T_1, V_1, H_1) und (T_2, V_2, H_2) mit $H_i = 20(M_i - 1) + D_i$, $i = 1, 2$. Der Algorithmus (Algorithmus II) zur Bestimmung von ΔCR verläuft folgendermaßen: Zunächst werden die minimalen Intervalle in den zwei Teilzyklen *Sacred Round* (ΔSR) und angenähertes Jahr (ΔH) bestimmt. Dann berechnet man die Anzahl der vergangenen ganzen angenäherten Jahre (N(H)) und darüber und mit Hilfe von ΔH schließlich ΔCR.[42]

$$\Delta\text{SR} = 40[(T_2 - T_1) - (V_2 - V_1)] + (V_2 - V_1), \bmod 260.$$
$$\Delta\text{H} = (D_2 - D_1) + 20(M_2 - M_1), \bmod 365.$$
$$\text{N(H)} = \Delta\text{SR} - \Delta\text{H}, \bmod 52.$$
$$\Delta\text{CR} = 365\text{N(H)} + \Delta\text{H}.$$

---

[40] Vgl. Kapitel 5.1.4.
[41] Lounsbury [294], S. 12f. Man verdeutliche sich für ein geeignetes i: $20 \times N_i = 13 \times N_i + 7 \times N_i \equiv 7 \times N_i \pmod{13}$.
[42] Vgl. Lounsbury [295], S. 771.

Die Beziehungen für ΔH und ΔCR folgen direkt aus der Definition dieser Größen.[43]

> The formula for the interval between any two given tzolkin days rests on the observation that an increment of 40 days over any day of the tzolkin leads to a day of the same name but with a coefficient increased by one, i.e., to a day with the same position in the veintena, but one position further along in the trecena.[44]

Die Formel für ΔSR basiert auf zwei Beobachtungen: auf der schon genannten, daß ein Intervall von 40 Tagen, das auf ein *Sacred Round*-Datum addiert wird, wieder das gleiche *Veintena*-Datum liefert, während das *Trecena*-Datum sich um eins erhöht, und darauf, daß ein Intervall von einem Tag den *Trecena*- und den *Veintena*-Koeffizienten um jeweils eins vermehrt. Eine Kombination dieser beiden Vorgehensweisen ermöglicht es, jedes beliebige *Sacred Round*-Datum zu erreichen.

> For any two tzolkin positions, the interval from the first to the second may be accounted for in part by increments of *one* day each, in number equal to the difference between the respective veintena coordinates, and in remaining part by increments of *forty* days each, in such number as to provide the remaining necessary increments of *one* to the trecena coordinate.[45]

Also ist

$$\Delta\text{SR} = \Delta\text{V} + 40(\Delta\text{T} - \Delta\text{V}), \text{ mod } 260,$$

wobei ΔT und ΔV bestimmt sind durch

$$\Delta\text{T} = \text{T}_2 - \text{T}_1, \text{ mod } 13,$$
$$\text{und}$$
$$\Delta\text{V} = \text{V}_2 - \text{V}_1, \text{ mod } 20.$$

---

[43] Dabei gilt: $\Delta\text{H} = \text{H}_2 - \text{H}_1$ (mod 365) = $[20(\text{M}_2 - 1) + \text{D}_2] - [20(\text{M}_1 - 1) + \text{D}_1]$ (mod 365) = $20(\text{M}_2 - \text{M}_1) - 20 + 20 + (\text{D}_2 - \text{D}_1)$ (mod 365). Zur Herleitung dieser und der folgenden Größen vgl. auch Lounsbury [294], S. 15–21.

[44] Ebd., S. 15. Hinweise auf eine entsprechende Rechenformel der Maya findet man z. B. bei den Jakaltekischen Maya im Ausdruck 'ein Fuß vom Jahr', der die Zeitspanne von 40 Tagen bezeichnet. Im *Chilam Balam* von Tizimin ist die Phrase *u chek' ok k'atun* 'Abschreiten der Schritte des *k'atun*' überliefert, die ebenfalls diesen Zeitraum beschreibt. (Vgl. ebd., S. 19, und MacLeod [317], S. 114.)

[45] Lounsbury [294], S. 17.

6.2 BERECHNUNGEN VON KALENDERDATEN

Substituiert man dies in obiger Gleichung, so erhält man

$$\Delta_{SR} = (v_2 - v_1, \bmod 20) + 40[(T_2 - T_1, \bmod 13) \\ - (v_2 - v_1, \bmod 20)], \bmod 260.$$

"But since any number of 20's, plus 40 times the negative of the same number of 20's, modulo 260, vanishes, the two 'mod 20' operators [...] may be dropped",[46] denn im 39-fachen der Zahl ist der Faktor 13 enthalten. Genauso ist (mod 13) vernachlässigbar, denn im 40-fachen einer Zahl über 13 wird bei der (mod 260)-Operation das gleiche Ergebnis erzielt, ohne vorher (mod 13) durchzuführen. Damit erhält man im Algorithmus II die Gleichung für Δ_{SR}.

Die Formel für die Anzahl vergangener ganzer angenäherter Jahre zwischen zwei *Calendar Round*-Daten (N(H)) basiert auf der Tatsache, daß die *Sacred Round*-Zahl 260 ein ganzzahliges Vielfaches von 52 ist und das angenäherte Jahr einen Tag mehr umfaßt als ein ganzzahliges Vielfaches von 52. Ähnliche Überlegungen wie oben führen zu dem Ergebnis, daß die Differenz zwischen dem kleinsten *Sacred Round*-Intervall und dem des angenäherten Jahres einen Hinweis auf die Anzahl der vergangenen ganzen angenäherten Jahre liefert. "It follows, moreover, that if all multiples of 52 be eliminated from that difference, leaving only a positive number less than 52, that remainder will be equal to the number of whole haabs, N(H), contained in Δ_{CR}."[47]

Die Argumentation verläuft folgendermaßen:[48] So wie

$$\Delta_{CR} = 365 N(H) + \Delta_H$$

für angenäherte Jahre gilt, ist entsprechend für *Sacred Rounds*

$$\Delta_{CR} = 260 N(SR) + \Delta_{SR}.$$

Dies ist äquivalent zu

$$\Delta_{SR} = \Delta_{CR} - 260 N(SR),$$

---
[46] Ebd., S. 18.
[47] Ebd., S. 20.
[48] Vgl. ebd., S. 20f.

oder, aufgrund der Modulooperation, zu

$$\Delta \text{SR} = \Delta \text{CR}, \text{ mod } 260.$$

Aus dieser und der ersten Gleichung folgt nun

$$\begin{aligned}\Delta \text{SR} &= 365\text{N}(\text{H}) + \Delta \text{H}, \text{ mod } 260 \\ &= 364\text{N}(\text{H}) + \text{N}(\text{H}) + \Delta \text{H}, \text{ mod } 260.^{49}\end{aligned}$$

Eine Umformung ergibt

$$\text{N}(\text{H}) = \Delta \text{SR} - 364\text{N}(\text{H}) - \Delta \text{H}, \text{ mod } 260,$$

und da N(H) per Definition modulo 52 ist (eine *Calendar Round* umfaßt gerade 52 angenäherte Jahre) und 364 sowie 260 ganzzahlige Vielfache von 52 sind, folgt

$$\begin{aligned}\text{N}(\text{H}) &= [\Delta \text{SR} - 364\text{N}(\text{H}) - \Delta \text{H}, \text{ mod } 260], \text{ mod } 52 \\ &= \Delta \text{SR} - \Delta \text{H}, \text{ mod } 52,\end{aligned}$$

und damit die gesuchte Beziehung für N(H).

Der Algorithmus II liefert ΔCR, das minimale Intervall zwischen zwei *Calendar Round*-Daten. Mit diesem läßt sich sehr leicht das größere Intervall über die Formel 18 980 (Länge einer *Calendar Round*) $-$ ΔCR gewinnen.

6.2.2 Daten des Long Count

Im *Long Count*-Positionssystem lassen sich die elementaren Rechenoperationen wie Addition und Subtraktion genauso durchführen wie im Vigesimalsystem. Man muß bei der Berechnung lediglich beachten, daß in der zweiten Stelle schon bei 18 ein Übertrag notwendig ist, also drei Balken und drei Punkte in der zweiten Position in einen Punkt der dritten umzuwandeln sind.

Doch kann man die Kalenderzahlen auch in vigesimale Zahlen umwandeln, das Ergebnis im Vigesimalsystem ermitteln, was sich insbesondere bei

---

[49] Man beachte hierbei die Aufsplittung in ein *Computing Year* von 364 Tagen (vgl. dazu auch unten) und den Rest von einem Tag.

Operationen wie der Multiplikation und der Division anbietet (da so zum Beispiel das Anhängen oder Entfernen einer Null am Ende der Zahl eine Multiplikation mit oder Division durch 20 bedeutet), und zum Schluß die Zahl wieder in die *Long Count*-Notierung zurückrechnen. Solche Operationen benötigen einfache Umrechnungsfaktoren für Punkt und Balken in den entsprechenden Positionen im Stellenwertsystem. Durch die Addition der im Einzelfall auftretenden, zu den jeweiligen Punkten und Balken der verschiedenen Stellen gehörenden 'Faktoren' ergibt sich ein gesamter Umrechnungsfaktor, der vom *Long Count*-Datum subtrahiert oder zur vigesimalen Zahl addiert wird, um das Pendant im anderen System zu erhalten. Zu einzelnen Umrechnungsfaktoren vergleiche man die Tabelle.[50]

Long Count-Notierung	Vigesimalsystem	Umrechnungsfaktor

---

[50] Vgl. Sánchez [390], S. 46f. Entsprechend der Notierung in Sánchez [390] seien die Nullzeichen hier durch einen nicht ausgefüllten Kreis ersetzt. Man beachte, daß die angegebenen Umrechnungsfaktoren auf der Umrechnungsformel $a.b.c.d.e.f$ (*Long Count*) $= 0.18a.18b.18c.(18d + e).f$ (Vigesimalsystem) beruhen.

Long Count-Notierung	Vigesimalsystem	Umrechnungsfaktor

usw.

Als letztes verbleibt, Rechenschritte vorzustellen, die *Calendar Round* und *Long Count* verbinden. Hauptsächliches Element dieser Berechnungen ist das *Computing Year* von 364 Tagen, von dem — zusammen mit Vielfachen von 91 — Tafeln im Dresdener Codex als einzige direkte Hinweise auf von den Maya entwickelte Rechenverfahren erhalten sind.[51]

> An examination of these tables reveals their purpose. They serve as an extremely quick and reliable method of calculating the positions of dates in the Long Count, and the Long Count values corresponding to given Calendar Round dates.[52]

---
[51] Zur Erläuterung der Tafeln siehe Thompson [481], S. 43–47.
[52] Ebd., S. 48.

6.2 BERECHNUNGEN VON KALENDERDATEN

Addiert man Einheiten von 364 × 20 zum *Long Count*-Datum hinzu, so verringert sich in der *Calendar Round* nur das Datum im angenäherten Jahr um einen Monat, da 364 × 20 ein ganzzahliges Vielfaches von 260 ist (womit das *Sacred Round*-Datum erhalten bleibt) und genau 20 Tage — also ein Monat — fehlen, um 20 volle angenäherte Jahre zu durchlaufen.[53]

Beispiel 1:

$$
\begin{array}{ll}
9.10.10.\ 0.\ 0 & \textit{13 Ahaw 18 K'ank'in} \\
\underline{1.\ 0.\ 4.\ 0} & \underline{+\ (364 \times 20)} \\
9.11.10.\ 4.\ 0 & \textit{13 Ahaw 18 Mak}
\end{array}
$$

Beispiel 2:

$$
\begin{array}{ll}
9.14.19.\ 5.\ 0 & \textit{4 Ahaw 18 Muwan} \\
\underline{3.\ 0.12.\ 0} & \underline{-\ (364 \times 20 \times 3)} \\
9.11.18.11.\ 0 & \textit{4 Ahaw 18 Kumk'u}
\end{array}
$$

Werden Vielfache von 364 addiert, so wird der Monatskoeffizient entsprechend häufig um eins verkleinert (da 364 = 365 − 1) und rückt der *Veintena*-Tag um jeweils vier vor (da 364 = 360 + 4 = 18 × 20 + 4), ohne daß sich der *Trecena*-Koeffizient ändert (da 364 ein ganzzahliges Vielfaches von 13 ist).[54]

Beispiel 3:

$$
\begin{array}{ll}
9.11.18.11.\ 0 & \textit{4 Ahaw 18 Kumk'u} \\
\underline{12.\ 2.\ 8} & \underline{+\ (364 \times 12)} \\
9.12.10.13.\ 8 & \textit{4 Lamat 6 Kumk'u}
\end{array}
$$

Lamat liegt $4 \times 12 = 48 \equiv 8 \pmod{20}$ Tage hinter *Ahaw*; *18 Kumk'u* wird um 12 Tage auf *6 Kumk'u* verringert.

---

[53] Vgl. ebd. Alle Beispiele sind ebenfalls aus Thompson [481] übernommen. Allerdings muß man stets auf den Ausnahmefall des nur 5-tägigen *Wayeb* achten, wodurch die Regeln nicht rein mechanisch angewandt werden können.

[54] Vgl. ebd., S.48.

Sicherlich sind noch weitere Vereinfachungen denkbar.[55] Dies wird hier jedoch nicht weiter vertieft; statt dessen soll aufgezeigt werden, daß mit solchen Methoden *Calendar Round*-Daten zu gegebenen *Long Count*-Daten berechnet werden können.[56]

Beispiel 4:

Man berechne das zu 9.16.12.5.17 gehörende *Calendar Round*-Datum. Dazu benötigt man ein Ausgangsdatum, dessen Zuordnung bekannt ist, zum Beispiel 9.10.10.0.0 *13 Ahaw 18 K'ank'in*.

SCHRITT 1:

$$
\begin{array}{ll}
9.10.10.\ 0.\ 0 & \textit{13 Ahaw 18 K'ank'in} \\
\underline{6.\ 1.\ 6.\ 0} & + (364 \times 20 \times 6) \\
9.16.11.\ 6.\ 0 & \textit{13 Ahaw 18 Mol}
\end{array}
$$

SCHRITT 2:

$$
\begin{array}{ll}
9.16.11.\ 6.\ 0 & \textit{13 Ahaw 18 Mol} \\
\underline{1.\ 0.\ 4} & + 364 \\
9.16.12.\ 6.\ 4 & \textit{13 K'an 17 Mol}
\end{array}
$$

Mit den beiden oben vorgestellten Rechenschritten gelangt man so in die Nähe des gesuchten Datums, allerdings sieben Tage zu weit. Diese werden in einem letzten Schritt subtrahiert und man erhält als gesuchtes Datum *6 Kaban 10 Mol*.

SCHRITT 3:

$$
\begin{array}{ll}
9.16.12.\ 6.\ 4 & \textit{13 K'an 17 Mol} \\
\underline{7} & -7 \\
9.16.12.\ 5.17 & \textit{6 Kaban 10 Mol}
\end{array}
$$

---

[55] Vgl. z. B. ebd., S. 48f.
[56] Vgl. ebd., S. 49ff.

6.2 BERECHNUNGEN VON KALENDERDATEN

Die umgekehrte Aufgabenstellung ist ein wenig aufwendiger: gegeben sei ein *Calendar Round*-Datum und gesucht sei ein diesem Datum entsprechendes *Long Count*-Datum in der Nähe eines ebenfalls vorgegebenen *k'atun*-Endes.[57]

Beispiel 5:
Gesucht sei die *Long Count*-Position von *8 Ok 13 Yax* in der Nachbarschaft von *k'atun* 14 (= 9.14.0.0.0). Als Basis wähle man das gleiche Datum wie in *Beispiel 4*, 9.10.10.0.0 *13 Ahaw 18 K'ank'in*.

SCHRITT 1:
Im ersten Schritt erreicht man von der Basis aus *8 Ok*. Dazu sucht man zuerst den zu *8 Ok 13 Yax* nächstgelegenen *Ahaw*-Tag, welcher in diesem Fall bei *5 Ahaw 3 Sak* zehn Tage später liegt. "To reach any day Ahau from 13 Ahau double the coefficient of the day Ahau to be reached (subtracting 13 if the number is greater) and add the corresponding number of uinals."[58] Die Verdoppelung des Koeffizienten und Addition der entsprechenden Anzahl von *winals* erzeugt Vielfache von 40, wobei der *Veintena*-Tag erhalten bleibt und sich der Koeffizient des *Trecena* um eins, also genau um die Hälfte der aufaddierten *winal*-Anzahl, erhöht ($40 = 39 + 1 = 13 \times 3 + 1$). Die gegebenenfalls vorher durchgeführte Subtraktion von 13 entspricht einer (mod 13)-Operation und ändert den *Trecena*-Koeffizienten nicht.

Im gegebenen Fall ist das Doppelte des gesuchten Koeffizienten die Zahl 10, also sind 10 *winals* zu addieren.

9.10.10. 0. 0	*13 Ahaw 18 K'ank'in*
10. 0	+ 10 *winals*
9.10.10.10. 0	*5 Ahaw 13 Xul*
10	− 10 *k'in*
9.10.10. 9.10	*8 Ok 3 Xul*

---

[57] Vgl. ebd., S. 52f.
[58] Ebd., S. 52. Im gegebenen Beispiel ist *13 Ahaw 18 K'ank'in* das *13 Ahaw*-Ausgangsdatum und *5 Ahaw* das zu erreichende *Ahaw*-Datum.

Da bei der Addition der 10 *winals* über *Wayeb* gegangen wird, reduziert sich der Monatskoeffizient des angenäherten Jahres von 18 auf 13, und *Wayeb* zählt dann nicht als Monat mit.

SCHRITT 2:
Der zweite Schritt führt zusammen mit dem dritten Schritt (vgl. unten) zu einem Datum *13 Yax, 8 Ok* bleibt erhalten. Hier wendet man einen der zu Anfang eingeführten Rechenschritte an (vergleiche *Beispiele 1, 2*). Da *13 Yax* viereinhalb Monate später als das momentane Datum des angenäherten Jahres von *3 Xul* liegt, subtrahiert man fünf (20 × 364)-Tage-Perioden und addiert damit im Datum fünf Monate.

$$
\begin{array}{ll}
9.10.10.\ 9.10 & 8\ Ok\ 3\ Xul \\
5.\ 1.\ 2.\ 0 & -\,(364 \times 20 \times 5) \\
\hline
9.\ 5.\ 9.\ 7.10 & 8\ Ok\ 3\ Sak
\end{array}
$$

SCHRITT 3:
Mit dem zweiten Schritt ist man einen halben Monat, also zehn Tage, über das gesuchte Datum hinausgelaufen. Diese zehn Tage werden im Datum subtrahiert, indem man gemäß dem vorgeführten Rechenschritt (vergleiche *Beispiel 3*) zehn *Computing Years* addiert.

$$
\begin{array}{ll}
9.\ 5.\ 9.\ 7.10 & 8\ Ok\ 3\ Sak \\
10.\ 2.\ 0 & +\,(364 \times 10) \\
\hline
9.\ 5.19.\ 9.10 & 8\ Ok\ 13\ Yax
\end{array}
$$

SCHRITT 4:
Im letzten Schritt wird das in der Rechnung erreichte *Calendar Round*-Datum in die Nähe des gesuchten Datums 9.14.0.0.0 gebracht. Dazu werden entsprechende Vielfache einer *Calendar Round* (= 18 980 Tage = 2.12.13.0) aufaddiert. Man sieht leicht, daß in diesem Beispiel das Dreifache zu addieren ist, womit man schließlich das gewünschte Endergebnis erhält:

6.2 BERECHNUNGEN VON KALENDERDATEN

$$\begin{array}{rl} 9.\ 5.19.\ 9.10 & 8\ Ok\ 13\ Yax \\ 7.18.\ 3.\ 0 & +\ 3\ Calendar\ Rounds \\ \hline 9.13.17.12.10 & 8\ Ok\ 13\ Yax \end{array}$$

Auch wenn unklar ist, ob die Maya die hier vorgestellten Algorithmen verwendeten oder andere Rechenverfahren kannten, drückt sich ihre Beschäftigung mit der Arithmetik in den erlangten Ergebnissen aus; und die Exaktheit, mit der sie diese erreichten, zeigt sich zum Beispiel in Kalkulationen weit in die Vergangenheit oder in die Zukunft, die sie fehlerfrei durchführten.[59]

Doch es tauchen gelegentlich Fehler auf, von denen einige sicherlich auf Schreibfehler zurückzuführen sind, andere aus fehlerhafter Berechnung resultiert haben mögen. Solche Fehler können zum Teil als Beleg für die tatsächliche Existenz und Verwendung von Recheneinheiten wie zum Beispiel dem *Computing Year* und seinem Zwanzigfachen bei den klassischen Maya dienen: "Occasionally an error leaves evidence, as in the one found by Lounsbury on the Palenque Tablet of the Cross involving twenty 'computing years'",[60] möglicherweise entstanden durch einen kleinen Fehler bei *Beispiel 1* oder *Beispiel 2* entsprechenden Kalkulationen. In einigen Fällen stellt sich jedoch die Frage, ob solche Fehler nicht zum Teil bewußt von den Schreibern eingebaut wurden, und so drängt sich aus heutiger Perspektive der Verdacht auf, "daß scheinbare Fehler kompetenter Schreiber den Leser in Wirklichkeit herausforderten, mit verschiedenen Möglichkeiten zu rechnen, in beiden Bedeutungen des Wortes."[61] Dadurch entstehende Interpretationsalternativen dienten vermutlich dazu, spielerisch über Zahlen und Daten Bezüge zu Mythologie und Religion herzustellen.

---

[59] Hier wäre beispielsweise die Berechnung von Pakals Thronjubiläum zu nennen, das auf den 23. Oktober 4772 fällt. (Vgl. Kapitel 5.1.4.)
[60] MacLeod [317], S. 112.
[61] Nahm [348], S. 2. Ein faszinierendes Beispiel dazu wird dort ebenfalls ausführlich diskutiert.

# Kapitel 7

Astronomie

> "Um nachts zu wissen, wie spät es war, richteten sie sich nach dem Abendstern, dem Siebengestirn und den Zwillingen, tagsüber nach der Sonne im Mittag, und von diesem Punkt aus hatten sie nach Osten und Westen hin die einzelnen Teile mit Namen belegt; mit ihnen fanden sie sich zurecht, und daran hielten sie sich bei ihren Arbeiten." (Landa, Diego de [272], S. 82.)

Bereits deutlich geworden sein dürfte, welchen Stellenwert Zyklen für die Maya besaßen. Daher erstaunt es nicht, daß diese Kultur sich insbesondere auch mit allen periodischen Himmelsphänomenen beschäftigte, denen durch ihre stetige Wiederkehr eine gewisse Unendlichkeit innewohnt. "The cyclic movement of the sun, moon, planets, and stars represents a kind of perfection unattainable by mortals."[1] Ob die Beobachtung des Himmels Ausgangspunkt des zyklischen Denkens der Maya war oder dieses lediglich bestätigte, kann an dieser Stelle nicht weiter diskutiert werden, am wahrscheinlichsten ist gleichwohl eine gegenseitige Beeinflussung der beiden Faktoren. Wichtig erscheint, daß die Bewegungen der Himmelskörper in jedem Bereich der Maya-Kultur Beachtung fanden[2] und besonders in die Religion

---

[1] Aveni [34], S. 3.
[2] "Like most native American cosmologies, theirs was built around people and their

mit ihren Mythen und die Astrologie eingebunden waren.³ Daß die Astronomie einen wichtigen Platz einnahm, erkennt man etwa an einer Abbildung im Madrider Codex (Abbildung 7.1), die einen Astronomen bei der Himmelsbeobachtung zeigt, wobei er die Sterne mit seinem sich verlängernden, 'ausgestreckten' Auge geradezu aus dem Himmel zu reißen scheint.⁴

Abbildung 7.1: Astronom im Madrider Codex, Blatt *34*. (Villacorta/Villacorta [506], S. 292.)

Bei der Beschäftigung mit der Astronomie der Maya muß stets beachtet werden, unter welchen Bedingungen diese Kultur zu ihren astronomischen Erkenntnissen gelangte, und dies sowohl im Hinblick auf den kulturellen Kontext,⁵ in welchem sie errungen wurden, als auch mit Blick auf die natürlichen Gegebenheiten und die technischen Voraussetzungen. Die Forschung auf diesem Gebiet wird heute in drei etablierten Bereichen vorwärtsgetrieben, die mit je unterschiedlichem Datenmaterial arbeiten: der Astroarchäologie, der Geschichte der Astronomie und der Ethnoastrono-

---

needs. Like its surviving remnant today, it was a conservative traditional cosmology, one that sought to link every aspect of human affairs with the course of celestial events." (Aveni [17], S. 2.)

³ Vgl. Kapitel 7.4.
⁴ Vgl. Aveni [34], S. 13.
⁵ Vgl. Aveni [19], S. 459f.: "The modern scientist who wishes to enter it [die Maya-Astronomie, A.S.] must pay detailed attention to astrology, ritual, religion, myth — the very elements that have been removed from our own practice of astronomy. [...] By looking only at the celestial aspects of an ancient artifact that interests us, we may fail to see what that artifact meant to the people who used it."

EINFÜHRUNG

mie. Als weiterer, umfassenderer Forschungsbereich ist die Archäoastronomie zu nennen, in der die Einzelergebnisse der drei genannten Disziplinen verschmelzen und so die Voraussetzungen für die Gewinnung eines einheitlichen Bildes geschaffen werden.[6]

Im folgenden sollen eine Reihe von Fragen im Mittelpunkt stehen, insbesondere, welche signifikanten astronomischen Ereignisse von den Maya beobachtet wurden, welche Vorgehensweisen zu einer Bestimmung von Ort und Zeit des Auftretens solcher Phänomene die Maya kannten und bis zu welchem Grad an Genauigkeit die Beobachtung möglich war.[7]

> How, as the inscriptions suggest, did the Maya predict eclipses and how did they determine the length of the Venus year and the lunar month to accuracies of less than a day in several centuries? What sort of observations were required and what was the modus operandi?[8]

Für die heutige Forschung ist es außerdem wichtig zu wissen, inwiefern sich landschaftliche und astronomische Gegebenheiten im Laufe der Jahrhunderte geändert haben. Allerdings können alle diese Fragen hier nicht befriedigend beantwortet werden, da die mayaische Quellenlage eher mangelhaft ist, dokumentiert sie doch in einigen Punkten lediglich die nur bruchstückhaft erhaltenen Ergebnisse der astronomischen Betätigung und läßt an anderen Stellen nur Spekulationen und Vermutungen zu, ohne Wege und Mittel darzustellen. Daher werden vorwiegend ethnographische Informationen zugrunde gelegt, ergänzt um Auskünfte und Verhaltensweisen der kolonialzeitlichen oder heutigen Maya-Nachfahren, den Indígenas,[9] deren Aussagekraft und Verläßlichkeit jedoch stets kritisch zu hinterfragen sind. Dennoch werden sie in vielen Bereichen hilfreich sein. "The fragmentary data suggest that many groups retain native constellations and names for the bright stars, and this is an area which sorely needs further research."[10]

---

[6] Vgl. Aveni [16], S. 1f.
[7] Vgl. Aveni [34], S. 7.
[8] Ebd., S. 8.
[9] Material dazu findet man z. B. in Fernández Valbuena [165], Lamb [268] und [271], Milbrath [335], Remington [364], Thompson [490], S. 164 (speziell zu Finsternissen), sowie Vogt [509] und [510].
[10] Coe [131], S. 5.

Die Objekte und Themen, denen sich die Maya widmeten, waren Sonne und Mond, die mit dem Auge sichtbaren Planeten, allen voran Venus, und die Bewegungen des Fixsternhimmels mit seinen Sternbildern. Neben der Beobachtung dieser weitgehend regelmäßig wiederkehrenden Gestirne interessierten sich die Maya ebenso für unerwartetere Ereignisse, welche sie vermutlich als schlechte Omen deuteten, wie zum Beispiel das Erscheinen von Kometen[11] oder das Auftreten von Finsternissen.[12]

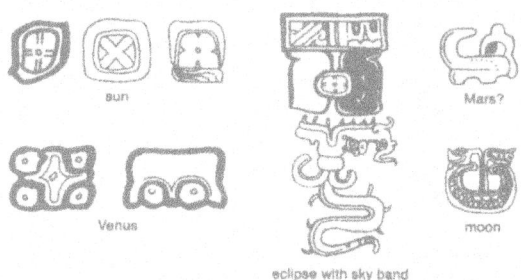

Abbildung 7.2: Astronomische Glyphen. (Aveni [34], S. 174.)

Für das Maya-Gebiet lassen sich Observatorien archäologisch nachweisen, auf die allerdings nicht ausführlich eingegangen wird. Genausowenig kann die Diskussion um Gebäudeausrichtungen nach astronomischen Ge-

---

[11] Da nur ausgesprochen wenig über die Beobachtung von Kometen speziell bei den Maya bekannt ist, werden diese hier nicht gesondert behandelt. Nach heutigem Forschungsstand wurden Kometenerscheinungen so gut wie nicht in den Inschriften festgehalten: "One interesting combination at Tikal (St.5, B11) shows 'star' preceded by a man's head apparently with a tubular pipe in his mouth. This irresistibly suggests Yucatec *budz ek*, 'smoking star', a name for a comet. A check [...] shows no recorded comet for this general time period in any correlation [...]. The combination does not recur in any other known inscription." (Kelley/Kerr [246], S. 185, vgl. auch Köhler [252], S. 289.) Im *Annuaire pour l'an 1950* des Bureau des Longitudes werden allerdings 750 mit bloßem Auge sichtbare Kometen aufgeführt, die zwischen der Präklassik und der Eroberung Mesoamerikas auftraten (zitiert nach Aveni [34], S. 96), so daß mit hoher Wahrscheinlichkeit viele dieser Schweifsterne die Aufmerksamkeit der Maya auf sich zogen.

[12] Vgl. Aveni [34], S. 44, über Ängste der heutigen K'iche' und Kaqchikel: "Among the astronomical phenomena feared most were the prophetic eclipses." Vgl. auch die verschiedenen ethnohistorischen Daten in Closs [116] und Remington [364] (hier S. 79).

sichtspunkten hier nachgezeichnet werden.[13] Über Instrumente und Beobachtungsmethoden kann man nur Vermutungen anstellen, die sich zum Teil auf Vergleiche mit anderen mesoamerikanischen Kulturen stützen. Da es vermutlich keine vergrößernden Instrumente wie Linsen und Fernrohre gab, waren den Maya-Astronomen zwangsläufig bestimmte Beobachtungen nicht möglich. Umso höher jedoch sind die Ergebnisse zu bewerten, die sie mit einfacheren Hilfsmitteln erzielten. Auch sind keine Anhaltspunkte für den Gebrauch von mechanischen oder anderen nicht auf dem Sonnenverlauf beruhenden Zeitmessern bekannt, mit denen das Problem der zeitlichen Einteilung der Nacht hätte gelöst werden können.

Man vermutet, daß die Maya Stelen verwendeten, um die Position eines Objektes in der Nähe des Horizonts, des fundamentalen Referenzkreises der Maya-Astronomie,[14] an einem bestimmten Datum ausmachen zu können, bzw. daß sie ein Datum durch den Aufgang der Sonne an einem bestimmten Punkt feststellten, welchen man mit Stelen identifizierte. In anderen mesoamerikanischen Codices ist ein ähnliches Hilfsmittel verzeichnet,[15] dessen Verwendung auch den Maya bekannt gewesen sein dürfte:

> Using a pair of notched-sticks, one as a foresight and the other as a backsight, an observer can determine the position of an object near the horizon with great accuracy [...]. The sticks could be set in fixed locations to record the position of an astronomical body. When the body returned to its position between the notches, the astronomer could determine the length of its cycle. Perhaps a prominent feature in the landscape functioned as a natural foresight.[16]

---

[13] "Astronomical orientations have also been discovered in the Maya area of the peninsula of Yucatán. The so-called Group E structures at Uaxactún, Guatemala, represent the prototype of a series of sun watcher's stations found in that region. The Caracol at Chichén Itzá in Yucatán, an observatory in the shape of a round tower, contains horizontal sight tubes directed to positions of astronomical significance." (Aveni [34], S. 5.) Vgl. des weiteren die Diskussionen in Aveni [17], [23], [24], [31] und [34], S. 218–317, Aveni/Gibbs/Hartung [39], Aveni/Hartung [40] – [45], Coggins/Drucker [137], Fuson [183], Hartung [216] – [218], Hartung/Aveni [220], Krupp [260], S. 52–58 und S. 298f., Malmström [319], Milbrath [336], Ricketson [366], Shawcross [425] und Tichy [498].
[14] Vgl. Aveni [35], S. 161ff.
[15] Vgl. Aveni [34], S. 18.
[16] Ebd. Vgl. auch Aveni [30], S. 65f.

Diese Hilfsmittel weisen darauf hin, daß Auf- und Untergänge der Himmelskörper für die Maya ein besonderes Gewicht besaßen;[17] ebenfalls vereinfachten sie die Bestimmung der Länge der jeweiligen Zyklen und ermöglichten eine recht genaue Festlegung der Umlaufzeiten. Des weiteren ist anzunehmen, daß die Maya einen Gnomon benutzten, einen senkrecht in die Erde getriebenen Stab, mit dem man leicht den höchsten Sonnenstand und die Zenitdurchgänge der Sonne bestimmen kann, welche auftreten, wenn der Schatten am Gnomon am kürzesten bzw. nicht mehr vorhanden ist. Digby glaubt sogar an die Existenz eines Instruments, das aus zwei gekreuzten, auf einen kreisförmigen Untergrund montierten Trapezen bestand, die man ähnlich der klassischen Sonnenuhr zur Sonnenbeobachtung benutzen konnte.[18] Er folgert dies aus zwei mesoamerikanischen Jahresglyphen, deren Ähnlichkeit zu einem solchen Instrument unbestreitbar wäre. Allerdings gilt diese Überlegung primär nicht den Maya, und selbst in Bezug auf die Kultur, der diese Jahresglyphen zuzuordnen sind,[19] bleibt sie Spekulation: "While the similarity between the year glyph and Digby's three-dimensional device is undeniable, there is little supporting evidence that such an instrument was actually employed to measure the time of day or year (though the one he has constructed certainly works)."[20]

Wesentlich ist auch die Frage, wie genau die Maya ihre Observationen durchführen konnten. Gerade bei Beobachtungen in Horizontnähe tauchen Probleme aufgrund der auftretenden Lichtbrechung und -absorption durch die Erdatmosphäre und der Abweichung der Landschaftssilhouette vom astronomischen Horizont auf.[21] Während letzteres für die Maya bei Beobachtungen am gleichen Ort weitgehend konstant geblieben sein dürfte, unterlagen auch ihre Ergebnisse den durch die Atmosphäre verursachten Schwankungen, welche zu Ungenauigkeiten bei noch so exakten Methoden führen konnten.

---

[17] Vgl. ebd.
[18] Vgl. Digby [147].
[19] Gefunden wurden sie im (späteren) Aztekengebiet in Tenango und Xochicalco. (Vgl. ebd., S. 271.)
[20] Aveni [34], S. 20.
[21] Vgl. ebd., S. 101.

EINFÜHRUNG 161

Für die Forschung bestehen aber nicht nur die bisher genannten Probleme, die sie in ihre Überprüfung der Maya-Ergebnisse mit einbeziehen muß, sondern zusätzlich weitere wie jenes, daß sich astronomische Verhältnisse im Laufe der Zeit ändern und zum Beispiel die Himmelspole und der Himmelsäquator zwischen den Fixsternen hin und her wandern.[22] Nicht unterschätzen darf man auch Festlegungsprobleme, die sich auf den Zeitpunkt des Auftretens astronomischer Ereignisse beziehen:

> Uncertainty over the beginning of the ritual day in Mesoamerica clearly creates problems for historians of astronomy. It complicates association between ritual calendar dates and specific astronomical events. A solar eclipse occurring on one ritual date in a chumayel-like calendar would occur on the immediately preceding date in a calendar of the Ixil type.[23]

Abgesehen von den Fragen, ob der Kalender bei allen Maya-Völkern konsistent verwendet wurde und wie er mit dem Gregorianischen korreliert,[24] ist für die Forschung damit das scheinbar unwichtige Faktum des Tagesbeginns (bei Abenddämmerung, an Mitternacht, bei Sonnenaufgang oder mittags) relevant, da es erhebliche Auswirkungen auf die Notation astronomischer Vorkommnisse gehabt haben dürfte.

Aufgrund der genannten Umstände sollte man sowohl den Beobachtungsergebnissen der Maya als auch der Maya-Forschung eine gewisse Tole-

---

[22] Vgl. ebd. Hierbei ist in erster Linie die *Präzession* zu berücksichtigen, die "besagt, daß die Erdachse auf einem Kegel (Präzessionskegel) von ca. $2 \times 23{,}5°$ Öffnung in gegenläufiger Richtung zur Erddrehung in ca. 25 800 Jahren (*Platonisches Jahr*) einmal umläuft. Gemäß der Kreiseltheorie wird eine derartige Präzessionsbewegung durch Drehmomente hervorgerufen. Im Falle der Erde handelt es sich um Momente, welche die Gravitationskräfte von Sonne und Mond auf den nicht exakt kugelförmigen Erdkörper ausüben". (Giese [189], S. 33.) Eine zusätzliche Rolle bei der Präzession spielt die durch Planeten herbeigeführte Störung.
[23] Gibbs [187], S. 23. Heute ist man sich — obwohl es keine direkten Hinweise in den präkolumbianischen Quellen gibt — darüber einig, daß der rituelle Tag in der Klassik mit dem Sonnenaufgang begann (vgl. ebd. oder z. B. Thompson [488], S. 174), während der Tagesbeginn des angenäherten Jahres von einigen Forschern (wie z. B. Thompson) auf den Sonnenuntergang gelegt wurde. (Vgl. Gibbs [187], S. 24.) Man beachte insbesondere auch die hier angesprochenen regional auftretenden Unterschiede.
[24] Daß dies durchaus noch Diskussionspunkte liefert, wird in Exkurs A deutlich, hier jedoch soll von der GMT-Korrelation (vgl. Exkurs A) ausgegangen und diese als die korrekte betrachtet werden.

ranz zugestehen. Nicht vermeidbar sind Abstraktionen und Idealisierungen bei dem folgenden ausschnitthaften Blick auf die astronomischen Kenntnisse der Maya.[25]

7.1 Sonne und Mond

> The ancients followed the sun god whereever he went, marking his appearance and disappearance with great care. His return to a certain place on the horizon told them when to plant the crops, when the river would overflow its banks, or when the monsoon season would arrive. The planning and harvesting of crops could be regulated by celestial events.[26]

Der rhythmische Auf- und Untergang der Sonne, welche mit der Zeiteinheit Tag identifiziert wurde (in den meisten Maya-Sprachen bedeutet das Wort für 'Sonne', *k'in*, gleichzeitig 'Tag'), ermöglichte den Maya, auf einfache Art einen Jahreskalender einzuführen. "The cyclic motion, like that of a pendulum, is perfectly repetitive; furthermore, it is attuned to the seasons."[27] Da die Sonne nach exakt einem Jahr wieder an der gleichen Stelle auf- bzw. untergeht, war der Horizont hervorragend als Eichgerät verwendbar, wobei Gipfel, Täler oder andere landschaftliche Punkte als Orientierungsmesser fungierten.

Bestimmte Punkte, die die Sonne im Laufe des Jahres erreichte, wurden mit besonderer Genauigkeit verfolgt, etwa die Tagundnachtgleiche und

---

[25] Für weiterführende Diskussionen vgl. neben der zitierten Literatur zu den verschiedenen Themen Andrews, E. [7], Aveni [20], [22], [23], [25] und [27], Baity [52] und [53], Barthel [55] und [56], Berlin [63] und [66], Beyer [72], Bowditch [76], Bricker, V./Bricker, H. [87], [88] und [90], Broda [95], [96] und [98], Carlson [106] und [108], Closs [124], Coggins [135], Collea [138], Dieseldorff [146], Dütting [151] und [152], Fialko [166], Förstemann [173] und [174], Hatch [221], Kelley [240] und [244], Koenig [253], Krupp [262] und [263], Lamb [269] und [270], Lounsbury [297], Martínez Hernández [328], Paxton [355], Remington [365], Rodríguez [380], Roys [386], Satterthwaite [394] und [397], S. 619–626, Smiley [426] – [429] und [431], Sosa [434] und [435], Sotelo Santos [436], Soustelle [437], Spinden [438], [439] und [443], Tate [454], Tedlock, B. [461], Thompson [492], Tichy [496] und Trejo [502].
[26] Aveni [34], S. 3.
[27] Ebd., S. 62.

7.1 SONNE UND MOND

die Sonnenwende,[28] aber auch die Zenitdurchgänge fanden Beachtung. Allerdings kann die Forschung hierbei nicht auf präkolumbianische Quellen zurückgreifen,[29] sondern ist wiederum auf ethnoastronomische Belege angewiesen. So bestimmen die Chorti' den ersten Zenitdurchgang der Sonne im Verlauf des Sonnenjahres an der Position des Oriongürtels, des Südkreuzes und der Pleiaden am vorangehenden Nachthimmel. "The summer solstice is marked on 21 June, 52 days following zenith passage. After another 52 days occurs the second passage of the sun through the zenith, heading south toward the equinox."[30] Alle diese Ereignisse werden mit großen Festen gefeiert, einschließlich der Wintersonnenwende, für die angegeben wird, daß die Pleiaden und die Gürtelsterne des Orion bei Sonnenuntergang aufgehen und bei Morgendämmerung wieder verschwinden.[31]

Wahrscheinlich wurden die Sterne nicht nur, wie bei den Chorti', zur Bestimmung wichtiger Sonnenpunkte verwendet, sondern es nahm umgekehrt die Sonne eine Stellung als Bezugspunkt für Sterne und Sternbilder ein, ein Verfahren, das bis heute von den Maya-Nachfahren gehandhabt wird: "A star's position is given by the hour at which it is in a certain place and by its position in front of (rising before) or behind (rising after) the sun."[32]

Der Mond wurde bereits kurz behandelt,[33] wie die Anzahl der durchlaufenen Mondperioden in Mondgruppierungen von 5 oder 6 Umläufen, die

---

[28] "We know that the solstice and equinox horizon points undoubtedly functioned in the establishment of a seasonal calendar." (Aveni [34], S. 65.) Der Begriff *Tagundnachtgleiche (Äquinoktium)* bezeichnet die zwei Zeitpunkte des Jahres, an denen die Sonne auf ihrer scheinbaren Bahn den Himmelsäquator (also die Projektion des Erdäquators auf die gedachte Himmelskugel) schneidet und so für alle Orte auf der Erde Tag und Nacht gleich lang sind. Die Tagundnachtgleichen markieren den Frühlings- bzw. Herbstanfang. *Sonnenwende (Solstitium)* nennt man die zwei Zeitpunkte, an denen die Sonne auf ihrer Bahn die größte bzw. kleinste Deklination hat, d. h. die größte bzw. kleinste Höhe über dem Horizont. Diese Zeitpunkte entsprechen dem Sommer- bzw. Winteranfang.

[29] "In fact, I have not been able to discover any other references to the solstices and equinoxes in the early data, whether archaeological or ethnohistorical, although these would have been easy to calculate using instruments as simple as a gnomon, sighting sticks, and horizon landmarks. I have no doubt, however, that they were important." (Coe [131], S. 13.)

[30] Ebd.
[31] Vgl. ebd.
[32] Remington [364], S. 80.
[33] Vgl. Kapitel 5.1.6 und 5.2.

Länge eines synodischen Umlaufs von 29 oder 30 Tagen und das Alter des Mondes innerhalb des Mondzyklus.[34] Ein voller synodischer Umlauf des Mondes ist ohne besondere Instrumente bestimmbar, da er mit einem Durchlauf der Phasen identisch ist und ein Umlauf so genau dem Zeitraum etwa zwischen Neumond und Neumond entspricht.[35] Allerdings besteht ein anderes Problem, das bei der Bestimmung der synodischen Umlaufzeit über einen längeren Zeitraum auftritt:

> The problem is that the moon's orbit is elliptical, as is the earth's; this means that it travels at different speeds at different times of the year. Lacking gravitational theory, the ancients could never satisfactorily account for the variation in the length of the synodic month, which can be as short as 29.26 days, or as long as 29.80 days.[36]

Daher betrachtet man heute im allgemeinen den Mittelwert der synodischen Umlaufzeit von 29,530588 Tagen. Da die Maya ganztägig rechneten, gaben sie eine Mondperiode wie geschildert mit 29 oder 30 Tagen an, eine Annäherung an den Mittelwert konnte lediglich über einen längeren Zeitraum erreicht werden,[37] etwa über die Gleichsetzung von mehreren Mondperioden mit einer bestimmten Anzahl von Tagen, wie in der Palenque-Mondformel (81 Mondperioden = 2 392 Tage),[38] welche durch eine entsprechend modifizierte Reihung der sich normalerweise abwechselnden Mondmonate von 29 oder 30 Tagen zustande kam, wobei zwei aufeinanderfolgende 30-Tage-

---

[34] Jedoch ist sich die Forschung nicht einig, ab welchem Zeitpunkt das Alter gezählt wurde: "We are not exactly sure how the Maya reckoned the age of the moon. Spinden once advanced the idea that they counted the days of a lunation from full moon, but Thompson [...] has effectively disposed of this idea. Although Landa's testimony states that the count was from first appearance after conjunction, Thompson feels that linguistic evidence indicates that disappearance or conjunction (astronomical 'new moon') were the more likely starting points." (Coe [131], S. 18.) Rohark verbindet die Auffassungen Landas und Thompsons: "Die Zählung des Mondalters begann oft mit dem ersten Erscheinen der Mondsichel nach Neumond. Im Laufe der Zeit versuchten die Maya ein Mondalter anzugeben, das der Zählung ab exaktem Neumond entspricht." (Rohark [384], S. 82.)
[35] Schwierig jedoch ist, z. B. die Konjunktionsstellung des Mondes (Neumond) oder den Zeitpunkt des Vollmonds exakt bestimmen zu können.
[36] Coe [131], S. 16.
[37] "Nonetheless, the Maya kept a very close account of synodic lunations over a very long period of time, beginning at least as early as A.D. 300." (Ebd.)
[38] Vgl. dazu auch Kapitel 7.1.2.

7.1 SONNE UND MOND

Mondmonate eine Korrektur von einem halben, drei eine Korrektur von einem ganzen Tag bedeuteten:[39]

> The optimum arrangement is one that provides for two 17-month groups followed by one 15-month group [2(17) + 1(15)], each group beginning and ending with a 30-day month, with the alternation thus being broken at the junctures of the groups where two 30-day months come in immediate succession. The resulting ratio is one of 49 lunar months to 1,447 days [(26×30)+(23×29)], which is equivalent to a mean lunation of 29.530612 days. There are other arrangements with other ratios that are workable, but none as good as this for relatively short-term determinations. It is not known how many Maya solutions there were to this problem.[40]

Zuletzt sei kurz auf ein noch sehr kontrovers diskutiertes Thema aufmerksam gemacht: die durchschnittliche siderische Umlaufzeit des Mondes.[41] Coe sagt dazu: "Parenthetically, neither on the monuments nor in the codices is there any indication that the Maya reckoned the sidereal period of the moon, which averages 27.32 days."[42] Dütting/Schramm jedoch sind der Überzeugung, in ihren Untersuchungen die siderische Umlaufzeit des Mondes als den Maya bekannt nachweisen zu können, approximiert durch 82 Tage, die etwa drei siderischen Mondumläufen entsprechen (auf fünf Stellen genau sind dies 81,96498 Tage).[43]

---

[39] Vgl. Lounsbury [295], S. 800, und Justeson [236], S. 85–91.

[40] Lounsbury [295], S. 775. Daß diese Methode bzw. ein solches theoretisches Schema von den Maya verwendet wurde, ist belegt durch eine Projektion zurück in die mythologische Zeit in Palenque, die aufgrund der Betrachtung über 3000 Jahre hinweg rein kalkulatorischer Natur gewesen sein muß. Dort werden Daten im Abstand von 14 Tagen notiert, mit den Zuweisungen 4 und 5 im Mondhalbjahr von 6 Mondumläufen (Glyphe C) sowie den Mondaltern von 26 und 10 Tagen. Beide Daten liegen in 30-Tage-Mondperioden (Glyphe A), so daß hier aufeinanderfolgende 30-Tage-Perioden verzeichnet sind. (Vgl. ebd., S. 776.)

[41] Beim Erdtrabanten wird — genau wie bei den Planeten — zwischen *siderischer* und *synodischer* Umlaufzeit unterschieden: "Während die siderische Umlaufzeit T die Umlaufperiode eines Planeten bezüglich eines festen Koordinatensystems (Fixsternhintergrund), also die wirkliche Umlaufzeit um die Sonne angibt, bezeichnet die synodische Umlaufzeit T' den Zeitraum, in dem sich aufeinanderfolgend gleichartige Stellungen (z. B. Konjunktionen) des Planeten bezüglich der ebenfalls um die Sonne laufenden Erde wiederholen." (Giese [189], S. 42.)

[42] Coe [131], S. 17. Ein genauerer Wert ist 27,32166 Tage. (Vgl. Dütting/Schramm [153], S. 139.)

[43] Vgl. ebd.

> This distance is mirrored by a similar number of triples between birth and inauguration of Pacal's mythical ancestress in the distant past. The initial dates of El Peru Stela 34 (separated by 82^d) are linked with Pacal's dates and with the Katun ending 9.12.0.0.0 again by full triples of sidereal months. These and many more examples suggest that the encountered multiples of lunar periods are not the result of mere chance.[44]

Weitere Untersuchungen müssen bereits bei der Frage der Identifizierung siderischer Umlaufzeiten durch die Maya ansetzen. Sicherlich ist es am einfachsten, die Existenz des siderischen Umlaufs beim Mond und nicht bei den Planeten zu erkennen, da dieser um die Erde kreist. Obwohl man zwar den (nach heutigen Maßstäben) nicht naturwissenschaftlichen und insbesondere nicht-orbitalen Zugang der Maya zur Astronomie nicht vergessen darf, erscheint es dennoch als naheliegend, ihnen zuzubilligen, daß sie den Bewegungen des Mondes (und entsprechend der Planeten) gegenüber dem Fixsternhimmel Aufmerksamkeit schenkten und interessiert daran waren, in welchem Sternbild sich der Mond an bestimmten wichtigen Zeitpunkten befand. Allerdings können weder die Frage nach der mayaischen Kenntnis siderischer Umlaufzeiten noch das Problem, ob die zum Beispiel in Dütting/Schramm [153] aufgeführten Belege als ausreichend zu werten sind, hier geklärt bzw. ausführlich erörtert werden. Für eine weitere Diskussion vgl. man die genannten Artikel, Barthel [55], S. 49–52, und [56], Tedlock, B. [460] und [462], S. 34ff., und Thompson [482], S. 96f.

7.1.1 Berechnungen des tropischen Jahres

Bei der Betrachtung des Kalendersystems[45] wurde deutlich, daß die Maya keinen Kalender besaßen, der mit dem Sonnenjahr bzw. tropischen Jahr[46] übereinstimmte oder immer wieder mit dem Sonnenjahr durch Korrekturen weitgehend in Einklang gebracht wurde. Selbst das angenäherte Jahr

---

[44] Ebd. (Das hochgestellte d steht für 'days').
[45] Vgl. Kapitel 5.1.
[46] Aveni definiert das tropische Jahr entsprechend als "period of revolution of the earth about the sun [...] with respect to the vernal equinox; 365.24220 days." (Aveni [34], S. 100.)

von 365 Tagen lief dem Sonnenjahr in jedem Durchgang um etwa einen Vierteltag voraus. "It seems fair to presume that the Maya measured the backward slip of their uncorrected 365-day year in the true solar year, and with considerable accuracy."[47] Diese Abweichungsberechnungen führten sie vielleicht mit Hilfe von Mondperioden durch, wie man an Berechnungen aus Copán und Palenque zu erkennen glaubte.[48] Ein möglicher Weg wäre, Mondperioden mit ganzzahligen Vielfachen der Sonnenjahreslänge in Bezug zu setzen:

> A possible solution comes from the reading of dates on the stelae at Copán as well as in the Dresden Codex. In a few places we find Long Count dates separated by 19.5.0, or 6,940 days. Nineteen tropical years by modern computation equals 6,939.6 days. More importantly, it also equals 235 lunations.[49]

Diese Approximierbarkeit von 19 tropischen Jahren mit 235 Mondumläufen bzw. (ein wenig ungenauer) mit 6 940 Tagen ist als der 'Metonische Zyklus' bekannt, "the oldest real cycle we know connecting the moon and the solar year and known to Babylonia and western Asia for centuries before Meton gave his name to it in 433 B.C."[50]

Es sei hier nun das Standardbeispiel, die Stele A von Copán, ausführlicher diskutiert. Auf dieser Stele sind (in einem längeren Text) drei Daten notiert: (a) 9.14.19.8.0 *12 Ahaw 18 Kumk'u*, (b) 9.15.0.0.0 *4 Ahaw 13 Yax* und (c) 9.14.19.5.0 *4 Ahaw 18 Muwan*.[51] Ohne Zweifel ist (b) das wichtigste Datum in dieser Reihe, da es ein *k'atun*-Ende markiert. (c) liegt 19.5.0 Tage hinter dem Ende des vorhergehenden *k'atun* 14 und damit einen Metonischen Zyklus (also 6 940 Tage oder etwa 235 Mondumläufe) oder "19 years from Katun 14 as near as may be approximated in whole numbers."[52] Dies

---

[47] Satterthwaite [392], S. 620.
[48] Aveni dagegen ist überzeugt, daß die Berechnungen nicht nur auf astronomische Phänomene zurückgriffen, sondern möglicherweise auch auf Kommensurabilitäten mit Kalenderzyklen. Allerdings führt er dies nicht weiter aus und betont den spekulativen Charakter seiner Überlegungen. (Anthony F. Aveni, persönliche Mitteilung.)
[49] Aveni [34], S. 170.
[50] Teeple [466], S. 71. Vgl. zum Metonischen Zyklus auch Krupp [259], S. 153f.
[51] Vgl. Aveni [34], S. 171.
[52] Teeple [466], S. 71.

könnte darauf hinweisen, daß Mondberechnungen verwendet wurden, da die 6940 Tage des Metonischen Zyklus auftreten.[53] Interessanter ist jedoch (a), welches 9.15.0.0.0 − 9.14.19.8.0 = 10.0 und damit 10 × 20 = 200 Tage vor dem Ende des *k'atun* 15 liegt.

> Now, the advance of the tropical year of 365.2422 days over the vague year of 365 days turns out to be precisely 200 days measured from the zero date to 9.15.0.0.0. Apparently, the Maya wanted to know how much the true year slipped ahead of their vague year.[54]

Ein möglicher Weg, die Korrekturrechnung durchzuführen, ist der folgende, jedoch muß an dieser Stelle wiederum betont werden, daß keine Algorithmen bzw. Rechenwege der Maya überliefert sind, so daß auch dies eine Spekulation der Forschung ist: Der Nullpunkt im *Long Count*-System wird als Ausgangspunkt oder Fixpunkt im Sonnenjahr betrachtet. Für diese feste Sonnenjahrsposition ist das Datum im angenäherten Jahr von 365 Tagen bekannt, nämlich *8 Kumk'u*. Ist ein Datum gegeben, für das man die seit dem Nullpunkt auftretende Verschiebung zum Sonnenjahr berechnen will, so ist aufgrund des *Long Count*-Datums die exakte Anzahl der seit dem Nullpunkt vergangenen Tage bekannt.

1) Überlegt wird zunächst, wie viele ganze Sonnenjahre seit dem Nulldatum vergangen sind, womit sich eine ganztägige Verschiebung im Sonnenjahr mit den folgenden Schritten bestimmen läßt.[55]

2) Der Anteil der ganzzahligen Vielfachen von 19 an den vergangenen Sonnenjahren wird mit Hilfe des Metonischen Zyklus durch Mondperioden ausgedrückt (19 Sonnenjahre entsprechen 235 Mondperioden).

3) Die Anzahl der Mondumläufe wird anhand einer Formel (wie zum Beispiel der Copán-Mondformel, die besagt, daß 149 Monde gleich 4400 Tagen

---

[53] Man beachte des weiteren, daß die Differenz zwischen (c) und dem *k'atun*-Ende in (b) 13 × 20 = 260 Tage und damit genau eine *Sacred Round* beträgt.
[54] Aveni [34], S. 171.
[55] Die restlichen Tage, die das Datum mehr angibt als ganze Jahre, werden vernachlässigt, da innerhalb eines Jahres ein Fehler zwischen dem angenäherten Jahr und dem Sonnenjahr von weniger als einem Vierteltag auftritt und die Maya anscheinend nur an ganztägigen Abweichungen interessiert waren.

7.1.1 BERECHNUNGEN DES TROPISCHEN JAHRES

sind) in Tage umgerechet,[56] so daß man eine Tagesanzahl erhält, die den seit 13.0.0.0.0 vergangenen ganzzahligen Vielfachen von 19 Sonnenjahren entspricht.

4) Die Anzahl der restlichen Sonnenjahre — in Tage umgerechnet — wird aufaddiert. Allerdings ist bei dieser Addition wichtig, daß die Abweichung des Sonnenjahres vom angenäherten Jahr mit einbezogen wird, zum Beispiel indem man jedes vierte Jahr mit 366 Tagen veranschlagt.[57]

5) Bestimmt man zum dazugehörenden *Long Count*-Datum (welches schließlich gerade die Tagesanzahl angibt) die Position im angenäherten Jahr,[58] so weiß man durch einen Vergleich mit dem Nullpunktdatum *8 Kumk'u*, wie groß die Abweichung des angenäherten Jahres vom Sonnenjahr ist, da beide betrachteten Daten im Sonnenjahr die gleiche Position einnehmen.

6) Diese Abweichung kann man als letzten Schritt auf das Ausgangsdatum übertragen, indem man die Abweichung im angenäherten Jahr vor- oder zurückrechnet und das dazugehörige *Long Count*-Datum bestimmt.

Die Rechnung im angegebenen Beispiel sieht nach Teeple[59] folgendermaßen aus: *k'atun* 15 (9.15.0.0.0) ist etwas mehr als 3 844 Sonnenjahre vom Nullpunkt 13.0.0.0.0 *4 Ahaw 8 Kumk'u* entfernt (SCHRITT 1). Nun sind 3 844 Jahre = 3 838 + 6 Jahre gerade 202 × 19 Jahre + 6 Jahre oder 202 × 235 Monde + 6 Jahre (SCHRITT 2).[60] "Utilizing the clue that a lunar phase count was used to keep track of the tropical year, we convert 202 × 235 moons = 47,470 moons into days using the Copán moon formula".[61] Nach dieser Formel (149 Monde = 4 400 Tage) sind 3 838 Jahre = 47 470 Monde

---

[56] Den Umweg über die Mondperioden wählt man, da die direkte Umrechnung in Tage über den Metonischen Zyklus (19 Jahre = 6 940 Tage) zu ungenau ist (alle 69 400 Tage tritt ein Fehler von 4 Tagen auf, da 19 Sonnenjahre 6 939,6018 Tagen entsprechen).
[57] "It is likely that the Mayas knew that the length of the year [...] was about $365\frac{1}{4}$ days or an excess of two days over eight of their calendar years of 365 days each." (Willson [528], S. 5.)
[58] Vgl. Kapitel 6.2.2.
[59] Vgl. Teeple [466], S. 71f.
[60] Vgl. ebd., S. 72. Mit Jahren sind hier stets Sonnenjahre gemeint.
[61] Aveni [34], S. 171.

= 1 401 799 Tage = 9.14.13.15.19 vergangen (SCHRITT 3).[62] Addiert man die 6 Jahre in ganzzahliger Näherung dazu ($6 \times 365 + 1 = 2191 = 6.1.11$[63]), so erhält man die Gleichung 3 844 Jahre = 9.14.19.17.10 (SCHRITT 4). Das entsprechende *Calendar Round*-Datum ist *7 Ok 3 Yax*.[64] Dieses Datum liegt im angenäherten Jahr 200 Tage nach *8 Kumk'u* (20 Tage bis *3 Pohp*, da *Wayeb* enthalten ist, und weitere 9 Monate von jeweils 20 Tagen). Es gilt damit: "The anniversary of the original 8 Cumhu after these 3844 years, according to Copan computation, is now at 9.14.19-17-10, 7 Oc 3 Yax, just 200 days after 8 Cumhu."[65] Die Position des Sonnenjahres, die am Nulltag *8 Kumk'u* gegeben war, fällt demzufolge nach 3 844 Jahren auf den Tag *3 Yax* (SCHRITT 5). Da 1 508 angenäherte Jahre gleich 1 507 Sonnenjahren sind,[66] ist in 3 844 Sonnenjahren das angenäherte Jahr zweimal mehr ganz durchlaufen worden als das Sonnenjahr. "So the real year has advanced a total of 930 [= $2 \times 365 + 200 = 930$, A.S.] days through the vague year",[67] und im Sonnenjahreszyklus hat eine Verschiebung von 200 Tagen stattgefunden. Zuerst berechnet man also die Abweichung bezogen auf den Nulltag und überlegt dann, von welchem Sonnenjahresstand das *k'atun*-Ende *13 Yax* Jahrestag ist, indem man die kalkulierten 200 Tage von *13 Yax* zurückzählt (SCHRITT 6), was zu (a) und zum gesuchten Datum *18 Kumk'u* führt.[68]

> It is fair to point out that since the 1930s Teeple's interpretation of Maya tropical year calculations has been challenged; nevertheless, it is now generally accepted that the Maya employed tropical year calculations of the type indicated above.[69]

Dabei setzt die Kritik der Forschung vor allem an zwei Punkten an. Der erste bezieht sich auf Teeples Annahme, daß die Inhalte der von ihm be-

---

[62] Vgl. Teeple [466], S. 72.
[63] Vgl. ebd.
[64] Zur Berechnung vgl. Kapitel 6.2.2.
[65] Teeple [466], S. 72. Teeple schreibt die *Long Count*-Daten wie hier mit zwei Strichen zwischen den ersten beiden Stellen um, vermutlich aus der Auffassung heraus, daß das *tun* von 360 Tagen die grundlegende Einheit des *Long Counts* ist.
[66] Vgl. Kapitel 5.1.2. Vgl. auch Powell [357], S. 82: "the Maya recognized a tropical year drift cycle of 1,508 Haabs = 1,507 Tropical years".
[67] Teeple [466], S. 72.
[68] Vgl. ebd.
[69] Aveni [34], S. 172.

7.1.1 BERECHNUNGEN DES TROPISCHEN JAHRES

trachteten Inschriften astronomisch seien. Nun zeigte Proskouriakoff, daß diese primär historische Gegebenheiten notieren:[70] "It has been conclusively shown by Proskouriakoff that these alleged 'determinant' dates are actually historical events occurring at irregular time intervals."[71] Dies veranlaßte die Forschung, Teeples Theorie der 'Determinanten' (gerade jene hier vorgeführte Fehlerberechnungsmethode) ganz zu verwerfen. Bedenkt man aber, daß die Maya ihr Schicksal als eng verknüpft mit den kosmischen Gegebenheiten und den damit verbundenen Zyklen sahen und die Herrscher vielfach ihre Machtansprüche zu rechtfertigen suchten, so liegt eine andere Annahme nahe: "But it now seems likely that the Maya altered certain important events as they wrote their history in order to force the chronology of human events to coincide with astronomical occurrences."[72] Als stützenden Beleg dieser Theorie kann man zum Beispiel die Weihezeremonien der Kreuzgruppe in Palenque durch Kan-Bahlam anführen, mit denen er zu verstehen gab, daß Wesen und Wirken seiner rituellen Aktivität ihren Ursprung in den Werken und Taten von Urmutter und Urvater hatten. Am ersten Tag dieser Rituale (9.12.18.5.16 *2 Kib 14 Mol* / 23. Juli 690) standen Jupiter, Saturn, Mars und der Mond im Sternbild Skorpion in Konjunktion, wobei der Winkelabstand je zweier Objekte weniger als fünf Grad betrug. Für die Maya aus Palenque stellte sich die Himmelskonstellation vermutlich als Wiedervereinigung der Urmutter (des Mondes) mit ihren drei Kindern (den Planeten) dar,[73] ein Ereignis, das zusätzlich an einem ausgezeichneten Ort am Himmel auftrat, denn im Sternbild Skorpion (das den Maya auch als solches bekannt war[74]) schneiden sich Milchstraße und die scheinbare Bahn der Sonne am Himmel, die Ekliptik, und an dieser Stelle der Milchstraße öffnet sich nach Maya-Auffassung das Eingangstor zur Unterwelt.[75]

Die aufsehenerregende Himmelserscheinung war offenbar der Grund dafür, die insgesamt drei Tage währenden Hausweihe-

---
[70] Für Palenque speziell wurde zum Beispiel eine dynastische Folge nachgewiesen. (Vgl. Schele/Freidel [405], S. 240–295.)
[71] Coe [131], S. 12.
[72] Aveni [34], S. 172.
[73] Vgl. Schele/Freidel [405], S. 288f.
[74] Vgl. Kapitel 7.3.
[75] Vgl. Kapitel 7.4.

riten auf den betreffenden Termin zu verlegen. Allerdings sollte auch nicht übersehen werden, daß dieser Termin nahe bei dem fünfundsiebzigsten Tropenjahr-Jubiläum von Pacals Thronbesteigung lag, das nur fünf Tage nach der Himmelserscheinung anstand. In Anbetracht von Chan-Bahlums Eifer, die Legitimität seines Thronanspruchs zu demonstrieren, muß man sich sagen, daß auch dieses Jubiläum in seine Terminkalkulation hineingespielt haben dürfte.[76]

Ereignisse, deren Daten beeinflußbar waren, wurden wie in den meisten Kulturen auf astrologisch als besonders günstig betrachtete Tage gelegt; bei nicht-beeinflußbaren Gegebenheiten (zum Beispiel Geburt, Tod etc.) blieb als Lösung das Umschreiben der Geschichte,[77] — zwar ein spekulativer Gedanke, der jedoch durch Untersuchungen der astronomischen Bedeutung als historisch erkannter Daten gestützt werden könnte. Hier besteht allerdings noch erheblicher Forschungsbedarf. "Recent advances in the decipherment of the hieroglyphs [...] have added a new dimension to the study of Maya inscriptions which encompasses both the astronomical and the historical approach. Investigators have only begun to explore the possible astronomical significance of Maya dates now known to have been of historical importance".[78] Als neueres Forschungsergebnis vergleiche man dazu die These von Dütting/Schramm, welche historische Daten mit einer astronomisch-kalkulatorischen Bedeutung versieht:

> They [die Untersuchungen zum zitierten Paper, A.S.] reveal an intricate network of multiples of lunar (sidereal and synodic), solar and planetary periods connecting Long Count dates, in the center of which are birth (9.8.9.13.9) and accession (9.9.2.4.8) of Lord Pacal, the Palenque ruler entombed in the crypt of the Temple of the Inscriptions.[79]

---

[76] Schele/Freidel [405], S. 571. Chan-Bahlum ist eine ältere Schreibweise des Namens Kan-Bahlam.
[77] Vgl. Carlson [109], S. 234: "It is also quite likely that they were able to manipulate history after the fact, to invent favorable days for events such as births and deaths which are usually beyond human control."
[78] Aveni [34], S. 172.
[79] Dütting/Schramm [153], S. 141.

7.1.1 BERECHNUNGEN DES TROPISCHEN JAHRES

Vereinigt werden die Auffassungen dahingehend, daß die Daten sowohl historische als auch astronomische Bedeutung besitzen, insbesondere vor dem Hintergrund, daß sich die Maya-Kultur, wie sie sich im Moment darstellt, als eine astrologisch geprägte Gesellschaft zeigt, deren Herrschende sich mit hoher Wahrscheinlichkeit auch über astronomische Konstellationen zu legitimieren hatten. Einige Maya-Forscher gehen in ihrer Auffassung sogar noch erheblich weiter, wenn sie die Inschriften nicht als Aufzeichnung von Ereignissen, sondern vielmehr als Propaganda werten, als eine bewußte Kontrolle des Geistes, mit Hilfe derer sich die herrschende Schicht vom 'gemeinen Volk' abgrenzte. "How could anyone really have been born, acceded and died on dates that correspond to an identically repeated sky event?, these investigators ask."[80]

Der zweite Kritikpunkt an Teeples Berechnungen wendet sich gegen die Copán-Mondformel, die die Beziehung 149 Monde = 4 400 Tage (also 79 Mondumläufe à 30 Tage, 70 à 29 Tage bzw. — nach Lounsburys Notationsweise — [4(17) + 1(15) + 3(17) + 1(15)][81]) aufstellt. Die meisten Autoren akzeptieren diese Formel für Copán,[82] einige wenige Forscher bezweifeln jedoch, daß die Belege für die Aufstellung einer solchen Gleichung ausreichend sind.[83] Unbezweifelbar besaßen die Maya aber Formeln dieser Art, so wurde für Palenque die Formel 81 Monde = 6.11.12 = 2 392 Tage nachgewiesen.[84] "Die Formel ist in der Tat echt mayaisch: ihr 5-faches (1.13.4.0 = 11 960 Tage = 405 Mondumläufe) findet sich — klar auf den Mond bezogen — im Dresdener Codex."[85] Sollte die Copán-Formel sich als

---

[80] Aveni/Hotaling [46], S. S22.
[81] Vgl. Lounsbury [295], S. 775.
[82] Vgl. z. B. Aveni [15], S. 104, Everson [164], S. 73f., oder Coe [131], S. 17, der sogar noch weiter geht: "As Teeple was able to show, by A.D. 682, Copan began using the formula 149 moons equals 4,400 days, which means that the average length of a lunation was given the remarkably accurate value of 29.53020 days. This system was rapidly adopted all over the Maya area, but lack of uniformity again appeared after A.D. 756."
[83] Werner Nahm, persönliche Mitteilung. Vgl. z. B. auch Berlin, der die Copán-Mondformel für eine reine Erfindung Teeples hält, "für deren Existenz auch nicht der Schatten eines Beweises vorliegt, wie schon *Satterthwaite* aufgezeigt hat" (Berlin [67], S. 4), und Satterthwaite [393], S. 125–141.
[84] Vgl. Teeple [466], S. 65. Vgl. auch Berlin [67], S. 5: "Von allen speziell auf Palenque bezüglichen Postulaten *Teeples* bleibt also nur noch die Mondformel 6.11.12 übrig".
[85] Ebd.; vgl. auch Teeple [466], S. 66, Lounsbury [295], S. 775, Justeson [236], S. 81, Coe [131], S. 17, Schulz Friedemann [418], S. 262, und Thompson [488], S. 246.

falsch erweisen, bleibt die Genauigkeit der Ergebnisse zu prüfen. Solange sie allerdings nicht falsifiziert werden kann, können Rechnungen und Daten, die für eine solche Formel sprechen,[86] als Indizien für die Existenz dieser oder einer ähnlich exakten Gleichung gewertet werden.

Unter den Annahmen, daß der von Teeple vorgestellte Weg, die Abweichung eines Datums vom Sonnenjahr zu berechnen, von den Maya gegangen wurde und die Daten der Stele nicht nur historische, sondern auch astronomische Bedeutung besitzen, kann SCHRITT 1 als weiterer Hinweis auf die Existenz einer der Copán-Mondformel in ihrer Exaktheit ähnlichen Formel betrachtet werden. Bei der Durchführung von derartigen Rechnungen und Überlegungen wie denen im Zusammenhang mit Stele A in Copán muß insbesondere kritisch geprüft werden, ob moderne Denk- und Rechenmethoden auf die andere Kultur übertragen wurden und, wenn ja, ob diese Übertragung gerechtfertigt ist; eine Frage, die insbesondere im Zusammenhang mit Teeples Theorie der 'Determinanten' verstärkt zu diskutieren wäre. In diesem konkreten Fall stellt sich das Problem, wie die Maya das Ergebnis erhielten, daß wenig mehr als 3 844 Sonnenjahre seit dem Nullpunkt vergangen waren, eine Frage, die bisher auch nicht von Verfechtern der Theorie beantwortet wurde. Da die Maya nach heutiger Kenntnis keine Bruchrechnung besaßen,[87] approximierten sie mit Hilfe von Beziehungen zwischen den Größen Sonnenjahr, Mondperiode und Tagesanzahl mit jeweils ganzzahligen Koeffizienten.

Es eröffnen sich mehrere Möglichkeiten, die seit dem Nullpunkt vergangenen Tage in Sonnenjahre umzurechnen: Über (i) den Metonischen Zyklus und demzufolge die angenommene Gleichung 19 Jahre = 6 940 Tage = 19.5.0, über (ii) die den Maya vermutlich bekannte Approximation von 4 Sonnenjahren $\approx$ (4 × 365 + 1) Tage = 1 461 Tage, über (iii) die Copán-Formel oder andere Formeln dieser Art wie zum Beispiel (iv) die Palenque-

---

[86] Teeple versucht, in seiner Arbeit weitere anzuführen. (Vgl. Teeple [466], S. 65f.)
[87] Durch die ganzzahligen Berechnungsmethoden traten verständlicherweise Fehler auf, die man aber nicht überbewerten darf, sondern als innerhalb eines Toleranzbereichs liegend ansehen sollte. Vor diesem Hintergrund ist die erreichte Genauigkeit der Berechnungen faszinierend.

7.1.1 BERECHNUNGEN DES TROPISCHEN JAHRES

Formel 81 Monde = 6.11.12 = 2 392 Tage.[88] Bei der Anwendung von (i), dem Metonischen Zyklus, erhält man als Gleichung direkt 9.15.0.0.0 Tage = $(202 \times 6940 + 2120)$ Tage = 202×19 Jahre + 2 120 Tage = 202×235 Monde + 5.16.0 Tage. Man sieht sofort, daß sich die Restjahreszahl von 6 auf 5 verkürzt hat (denn 2 120 Tage entsprechen weniger als 6 Jahren), so daß wir ein anderes Ergebnis als das vorgeführte und aus den Inschriften bekannte erhalten. Der Fehler tritt an dieser Stelle auf, da nicht die relativ exakte Approximation von 19 Sonnenjahren mit 235 Mondumläufen verwendet wird, sondern jeweils 6 940 Tage mit 19 Sonnenjahren angenähert werden. Da jedoch alle 69 400 Tage bei diesem Verfahren ein Fehler von 4 Tagen auftritt (19 Sonnenjahre entsprechen tatsächlich 6 939,6018 Tagen), kumuliert bei diesem Beispiel die Abweichung auf etwa 81 Tage ($202 \times 0,4 = 80,8 \approx 81$). Diese wirkt sich dann auf die Gesamtberechnung in der Form aus, daß statt insgesamt 3 844 vollständigen Sonnenjahren nur 3 843 Jahre vergangen sind, so daß sich das zu errechnende *Long Count*-Datum zu

$$9.14.13.15.19 + 5 \text{ Jahre} = 9.14.13.15.19 + 1\,826 \text{ Tage}$$
$$= 9.14.13.15.19 + 5.2.6$$
$$= 9.14.19.0.5$$

ändert und eine andere Abweichung des Sonnenjahres — berechnet über das zugehörige Datum des angenäherten Jahres — auftritt. Analog entsteht für (ii) und (iv) aufgrund der Ungenauigkeiten das gleiche Problem: Für (ii) erhält man die Gleichung[89]

$$9.15.0.0.0 = 1\,404\,000 \text{ Tage} = 365,25 \times 3\,843 \text{ Jahre} + 344,25 \text{ Tage}$$
$$= 365,25 \times 3\,838 \text{ Jahre} + 2\,170,5 \text{ Tage},$$

---

[88] Der durchschnittliche Wert einer Mondperiode beträgt nach der Copán-Mondformel 29,530201 Tage, während die Palenque-Formel mit 29,530864 Tagen vom wirklichen Wert in entgegengesetzter Richtung abweicht. (Vgl. Lounsbury [295], S. 775.)
[89] Man beachte stets, daß dies moderne Notationsweisen sind, die hier der Verständlichkeit und Einfachheit der Rechnung halber angewendet werden, die Rechnungen aber genauso über Gleichungen mit entsprechenden ganzzahligen Koeffizienten durchgeführt werden könnten.

wobei auch 2 170,5 Tage weniger als 6 Jahre sind; für (iv) ergibt sich

$$\begin{aligned}
9.15.0.0.0 = 1\,404\,000\,\text{Tage} &= 586,95652 \times 2\,392\,\text{Tage} \\
&= 586,95652 \times 81\,\text{Monde} \\
&= 47\,543,47812\,\text{Monde} \\
&= 235\,\text{Monde} \times 202,31267 \\
&= 19\,\text{Jahre} \times 202,31267 \\
&= 3\,843,94078\,\text{Jahre}.
\end{aligned}$$

Bleibt noch, (iii) zu diskutieren. Hier erhält man

$$\begin{aligned}
9.15.0.0.0 = 1\,404\,000\,\text{Tage} &= 319,09091 \times 4\,400\,\text{Tage} \\
&= 319,09091 \times 149\,\text{Monde} \\
&= 47\,544,54545\,\text{Monde} \\
&= 235\,\text{Monde} \times 202,31721 \\
&= 19\,\text{Jahre} \times 202,31721 \\
&= 3\,844,02708\,\text{Jahre}.
\end{aligned}$$

Damit liefert uns (iii) in diesem Beispiel die einzig korrekte Anzahl der vergangenen Sonnenjahre, da nur ganze Sonnenjahre in Betracht gezogen werden (man beachte, daß 1 404 000 Tage gerade etwa 9 Tage mehr als 3 844 Jahre sind), und der Rechenweg über (iii) stimmt als einziger mit dem Ergebnis in der Inschrift überein. Unter den Annahmen der astronomischen Bedeutung des Datums (a) und dem von Teeple vorgeschlagenen Rechenweg bewährt sich hier die Copán-Formel, obwohl zu prüfen wäre, ob dies nicht nur in diesem Einzelfall gegeben ist und die Copán-Mondformel in anderen Fällen nicht aufgrund ihrer Ungenauigkeit — wie (i), (ii) und (iv) hier — zu falschen Ergebnissen führen würde.

7.1.2 Die Finsternistafel des Dresdener Codex

Schon mehrfach wurde auf Finsternisberechnungen der Maya hingewiesen. Als Beleg werden von der Forschung insbesondere die Blätter *51–58* des

7.1.2 FINSTERNISTAFEL

Dresdener Codex gewertet. Die dort notierte Finsternistafel (auch Mondtafel genannt[90]) ist eines der besten Beispiele für "the Maya astronomer's keen awareness of the heavens"[91] und für seine Bemühungen, das Geschehen am Himmel vorauszusagen.[92] Auch wenn des häufigeren versucht wurde, die Tafel nicht als Vorhersage, sondern als Dokumentation beobachteter Finsternisse[93] zu betrachten, ist für die astronomischen Tafeln der Maya aufgrund des Datenmaterials jedoch eher wahrscheinlich, "that they are tables to be used in calculations, including the results of observations but neither direct records of observations nor ephemerides, as they have sometimes been called."[94] In diesem Abschnitt soll die Finsternistafel des Dresdener Codex vorgestellt werden, allerdings wird keine Stellung zu ihrer astrologischen und rituellen Bedeutung bezogen werden können.

Die acht Blätter der Tafel sind jeweils horizontal in zwei Hälften unterteilt, die obere Hälfte jeden Blattes sei daher mit *a* bezeichnet, die untere mit *b*. Lesefolge ist von *51a* nach *58a*, gefolgt von *51b* bis *58b*.[95] *51a* und *52a* stellen einen einleitenden Teil dar.[96] Die eigentliche Finsternistafel beginnt mit *53a*, von wo aus sich eines ihrer Hauptmerkmale herauskristallisiert.

---

[90] Vgl. Everson [164], S. 14.
[91] Aveni [34], S. 173.
[92] "Their codex seems to have been a mechanism for predicting [...] which full moons would be eclipsed and which new moons would eclipse the sun." (Aveni [15], S. 107.)
[93] Stehen für einen Beobachtungsort Sonne und Mond auf einer Visierlinie, so daß der Mond die Sonne verdeckt, so kommt es zu einer *Sonnenfinsternis*, tritt dagegen die Erde zwischen die gerade Verbindungslinie von Sonne und Mond, wobei der Mond durch den Erdschatten wandert, so herrscht eine *Mondfinsternis*. Zu weiteren Informationen über Finsternisse vgl. z. B. Aveni [34], S. 73–82. Zur Diskussion der Finsternisbetrachtungen der Maya siehe neben der zitierten Literatur auch Belmont [59], der die *Secondary Series* der Datumsangaben als Mondfinsterniszählung interpretiert, Bricker, H./Bricker, V. [80], Davoust [144], Guthe [207], Kreichgauer [257], Makemson [318], Martínez Hernández [328], Meinshausen [332], Schulz Friedemann [419], Spinden [440], Thurston [495] und Willson [528], die sich mit der Dresdener Finsternistafel auseinandersetzen, Martin [325], der diese in Bezug zur Venus zu setzen versucht, Hofling/O'Neil [226], welche die Finsterniszyklen im Mondgöttinnen-Almanach (Blätter *16–23* des Dresdener Codex) betrachten, sowie Johnson [234] und Smiley [433], welche sich speziell mit Sonnenfinsternissen beschäftigen.
[94] Kelley/Kerr [246], S. 182. Vgl. dazu auch die Diskussion in Aveni [34], S. 177–181.
[95] Vgl. ebd., S. 174.
[96] Dieser kann hier allerdings nicht eingehend betrachtet werden. "Pages 51a–52a of the table contain prefatory matters that raise more questions than can be answered." (Lounsbury [295], S. 800.) Für eine ausführlichere Diskussion vgl. ebd., S. 800ff.

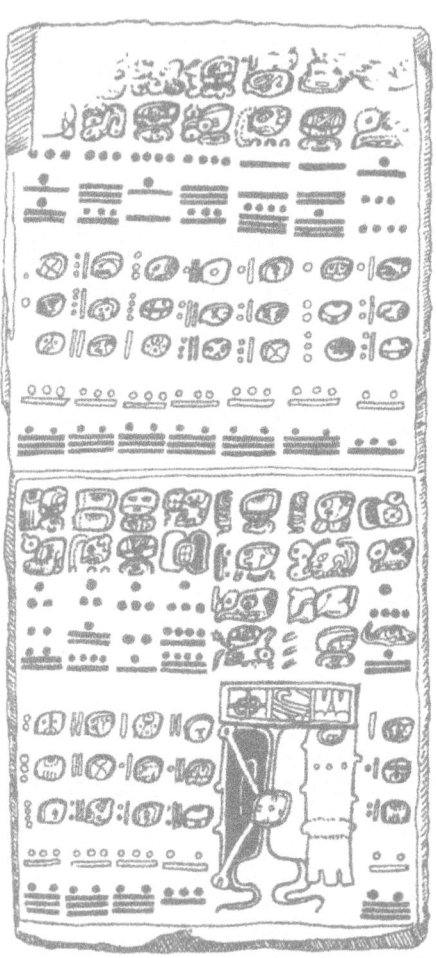

Abbildung 7.3: Finsternistafel (Ausschnitt): Blatt 54 des Dresdener Codex. (Nach Villacorta/Villacorta [506], S. 118.)

7.1.2 FINSTERNISTAFEL

> Its division into intervals of 177 days (occasionally 178), and of 148 days, identifies it as a lunar table treating of groupings of six and of five lunar months. The number and distribution of the five-month periods among those of six months mark it moreover as having to do with the prediction of solar eclipse possibilities.[97]

Diese Intervalle sind am Fuß der jeweiligen Blatthälfte durch die stete Wiederholung der Zahl 177 (an einzelnen Stellen durch eine 178 ersetzt[98]) verzeichnet, wobei eine solche Reihung immer mit der Zahl 148 terminiert, gefolgt von einem Bild, das nicht nur den Platz der unteren beiden Zahlenreihen einnimmt, sondern zusätzlich den der drei darüberliegenden Zeilen beansprucht.

Insgesamt unterbrechen neun Bilder, interpretiert als Repräsentanten von Finsternissen, die Zahlenfolge.[99] Das zehnte Bild am Ende der Tafel, dem als einzigem keine 148 vorausgeht, ist inmitten eines Finsterniszyklus positioniert und fällt somit aus dem Rahmen, "for there cannot be a lunar eclipse either at this time (it is conjunction) or half a month later as in the other cases".[100] Thompson interpretiert es als Zeichen für das Ende der Tafel,[101] Lounsbury dagegen weist ihm — unter dem Aspekt, daß der Codex eine Abschrift einer älteren Version ist — eine andere Funktion zu: "Its current function must be that of a historical marker, memorializing the date and circumstance of the institution of *12 Lamat* as a canonical base for eclipse cycles."[102] Die Intervalle zwischen den Bildern betragen 1742, 1034,

---

[97] Ebd., S. 789. Zur Bedeutung der 177- bzw. 148-Tage-Intervalle (6 bzw. 5 Monate) im Zusammenhang mit dem Auftreten von Finsternissen vgl. z. B. Aveni [34], S. 75–79, etwa: "Once a lunar eclipse takes place, a second one never follows at an interval of less than six months. [...] Often a gap occurs in a given eclipse chain. On such occasions either the eclipse was penumbral or it occurred in the daytime." (Ebd., S. 75.)
[98] "Apparently, the 178-day count employed four moons of 30 days and two of 29, a move in the correct direction when we realize that the synodic month is slightly longer than $29\frac{1}{2}$ days." (Ebd., S. 177.)
[99] Aveni [34], S. 177: "[...], the eclipses occurring at the positions of the pictures in the table." Für eine genauere Untersuchung und Interpretation der Bilder vgl. Thompson [477], S. 75ff., oder auch Lounsbury [295], S. 797ff.
[100] Ebd., S. 799.
[101] Vgl. Thompson [488], S. 232.
[102] Lounsbury [295], S. 799. Zur Bedeutung des Datums *12 Lamat* im Zusammenhang mit der Tafel vgl. die Ausführungen unten und in Closs [116], S. 401–405, der sich insbesondere mit dessen rituell-religiöser Signifikanz auseinandersetzt.

1 211, 1 742, 1 034, 1 210, 1 565 und 1 211 Tage, die alle mit Finsterniszyklen identifiziert werden können.[103]

Weiterhin taucht in einer oberen Zahlenreihe jeweils die Summe der Zahl der unteren und der vorhergehenden Zahl der oberen Reihe auf, "therefore, the upper numbers appear to be totals accumulated by repeated addition of the lower numbers."[104] So stehen zum Beispiel zwischen den Bildern auf den Blättern *52b* und *53b* die Zahlen 6 408, 6 585, 6 762, 6 939, 7 116 und 7 264, in denen ein weiterer deutlicher Hinweis auf Finsternisse durch die Näherung des Saros-Intervalls — 6 585 Tage — enthalten ist.[105]

Die Gesamtzahl aller Tage der Tafel beträgt 11 959 (ca. 33 Jahre), was etwa 405 Mondumläufen (= 11 959.89 Tagen) entspricht.[106] Des weiteren steht diese Zahl zur *Sacred Round* in Bezug (46 × 260 = 11 960 Tage = 405 Monde); die Tafel kann damit auch dazu verwendet werden, den gleichen Tag im 260-Tage-Zyklus wiederzufinden.[107]

> Thus the interval 11,960 days restores the same day of the tzolkin with a change in the age of the moon of only 1.11+ days; it restores the eclipse season with a change of 1.67+ days. For these reasons, it constitutes an ideal length for the eclipse table. It is also thirty-two tropical years with a remainder of 272.25+ days, which is ideal for going from an equinox to a solstice or from a solstice to an equinox. After four repetitions, the table will return to the same station of the tropical year but will be off by 6.69+ days. Knowing this, the interval can easily be used for tropical-year calculations.[108]

---

[103] Vgl. Aveni [34], S. 177. Alle Zahlenangaben werden entsprechend den von Lounsbury vorgenommenen Korrekturen (vgl. Lounsbury [295], S. 792f.) aufgeführt. Vgl. dazu auch die Tabelle S. 182ff.
[104] Aveni [34], S. 177.
[105] Vgl. ebd. und ebd., S. 80: "The most famous of all eclipse periods is the 6,585.32-day cycle. It was discovered by the ancient Chaldeans and later named the *saros*, meaning repetition [...]. Counting forward 223 new moons from the time of a solar eclipse, we would expect another solar eclipse to occur since the saros interval is also a whole number of draconic months, 242 to be exact", wobei ein *drakonitischer Monat* das Intervall von 27,21222 Tagen zwischen zwei aufeinanderfolgenden Durchgängen des Mondes durch einen gegebenen *Knoten* (Schnittpunkt der Mondumlaufbahn mit der Ekliptik) ist.
[106] Man vgl. die Palenque-Mondformel von 81 Monden = 2 392 Tagen.
[107] Vgl. Aveni [34], S. 177.
[108] Kelley/Kerr [246], S. 183. Man beachte, daß sich hierin ein neuer Weg eröffnet, die Abweichung eines Tages im Sonnenjahr in Bezug auf den Nullpunkt zu be-

7.1.2 FINSTERNISTAFEL

Zwischen den beiden bereits beschriebenen Zahlenreihen findet man drei weitere Reihen, die *Sacred Round*-Daten angeben. Nebeneinanderstehende Daten liegen eine dem jeweiligen Intervall am Fuß des Blattes entsprechende Anzahl von Tagen auseinander (meist also 177). Übereinandergeschriebene Daten differieren von Zeile zu Zeile um je einen Tag. Jede Reihe spiegelt somit einen Durchlauf der Tafel in *Sacred Round*-Daten wieder, wobei von den Maya wahrscheinlich durchgeführte Korrekturen durch die Notation in drei Reihen offenbar werden.[109]

Damit sind die Hauptstrukturelemente der Tafel erwähnt, die auf den folgenden Seiten tabellarisch aufgelistet werden. In der ersten Spalte ist das Intervall notiert, in der zweiten die Summe der Intervalle zusammen mit der Anzahl der insgesamt vergangenen Monate (in eckigen Klammern). Die dritte Spalte nennt das unterste verzeichnete *Sacred Round*-Datum, wobei ein * rekonstruierte Daten beschreibt, die (zum Teil) fehlten, unlesbar oder falsch waren, für die aber genügend Material zur Verfügung stand, um sie korrekt zu ergänzen.[110] Ebenfalls in der dritten Spalte wird die Position des *Sacred Round*-Datums in einem doppelten Umlauf dieses Zyklus, also in einem 520-Tage-Zyklus, genannt.[111] Schließlich folgt noch der Hinweis auf von der Forschung vor allem anhand der *Sacred Round*-Daten vorgenommene Korrekturen, welche hier auch im Vigesimalsystem notiert werden, um zu kennzeichnen, daß es sich um marginale Fehler (kleinere Rechenfehler oder Fehler in der Abschrift durch Auslassen eines Punktes oder eines Balkens) handelt.[112]

Die Notierung der Tage in einem doppelten *Sacred Round*-Umlauf von insgesamt 520 Tagen ist hier berücksichtigt, da auch den Maya — ohne das heutige orbital-astronomische Wissen, daß der durchschnittliche Abstand

---

rechnen. Allerdings wird das Ergebnis — mit den hier gegebenen Größen — relativ ungenau; betrachte etwa das in Kapitel 7.1.1 vorgeführte Beispiel, für das man mit dieser Rechenmethode (bei einer Rundung der fünften Nachkommastelle) eine Abweichung von — statt 200 Tagen — $29,34783 \times 6,69 = 196,33698$ Tagen erhält (da $1\,404\,000 = 47\,840 \times 29,34783 = 4 \times 11\,960 \times 29,34783$).

[109] Vgl. die Diskussion unten.
[110] Vgl. Lounsbury [295], S. 793.
[111] Vgl. dazu auch die Ausführungen unten und im Anschluß an die Tabelle.
[112] Sämtliche Informationen sind übernommen aus Lounsbury [295], S. 792f.

zwischen zwei Knoten, ein 'Eklipsesemester', 173,30906 Tage beträgt[113] und daher drei dieser Intervalle etwa zwei Durchläufen der *Sacred Round* bzw. 520 Tagen entsprechen — die Verteilung der Finsternisse nicht entgangen sein dürfte.

0	0	[0]	13 Muluk *	(169)	
177	177	[6]	8 Kimi	(346)	1.0 = 20
177	354	[12]	3 Ak'bal	(3)	1
148	502	[17]	8 Chuwen	(151)	
Bild 1					
177	679	[23]	3 Lamat	(328)	5
177	856	[29]	11 Chikchan *	(505)	
177	1 033	[35]	6 Ik'	(162)	
178	1 211	[41]	2 Ahaw	(340)	
177	1 388	[47]	10 Kaban	(517)	
177	1 565	[53]	5 Ix	(174)	
177	1 742	[59]	13 Chuwen	(351)	-6
177	1 919	[65]	8 Lamat *	(8)	
177	2 096	[71]	3 Chikchan	(185)	4.0 = 80
148	2 244	[76]	8 Ben	(333)	1.0 = 20
Bild 2					
178	2 422	[82]	4 Chuwen	(511)	-2.0.0 = -720
177	2 599	[88]	12 Lamat	(168)	1
177	2 776	[94]	7 Chikchan	(345)	
177	2 953	[100]	2 Ik' *	(2)	
177	3 130	[106]	10 Kawak	(179)	
148	3 278	[111]	2 Manik'	(327)	
Bild 3					
177	3 455	[117]	10 K'an	(504)	
177	3 632	[123]	5 Imix	(161)	
177	3 809	[129]	13 Etz'nab	(338)	
178	3 987	[135]	9 Kib	(516)	1
177	4 164	[141]	4 Ben	(173)	
177	4 341	[147]	12 Ok	(350)	1
148	4 489	[152]	4 Etz'nab	(498)	1
Bild 4					
177	4 666	[158]	12 Men	(155)	1
177	4 843	[164]	7 Eb	(332)	1
178	5 021	[170]	3 Ok	(510)	1

---

[113] Vgl. Lounsbury [295], S. 790.

7.1.2 FINSTERNISTAFEL

177	5 198	[176]	11 Manik'	(167)		1
177	5 375	[182]	6 K'an	(344)		1
177	5 552	[188]	1 Imix	(1)		1
177	5 729	[194]	9 Etz'nab	(178)		1
177	5 906	[200]	4 Men	(355)		1
177	6 083	[206]	12 Eb	(12)		1
148	6 231	[211]	4 Ahaw *	(160)		1
Bild 5						
178	6 409	[217]	13 Etz'nab	(338)		1
177	6 586	[223]	8 Men	(515)		1
177	6 763	[229]	3 Eb	(172)		1
177	6 940	[235]	11 Muluk	(349)		1
177	7 117	[241]	6 Kimi	(6)		1
148	7 265	[246]	11 Ix	(154)		1
Bild 6						
177	7 442	[252]	6 Chuwen	(331)		1
177	7 619	[258]	1 Lamat	(508)		1
177	7 796	[264]	9 Chikchan *	(165)		1
177	7 973	[270]	4 Ik'	(342)		1
177	8 150	[276]	12 Kawak	(519)		1
177	8 327	[282]	7 Kib	(176)		1
148	8 475	[287]	12 K'an	(324)		1
Bild 7						
177	8 652	[293]	7 Imix	(501)		1
177	8 829	[299]	2 Etz'nab	(158)		1
178	9 007	[305]	11 Kib	(336)		1
177	9 184	[311]	6 Ben	(513)		1
177	9 361	[317]	1 Ok	(170)		1
177	9 538	[323]	9 Manik'	(347)		1
177	9 715	[329]	4 K'an	(4)		1
177	9 892	[335]	12 Imix	(181)		1
148	10 040	[340]	4 Muluk	(329)		1
Bild 8						
177	10 217	[346]	12 Kimi	(506)		1
178	10 395	[352]	8 K'an	(164)		1
177	10 572	[358]	3 Imix	(341)		1
177	10 749	[364]	11 Etz'nab	(518)		1
177	10 926	[370]	6 Men	(175)		1
177	11 103	[376]	1 Eb	(352)		1
148	11 251	[381]	6 Ahaw	(500)		1

Bild 9					
177	11 428	[387]	1 Kaban	(157)	1
177	11 605	[393]	9 Ix	(334)	1
177	11 782	[399]	4 Chuwen	(511)	1
177	11 959	[405]	12 Lamat	(168)	1

It was sufficient for them merely to have observed over time that eclipses, whether solar or lunar, never occurred except within three circumscribed sectors of their sacred 260-day almanac, and that these 'eclipse-possible' periods came three times within two rounds of that almanac, that is, three times in 520 days, their midpoints being 173 or 174 days apart.[114]

Faßt man die Daten in Gruppen zusammen, so wird offensichtlich, daß Finsternisse, in doppeltem *Sacred Round*-Umlauf notiert, nur zwischen den Tagen 151 (*8 Chuwen*) und 185 (*3 Chikchan*), 327 (*2 Manik'*) und 355 (*4 Men*) sowie 498 (*4 Etz'nab*) und 12 [≡ 532 (mod 520)] (*12 Eb*) auftreten können.[115] Wichtig war für die Maya sicherlich die Tatsache, daß Finsternisse also nur auf bestimmte Tage ihres rituellen Kalenders fallen konnten und damit die *Sacred Round* zur Vorhersage von und dementsprechend Warnung vor Finsternissen herangezogen werden konnte.[116] Die angeführten Bereiche geben durch ihre Dauer (35, 29 und 35 Tage), ihre Mittelpunkte *12 Lamat* (168), *3 Imix* (341) und *8 Men* (515) und die möglichen Abweichungen von diesen weitere Auskünfte über die Eigenschaften von Finsternissen. Die Mittelpunkte sind gleichzeitig die implizit in der Tafel enthaltenen Knotenpunkte,[117] die in Eklipsesemestern entsprechenden Abständen positioniert sind: von *12 Lamat* bis *3 Imix* sind es 173 Tage, von *3 Imix* bis *8 Men* 174 Tage und von *8 Men* bis *12 Lamat* wiederum 173 Tage,[118] wobei jedes Intervall eine ganzzahlige Näherung des Eklipsesemesters ist. Mögliche Abweichungen liegen bei 168 (*12 Lamat*) ± 17 Tage, 341 (*3 Imix*) ± 14 Tage und

---

[114] Ebd., S. 790f.
[115] Vgl. ebd., S. 796.
[116] Vgl. Aveni [34], S. 182.
[117] Vgl. Teeple [466], S. 93, hier jedoch ohne die eintägige Korrektur, die u.a. von Lounsbury vorgenommen wurde. (Vgl. Lounsbury [295], S. 796.)
[118] Vgl. Lounsbury [295], S. 796.

7.1.2 FINSTERNISTAFEL

515 (*8 Men*) ± 17 Tage und damit innerhalb des real auftretenden Abweichungsbereichs von Finsternissen bis zu 18 Tagen vor bzw. nach dem Knoten.[119]

Der letzte Tag der Tafel ist *12 Lamat*, welcher soeben als einer der Knoten der Maya-Finsternistafel identifiziert wurde, sofern man von der untersten Datenreihe ausgeht.

> The table thus appears to end [...] with a hypothetic coincidence of a node day with a lunar-solar conjunction — in other words, with the optimum condition for a central solar eclipse. This is marked in the codex by the tenth or 'extra' picture that is inserted into the table (the only one that is not immediately preceded by a five-month half-year).[120]

Dieses zeitliche Zusammentreffen von Knotenpunkt und Sonne-Mond-Konjunktion wäre der ideale Zeitpunkt, eine Finsternistafel anfangen zu lassen. Allerdings beginnt die Tafel des Dresdener Codex mit dem Datum *13 Muluk*, welches zwar nicht explizit angegeben wird (da die Nullspalte nicht aufgeschrieben wurde), aber aus den anderen Angaben der Tafel eindeutig berechnet werden kann. Demzufolge umfaßt die Tafel 11 959 Tage, obwohl, wie in der Einleitung auf den Blatthälften *51a–52a* deutlich wird, die von den Maya angesetzte Länge vielmehr 11 960 Tage betrug, da in dem einleitenden Teil eine Multiplikationstabelle von 1.13.4.0 (= 11 960) enthalten ist.[121]

> The one-day foreshortening of the cycle in the table suggests that it may have represented the occasion of a shift from a previously effective *13 Muluc* base to a new one on *12 Lamat*, one day earlier in the almanac. Since 405 mean lunar months are about eleven one-hundredths of a day short of 11,960 days [...], such a foreshortening of the cycle would be a necessity approximately every ninth time that the cycle is employed.[122]

---

[119] Vgl. Coe [131], S. 18.
[120] Lounsbury [295], S. 796. Bei Mond-Sonne-Konjunktion befinden sich Sonne, Mond und Erde auf einer Geraden. Schneidet die Mondumlaufbahn gleichzeitig die Ekliptik, so sind ideale Voraussetzungen für eine zentrale Sonnenfinsternis gegeben, wie dies hier für den Tag *12 Lamat* angenommen wird.
[121] Vgl. ebd.
[122] Ebd.

Die drei Reihen der *Sacred Round*-Daten stützen ebenfalls diese Theorie der durch die Maya vorgenommenen Korrekturen der Finsternistafel, da die Reihen von unten nach oben jeweils um einen Tag rückläufig verschoben sind und der korrigierte, sich an der mittleren *Sacred Round*-Datenreihe orientierende Durchlauf demzufolge gerade mit dem Tag *12 Lamat* begonnen haben dürfte. Bei der Beurteilung eines solchen Vorgehens und der Einschätzung der Maya-Finsternistafel sollte man sich verdeutlichen, daß eine solche Korrektur nur bei jedem neunten Durchlauf des Zyklus von 11 960 Tagen vorzunehmen ist, also alle 14.19.0.0 Tage und damit exakt 299 *tuns* von 360 Tagen (= 107 640 Tage) oder etwa alle 295 Jahre. Es werden sogar noch genauere und über längere Zeiträume reichende Korrekturen vermutet, die man aus ebenfalls in der Tafel notierten Daten zu schließen glaubt. Eine Diskussion dieser möglichen Korrekturen kann hier aber nicht erfolgen.[123]

7.2 Planeten

Genauso wie die Unwägbarkeiten des Mondumlaufes dürften die zwischen den Fixsternen wandernden Planeten die Maya beschäftigt haben. Insbesondere scheinbare Schleifen und Rückläufigkeiten mußten ihre Aufmerksamkeit erregen. Man ist sich heute weitgehend einig darüber, daß sie alle fünf mit dem bloßen Auge sichtbaren Planeten beobachteten und versuchten, deren Bewegungen zu verstehen und vor allem auch mit ihrem rituellen Jahr in Bezug zu setzen. Wie schon erwähnt, fanden auffällige Planetenkonstellationen Beachtung. Sie wurden astrologisch-rituell interpretiert und beeinflußten das Leben der Maya, indem sich zum Beispiel die Zeitpunkte von Festlichkeiten nach Planetenständen richteten. Desgleichen nimmt man Zusammenhänge zwischen dem Planeten Venus und Daten der Kriegsführung an. Dabei wird von einer Unterteilung des Venusjahres in 20 (der Länge von Mondperioden entsprechende) Monate ausgegangen. Dieser Einteilung folgend, wurden Kriege nur in bestimmten Venusmonaten geführt.[124] Das

---
[123] Dazu siehe ebd., S. 802ff.
[124] Vgl. Nahm [347]. Eine kritische Diskussion dieser Arbeit findet sich in Hotaling [227].

System der Korrelation zwischen Kriegsführung und Venusmonaten entstand wahrscheinlich zu Beginn der Späten Klassik und steht vielleicht in Verbindung mit dem Datum 9.9.9.16.0, das in der Eröffnung der Venustafel im Dresdener Codex dokumentiert ist.[125]

Bedeutung für die Maya dürfte vor allem auch das Herstellen von Beziehungen zwischen Planetendaten und Kalendersystem gehabt haben. Das erneute 'Sich-Einpassen' der *Sacred Round* in astronomische Gegebenheiten sei als Teil der wechselseitigen Beeinflussungen zwischen zyklischem Denken und Astronomie der Maya beispielhaft (an Venus und Mars) vorgeführt. So entsprechen drei *Sacred Round*-Durchläufe von insgesamt 780 Tagen etwa einem synodischen Umlauf des Mars, "and one approximates the 263 days of continuous visibility of Venus, as morning and evening star."[126] Immer wieder treten solche von den Maya bewußt gesuchten Kommensurabilitäten zwischen Astronomie und Kalenderwesen in den Vordergrund und geben Auskunft über die Intensität der Beschäftigung mit 'Zahlenspielereien'[127] — der damit verbundenen Zahlenmystik einerseits und dem zugrundeliegenden abstrakten Zahlbegriff andererseits — und über den Drang der Maya, Zusammenhänge zwischen allen Lebensbereichen aufzudecken.

7.2.1 Venus

Der Planet, der bei den Maya am meisten beachtet wurde und auch in der Maya-Forschung[128] einen entsprechend hohen Stellenwert besitzt, ist die Venus.[129] Die Bedeutung, die dieser Planet bei den Maya erhielt, läßt sich

---

[125] Vgl. Nahm [347], S. 8. Zur Venustafel vgl. Kapitel 7.2.1.
[126] Justeson [236], S. 91. Entgangen sein dürfte den Maya dieser Zusammenhang nicht, kurzfristig war er sicherlich auch von Bedeutung, auf lange Sicht gesehen aber zu unbrauchbar, als daß sie ihm in ihren Schriften und Berechnungen Platz eingeräumt hätten.
[127] Vgl. Aveni [34], S. 193: "The use of mathematically contrived numbers [...] suggests that the Maya appreciation of number transcended even astronomical principles."
[128] Vgl. neben der zitierten Literatur auch Aveni [32], Aveni/Hotaling [46], Barthel [57], Bricker, V. [86], Brosche/Maupomé [100], Closs [118], [125] und [126], Closs/Aveni/Crowley [127], Davoust [143], Lounsbury [291], [292], [298] und [299], Makemson [318], Meeus/Smith [331], Miller, V. [338], S. 290–294, und Powell [357].
[129] Vgl. Aveni [34], S. 184: "For the Maya the importance of Venus, above all planets, cannot be overstated. It was called *noh ek* (great star), *chac ek* (red star), *sastal ek* (bright star), and *xux ek* (wasp star)." Vgl. auch Lamb [268], S. 235.

vermutlich aus seiner enormen Helligkeit[130] ableiten und aus der Tatsache, daß er — neben Merkur als weiterem inneren Planeten — als eng an die Sonne gebunden und mit deren Schicksal verknüpft erscheint. "Venus announces the sunrise in the morning or rises from the ashes of the deceased solar luminary as darkness approaches",[131] tritt also als Morgen- oder als Abendstern auf, wobei die Identität von Morgen- und Abendstern den Maya bekannt war.

Zwar sind Daten, die sich direkt auf die Venus beziehen, nicht in den kalendarischen Angaben enthalten[132], auch findet man Hinweise auf die Venus in den Inschriften nur sehr selten,[133] doch lassen sich Berechnungen zum Venusjahr nachweisen. Wie bei den Finsternisberechnungen gibt es eine Tafel im Dresdener Codex, die sich mit dem synodischen Umlauf der Venus beschäftigt. Diese befindet sich auf den Blättern *46* bis *50*, ein einleitender Teil geht auf Blatt *24* voran.[134]

Hauptsächlich besteht die Tafel aus fünf Perioden von 584 Tagen, wobei jede Periode eines der Blätter *46–50* umfaßt und in Intervalle von 236, 90, 250 und 8 Tagen unterteilt ist. Die Intervallängen werden als die kanonischen Werte betrachtet, die die Maya den verschiedenen Phasen der Venus

---

[130] Vgl. Aveni [34], S. 83: "Also, Venus is the brightest 'star' in the sky and can be seen even in daylight by a careful observer." Die *Helligkeit* eines Himmelskörpers in der heutigen Astronomie mißt die Intensität seiner Strahlung.
[131] Ebd.
[132] Vgl. Haberland [208], S. 110.
[133] Vgl. z. B. die Notierung eines heliakischen Aufgangs der Venus — also ihres Aufgangs am Morgenhimmel kurz vor dem Erscheinen der Sonne — auf der Osttür des Tempels 11 in Copán (Glyphen A3 - B4): "A most interesting inscription from Copan Temple 11 gives the 'great star' combination, typical in the codices for Venus but very rare in the inscriptions, together with a hand-and-mirror glyph group which is the normal verb of the Dresden Venus table." (Kelley [240], S. 64–66.) Vgl. auch Kelley [238], S. 38f.
[134] "Pages 46–50 of the Dresden Codex would have been known as pages 25–29 if the screenfold manuscript had not become unhinged and separated into two parts, or if it had been realized when pagination was assigned that the two parts were once joined. The five pages of the Venus table were immediately preceded by another (before separation)". (Lounsbury [295], S. 784.) Der genaue Aufbau der Tafel wird diesmal nur insoweit dargestellt, wie es für die Erläuterung des Inhalts notwendig ist, da er dem der Finsternistafel ähnelt. Vgl. dazu etwa Thompsons Aussage über die Tafeln des Codex: "The lay-out is the same tripartite arrangement already noted in the Venus chapter, and which we shall find in other parts of the codex." (Thompson [477], S. 71.)

7.2.1 VENUS

— als Morgenstern (die Venus steht am Morgenhimmel), in oberer Konjunktion (sie läuft, von der Erde aus gesehen, hinter der Sonne entlang, ist also unsichtbar), als Abendstern (die Venus ist sichtbar am Abendhimmel) und in unterer Konjunktion (sie wandert zwischen Erde und Sonne hindurch, ist somit wiederum unsichtbar) — zuordneten.[135]

> The 584-day figure is the average of the approximate lengths of the synodic periods of Venus in a cycle of five, which, to the nearest whole day, are of 580, 587, 583, 583, and 587 days, respectively. It approximates closely the true mean value of 583.92 days. The eight days ascribed to inferior conjunction are a fair approximation to a mean value for a period of invisibility that can vary from a couple of days to a couple of weeks.[136]

Die restlichen Intervallängen sind allerdings nicht korrekt, so hat die der oberen Konjunktion entsprechende mit 90 Tagen einen viel größeren Wert als den wirklichen von etwa 50 Tagen. Des weiteren werden den Morgen- und Abendsternintervallen die ungleichen Werte 236 und 250 zugeordnet, tatsächlich stimmen beide jedoch mit jeweils etwa 263 Tagen überein.[137]

Diese Abweichungen sind mit Sicherheit nicht auf ungenaue Beobachtungen der sonst so exakt arbeitenden und rechnenden Maya zurückzuführen. In diesem Punkt einig, diskutiert die Forschung aber weiterhin die Gründe einer solchen Änderung der Intervallängen. So vertritt ein Teil der Forscher die Meinung, daß rituelle Gründe ausschlaggebend gewesen seien,[138] wobei insbesondere angeführt wird, daß durch die Verschiebung der Intervalle nur bestimmte Tage des *Veintena* angenommen wurden (und so auch nur etwa

---

[135] Vgl. Lounsbury [295], S. 776f.
[136] Ebd., S. 777. Die Tafel kann aufgrund des gleichbleibenden Zyklus von 584 Tagen als ein starkes Argument für Berechnungen und gegen reine Aufzeichnungen von Beobachtungen gewertet werden. In diesem Zusammenhang sei auf Korrekturen durch Basiswechsel und unvollständigen Durchlauf der Tafel hingewiesen (vgl. unten), welche langfristig den auftretenden Fehler der Tafel gering hält, eine exaktere Notation des regelmäßig wiederkehrenden, symmetrischen Variationsschemas der Venusperioden (von 583, 587, 580, 587 und 583 Tagen) jedoch aufgrund der sich ergebenden Verschiebungen nicht zugelassen hätten. (Vgl. Justeson [236], S. 92.)
[137] Vgl. Aveni [34], S. 86. Vgl. auch Nahm [347], S. 6.
[138] "Since we know that the Maya were careful and exacting timekeepers, there may have been ritualistic reasons for these changes which overrode the observations." (Aveni [34], S. 86.)

die Hälfte der *Veintena*-Tage in der Tafel erscheint), während bei den der Realität entsprechenden Größen von 263, 50, 263 und 8 alle Tage aufgetreten wären.[139] Den so ausgezeichneten Daten wird Bedeutung in religiösen Zeremonien zugesprochen, die mit der Venus in Zusammenhang gestanden hätten,[140] jedoch wird dies in der entsprechenden Literatur nicht weiter ausgeführt. So gibt es — obwohl prinzipiell möglich — keine direkten Belege für diese These.[141] Eine andere Theorie geht davon aus, daß die Intervalle mit den gegebenen Längen angesetzt wurden, um den Venuszyklus mit einem anderen Zyklus in Einklang zu bringen.[142] Ein solches Vorgehen war für die Maya durchaus üblich. Vermutet wird eine Verbindung zur Mondperiode, denn 236 Tage sind ca. acht und 90 Tage etwa drei Mondperioden.[143] Als Beleg wird gewertet, daß die Wahrscheinlichkeit, zufällig eine Aufteilung der Intervalle gemäß den Mondzyklen zu erhalten, bei weniger als 1,5 Prozent liegt.[144] Angenommen wird, daß die Maya ihr Venusjahr[145] in Abschnitte von der Länge einer Mondperiode unterteilten. "These sections will be called Venus months"[146] und beeinflußten wahrscheinlich die Kriegsführung der Maya.[147]

Der Zusammenhang von Venus und Krieg wird durch die Tafel selbst betont. Die numerischen und kalendarischen Informationen sind in den linken vier Spalten jeden Blattes (jedes Teilintervall der 584 belegt eine

---

[139] Vgl. Justeson [236], S. 94. Gibbs, die diese Theorie vorgeschlagen hat, versucht zudem, eine Verbindung zwischen den *Veintena*-Tagen und bestimmten Venuspositionen herzustellen. (Vgl. die Diskussion in Gibbs [187], S. 30–35, und Aveni [34], S. 190f.)
[140] Vgl. ebd., S. 191.
[141] Vgl. Justeson [236], S. 94: "no positive data strongly supports or even suggests it."
[142] Vgl. ebd.
[143] Vgl. Nahm [347], S. 7. Es sind 236 Tage = 8,0 Mondperioden − 0,24 Tage, und es gilt 90 Tage = 3,0 Mondperioden + 1,41 Tage. (Vgl. Aveni [27], S. 89.) Anstelle der 90 hätte allerdings 89 nähergelegen (vgl. ebd., S. 99), welche die beste ganzzahlige Näherung an die dreifache Mondperiode gewesen wäre. Dies verlangt nach einer Begründung, jedoch wurde dies noch nicht diskutiert.
[144] Vgl. Justeson [236], S. 94: "with $1\frac{1}{2}$ days leeway around an exact lunar month the likelihood of getting such agreement by chance would be at most $\frac{4}{29}$ for the 90-day case (87–90 being within $1\frac{1}{2}$ of $88\frac{1}{2}$) and $\frac{3}{29}$ for the 236 day case (235–237 being within $1\frac{1}{2}$ of 236); the likelihood of getting both at lunar month intervals would be no more than 12/841, less than 1.5 per cent."
[145] Ein Venusjahr entspricht der synodischen Umlaufzeit der Venus von 583,92 Tagen.
[146] Nahm [347], S. 7.
[147] Vgl. Kapitel 7.2.

Spalte) notiert, auf den rechten Seiten der Blätter findet man mit Bildern illustrierte astrologische Interpretationen und Vorhersagen, "associated with each of the five calendrical varieties, or celestial regions, of heliacal risings of Venus."[148] Auf den mittleren Illustrationen sieht man Götter, die mit Kriegsinstrumenten ausgestattet sind. Die Beziehung von Venus und Krieg ist also mehr als deutlich in der Tafel vorhanden:

> They are assumed, on the basis of analogy with information contained in Mexican ethnohistorical sources, to represent the guises or manifestations of Venus at each of its canonical heliacal risings. The shafts emanating from the Morning Star on these occasions were said to have 'speared,' each time, a different order of victims. The lower illustrations are of deities or other symbolic figures that represent the primary victims, each being shown pierced, or about to be pierced, with a spear.[149]

Betrachtet man den Aufbau der Tafel, so ist die Existenz von fünf Perioden à 584 Tagen sicherlich darin begründet, daß fünf Venusjahre acht angenäherten Jahren entsprechen, da $584 \times 5 = 8 \times 73 \times 5 = 8 \times 365$ ist. Die Länge eines solchen kombinierten Zyklus von 5 Venusjahren oder 8 angenäherten Jahren beträgt 2 920 bzw. 8.2.0 Tage. "This is the accumulation of days after one procession through the five pages of the table. It is recorded as such on page 50".[150] Da in 2 920 der *Veintena*-Faktor enthalten ist, der *Trecena*-Faktor jedoch nicht, benötigt man 13 ganze Durchläufe der Tafel, um zum gleichen Tag der *Sacred Round* zurückzukehren. Auch diese Tatsache ist in der Tafel dokumentiert, denn die zu den kumulierenden Tagen gehörenden Daten der *Sacred Round* sind in den 13 oberen Reihen der fünf Blätter angegeben, wobei der *Trecena*-Koeffizient in jeder Spalte Zeile für Zeile variiert (dem erreichten Datum entsprechend), während sich das *Veintena*-Tageszeichen wiederholt und damit von Durchlauf zu Durchlauf

---

[148] Lounsbury [295], S. 777.
[149] Ebd. Vgl. zusätzlich Milbraths Interpretation der Bilder: "the images are divided into five different groups representing the five Venus cycles (equivalent to eight solar years), with the five sidereal positions of Venus perhaps beginning the five Venus counts." (Milbrath [335], S. 274f.)
[150] Lounsbury [295], S. 777.

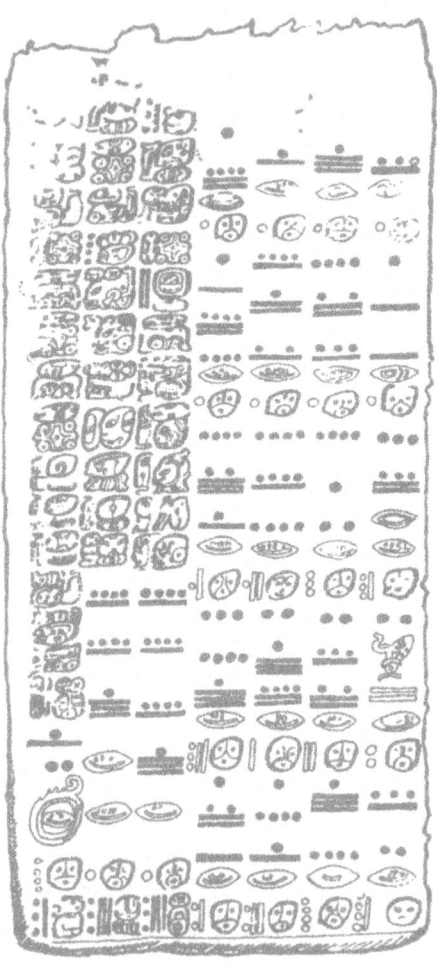

Abbildung 7.4: Venustafel (Ausschnitt): Blatt 24 des Dresdener Codex. (Malmström [320], S. 186, und Villacorta/Villacorta [506], S. 58.)

7.2.1 VENUS

erhalten bleibt.[151] Auf diese Weise erhält man einen größeren Zyklus von 13 × 2 920 = 37 960 Tagen, was wiederum zwei *Calendar Round*-Durchläufen, 65 synodischen Venusumläufen, 104 angenäherten Jahren,[152] 146 *Sacred Rounds*[153] oder 219 Eklipsesemestern von 173,30906 Tagen — letzteres mit einem Fehler von etwa 5,32 Tagen — entspricht.[154] Die Abweichung des 584-Tage-Zyklus von der Venusjahrlänge mit 583,92 Tagen liefert einen Fehler von $65 \times 0,08 = 5,2$ Tagen bei einem gesamten Durchlauf der Tafel von 37 960 Tagen. Dies stellt genauso eine Abweichung nach unten dar, wie die 5,32 Tage der 219 Eklipsesemester. Der tatsächliche Venuszyklus von $65 \times 583,92 = 37 954,80$ Tagen und die Länge der 219 Eklipsesemester (= $219 \times 173,30906 = 37 954,68$ Tage [Rundung der Ergebnisse nach der zweiten Stelle]) unterscheiden sich also nur um 0,12 Tage; ein weiterer Beleg dafür, daß Mondperioden und Venuszyklen leicht aufeinander bezogen werden können.

Des weiteren finden sich drei Zeilen mit Datumsangaben des angenäherten Jahres auf jeder Seite der Tafel, wobei zu beachten ist, daß das Datum des angenäherten Jahres nach vollständigen Durchläufen (und im Gegensatz zu den *Sacred Round*-Daten) stets erhalten bleibt, da die kumulierenden 2 920 Tage mit 8 angenäherten Jahren übereinstimmen. Weil die Tafel wiederholt ohne Korrektur durchlaufen werden kann und sich so zum direkten Wiedereinstieg eignet, ergeben sich mit diesen Datumsangaben insgesamt drei vollständige Tafeln von 37 960 Tagen, "each self-contained and complete."[155] Daher kann man auch von drei verschiedenen Basen sprechen, die aufgrund des möglichen bruchlosen Neuanfangs mit den am Ende der Tafel aufgeführten Daten übereinstimmen, gebildet aus den Daten des angenäherten Jahres, die in der letzten der vier Spalten auf Seite *50* notiert sind, und dem allerletzten *Sacred Round*-Datum der Tafel, 1 Ahaw. "The

---

[151] Des weiteren enthält der einleitende Teil auf Blatt *24* (vgl. die folgende Abbildung) eine Multiplikationstafel mit Vielfachen von 8.2.0 Tagen, also jeweils fünf Venusjahren, bis hin zu (13 × 5 =) 65 Venusjahren.
[152] Vgl. Lounsbury [295], S. 777.
[153] Vgl. Aveni [34], S. 188.
[154] Vgl. Nahm [347], S. 6, der jedoch von einem Eklipsesemester von 173,37 Tagen ausgeht.
[155] Lounsbury [295], S. 780.

three alternative bases, in the order of their listing in the table, are the calendar-round days *(a) 1 Ahau 13 Mac, (b) 1 Ahau 18 Kayab,* and *(c) 1 Ahau 3 Xul*",[156] "the three recorded bases correspond to successive historical bases near the heliacal rise of Venus".[157] *13 Mak und 3 Xul* liegen nach Lounsburys Überlegung 4.18.17.0 Tage (also 35 620 Tage oder etwas weniger als 98 Jahre) auseinander, wobei er als Angelpunkt der Tafel das Datum 10.10.11.12.0 *1 Ahaw 18 K'ayab* ansieht.[158]

Im folgenden wird deutlich, daß diese Basen mit Korrekturbetrachtungen[159] der Maya in Zusammenhang stehen, wobei der zeitliche Abstand von etwa einem Jahrhundert einen ersten Hinweis auf das verwendete Korrekturschema gibt. Wie schon erwähnt, kumuliert die Abweichung des 584-Tage-Zyklus von der realen Venusjahrlänge von 583,92 Tagen zu 5,2 Tagen bei einem gesamten Durchlauf der Tafel von 37 960 Tagen.

> This, however, is still within the range of variability and ambiguity in the beginnings and endings of the periods of visibility of the planet. For the accumulation of error to pose an acute problem might have required more than one run through the table. But toward the end of a second run it would surely have been perceived as critical.[160]

Spätestens nach dem zweiten Durchlauf der Tafel ergibt sich die Notwendigkeit von Korrekturen. Um eine Korrektur von fünf Tagen am Ende eines Durchlaufs oder von zehn Tagen am Ende von zwei durchzuführen, hätte die Tafel komplett neu geschrieben werden müssen, denn *1 Ahaw* wäre dann nicht mehr Basisdatum gewesen. Aber *1 Ahaw* verbleibt, wie aus den drei aufgelisteten Daten ersichtlich, als Basis der Venustafel. "This suggests that

---

[156] Ebd.
[157] Justeson [236], S. 91.
[158] Vgl. Lounsbury [295], S. 787. Seine Herleitung dieses historischen Datums erfolgt mit Hilfe des einleitenden Teils auf Blatt *24* des Dresdener Codex, kann allerdings hier nicht ausgeführt werden. Man vgl. ebd., S. 784–787. Vgl. auch Teeple [466], S. 97., der dieses Datum schon als einen möglichen Ausgangspunkt der Tafel vermutete.
[159] Closs vermutet weiterführend, daß diese Basen primär keinem Korrekturmechanismus durch Basiswechsel, sondern vielmehr einem Verfahren dienten, die Position eines beliebigen Datums im Venusjahr zu bestimmen. Zu seiner Argumentation vgl. Closs [117].
[160] Lounsbury [295], S. 781.

7.2.1 VENUS

the day *1 Ahau* was somehow sacrosanct as the day for a Venus epoch — which is known, in fact, to be true: 'One-Ahau' was the calendrical name of the mythical hero who 'became' Venus."[161] Korrekturen wurden also nicht primär entsprechend der Größe des aufgetretenen Fehlers eingefügt, sondern so, daß eine neue Basis wieder bei *1 Ahau* lag, "somewhere in the cycle, that would come satisfactorily close to coincidence with a heliacal rising."[162] Ziel war es demnach, Punkte zu finden, an denen die gleiche Position im Venusjahr regelmäßig in etwa mit dem gleichen Datum in der *Sacred Round* übereinstimmte. Abgesehen von einem solchen Punkt nach dem relativ kurzen Zeitraum von vier Venusjahren (mit einer Abweichung von Venusjahr und *Sacred Round* von ungefähr 4 Tagen) tritt diese Situation erst wieder nach 57 oder 61 Venusjahren auf, mit Abweichungen von etwa dreieinhalb bzw. einem Tag.[163] "These spans define the period during which the table *had* to be used from one 1 Ahau basedate before shifting to a new 1 Ahau basedate for heliacal rising — at least 57 Venus years — and the times (57 or 61 Venus years) at which corrections would have to be instituted."[164] Entsprechend korrigierten die Maya nach 61 Durchläufen von 584 Tagen die Tafel um 4 Tage nach unten — am Tag *5 K'an* (Blatt *46*, Zeile 13, Spalte D) — und begannen erneut mit der Basis *1 Ahau*, oder sie zogen 8 Tage von *9 Lamat* (Blatt *47*, Zeile 12, Spalte D) ab, um nach 57 × 584 Tagen neu zu beginnen.[165] Dadurch erzeugten sie wiederum neue

---

[161] Ebd. Der Name, den der hier diskutierte Tag im yukatekischen Maya des 16. Jahrhunderts (und damit zur Zeit der Niederschrift des *Popol Vuh*) trägt — *Ahau* ('Herr') — entspricht dem Kalendernamen *Hunahpu* ('Jäger') im K'iche' derselben Zeit (das *Popol Vuh* wurde von den K'iche' überliefert). (Vgl. zur Benennung der Tage Edmonson [156], S. 11.) Für die heutigen K'iche' gilt entsprechend: "Venus in its morning-star aspect is called *Junajpu*, a day name that is also the personal name of a mythic hero in the ancient Quiché text known as the *Popol Vuh*". (Tedlock, B. [462], S. 28.) Vgl. auch Schele/Freidel, wonach *Hunahpu* in der klassischen Periode *Hun-Ahaw* und *Xbalanque Yax-Balam* hießen. (Schele/Freidel [405], S. 63.) "Tatsächlich konnte der jüngere der Zwillinge in der klassischen Periode mit Sonne wie Mond assoziiert werden [...], während der ältere die Sonne in der ersten und Venus in der zweiten Opposition war. Es ist wichtig, sich klarzumachen, daß multidimensionale Wesen wie Jaguar/Sonne/Mond oder Venus/Himmelsmonster/Sonne nicht ausschließliche und unveränderbare, sondern vielmehr dynamischem Wandel unterworfene, vielgestaltige Entitäten waren." (Ebd., S. 519).
[162] Lounsbury [295], S. 781.
[163] Vgl. Justeson [236], S. 92. Sonst beträgt die Abweichung immer mindestens 5 Tage. (Vgl. ebd.)
[164] Ebd. Vgl. auch Lounsbury [295], S. 787.
[165] Vgl. ebd.

Kalenderrunden von 61 Venusjahren (einschließlich Korrektur) = 137 *Sacred Rounds* (denn 61 × 584 − 4 = 35 620 = 137 × 260) bzw. von 57 Venusjahren (einschließlich Korrektur) = 128 *Sacred Rounds* (denn 57 × 584 − 8 = 33 280 = 128 × 260).[166]

Die Differenz zwischen *1 Ahaw 13 Mak* (11.0.3.1.0) und *1 Ahaw 3 Xul* (11.5.2.0.0)[167] von 4.18.17.0 Tagen entspricht dabei gerade den korrigierten 61 Venusjahren von 61 × 584 − 4 = 35 620 Tagen, so daß in den auf Blatt *50* notierten Daten der *Calendar Round* der Korrekturmechanismus nach 61 Venusjahren enthalten ist. *1 Ahaw 18 K'ayab* (10.10.11.12.0) und *1 Ahaw 13 Mak* (11.0.3.1.0) liegen zwar 9.11.7.0 Tage auseinander,[168] allerdings läßt sich diese Differenz darstellen als 4.12.8.0 + 4.18.17.0, wobei der erste Summand die Anzahl der Tage von 57 korrigierten Venusjahren (also 57 × 584 − 8 = 33 280) angibt, der zweite wiederum auf eine Korrektur nach 61 Venusjahren hinweist. Dann müßte ein weiteres Basisdatum der Tafel existieren, das gerade zwischen diesen beiden Daten liegt. Man kann es zu *1 Ahaw 18 Wo* (10.15.4.2.0)[169] berechnen. "It will be noted that a day *1 Ahau 18 Uo* is recorded on page 24 of the codex, at the bottom of the third column on the left-hand side",[170] in einer Zeile mit dem Nulldatum *4 Ahaw 8 Kumk'u* und dem Angelpunkt der Tafel, *1 Ahaw 18 K'ayab*. Lounsburys Untersuchungen liefern noch eine Reihe bemerkenswerter Ergebnisse, die hier jedoch nicht ausführlich diskutiert werden können:

> Lounsbury finds optimum intervals among combinations of the three Calendar Round base dates written in the table (1 Ahau 13 Mac, 1 Ahau 18 Kayab, 1 Ahau 3 Xul), thus deducing most of the quantities tabulated in [...] the multiplication table on page 24. His analysis, far too detailed to report in these pages, envelops many more visible aspects of the table than those of his predecessors and produces the same dramatic result in the realm of astronomical accuracy — that the Maya astronomers had succeeded in tabulating the motion of Venus to .08 part of a

---

[166] Vgl. Haberland [208], S. 110.
[167] Vgl. zu den *Long Count*-Datumsangaben Lounsbury [295], S. 787.
[168] Man beachte, daß dieses Intervall ebenfalls auf Blatt *24* der Tafel aufgeführt wird, genauso wie 4.12.8.0.
[169] Vgl. Lounsbury [295], S. 787.
[170] Ebd., S. 784.

7.2.1 VENUS

day in 481 years. Lounsbury's scheme also possesses the added advantage that many of the derived intervals in his correction program have the commensurability property so common among important Maya calendrical numbers."[171]

Um das genannte Optimum der Abweichung von 0,08 Tagen in mehr als 481 Jahren zu erreichen, mußte ein Schema entworfen werden, aus dem ersichtlich wird, wie oft welche Korrektur am günstigsten anzuwenden war. Es stellte sich heraus, daß vier Korrekturen von jeweils vier Tagen nach je 61 Umläufen gefolgt von einer weiteren von 8 Tagen nach 57 Umläufen dieses optimale Ergebnis lieferten.[172] Das Schema deckt 175 760 Tage = (676 × 260) Tage = 676 *Sacred Rounds* = (301 × 584 − 4 × 4 − 8) Tage = 301 Venusjahre − 24 Tage oder etwa 481,215 Jahre ab. Der Fehler betrug am Ende dieses Zeitraums (301 × 0,08 − 24) Tage = (4 × 61 × 0,08 + 57 × 0,08 − 24) Tage = 0,08 Tage.[173]

Bei all diesen faszinierenden Eigenschaften der Tafel darf jedoch nicht vergessen werden, daß sie keinen vorhersagenden Zweck erfüllen sollte, sie über kürzere Zeiträume hinweg dafür auch völlig ungeeignet gewesen wäre, sondern daß sie vielmehr Ausdruck der Kommensurabilitätsbestrebungen der Maya war: "They [die Maya, A.S.] seemed to be willing to falsify their short-term planetary observations in order to make the planetary motion fit the ritual calender."[174]

Auf einen wichtigen Punkt im einleitenden Teil der Tafel soll im Zusammenhang der Kommensurabilität noch aufmerksam gemacht werden. So findet man auf Blatt *24* die Zahl 6.2.0 über dem *Calendar Round*-Nulldatum *4 Ahaw 8 Kumk'u*, "with a 'ring' — a band of cloth, looped and knotted at the top — encircling its last digit. A number so marked is a negative base, at that distance prior to the beginning of the current era."[175] In den nächsten

---

[171] Aveni [34], S. 191.
[172] Demzufolge wurden die *Sacred Round*-Daten der letzten Zeile 13 nie ganz durchlaufen. "They are present because the last entry was the current basedate, and perhaps also for completeness in presenting the canonical correlation of the SR [*Sacred Round*, A.S.] and Venus years in two calendar rounds, an elegant structure in its own right according to Maya constructs." (Justeson [236], S. 122.)
[173] Vgl. Aveni [36], S. 71.
[174] Aveni [34], S. 190.
[175] Lounsbury [295], S. 786. Solche Zahlen werden *Ring Number* genannt. Man beachte, daß dieses Beispiel eine der wenigen überlieferten Notationen negativer Zahlen der Maya ist.

Spalten folgen der *Ring Number* die Daten 9.9.16.0.0 und 9.9.9.16.0.[176] Die Rechnung, welche diese drei Daten in Verbindung setzt, dürfte vermutlich folgendermaßen ausgesehen haben:[177]

$$
\begin{array}{rlll}
 & 13.0.0.0.0 & 4\ Ahaw & 8\ Kumk'u \\
- & 6.2.0 & 1\ Ahaw & 18\ K'ayab \\
+ & 9.9.16.0.0 & & \\
\hline
 & 9.9.9.16.0 & 1\ Ahaw & 18\ K'ayab \\
\end{array}
$$

Ein Motiv für die Wahl solcher negativen *Ring Numbers* glaubt Lounsbury in den Distanzzahlen zu erkennen, die sie mit historischen Daten in Bezug setzen: "They [die Distanzzahlen, A.S.] are contrived numbers. They are multiples of the values of various periods or cycles such as are in some way relevant to the commemorated date and event."[178] In diesem Fall ist die Zahl 9.9.16.0.0 die erfundene Distanzzahl, und sie hat in der Tat erstaunliche Faktoren:[179]

9.9.16.0.0	=	1 366 560	=	
151 840	×	9		(Herren der Nacht)
11 680	×	117		(Merkurjahre (jeweils +1 Tag))
5 256	×	260		(*Sacred Rounds*)
3 744	×	365		(angenäherte Jahre)
2 340	×	584		(Venusjahre)
1 752	×	780		(Marsjahre oder dreifache *Sacred Rounds*)
468	×	2 920		(fünffache Venusjahre)
72	×	18 980		(*Calendar Rounds*)
36	×	37 960		(Längen der Venustafel oder doppelte *Calendar Rounds*)

---

[176] Vgl. z. B. ebd., S. 785. Um die integrative Natur der Tafeln zu verdeutlichen, hat Spinden darauf aufmerksam gemacht, daß die Länge der Finsternistafel herausragende Punkte in der Venustafel verbindet, so ist 9.9.16.0 *1 Ahaw 18 K'ayab* + 1.13.4.0 (= 11 960) Tage = 9.11.3.2.0 *1 Ahaw 13 Mak*. (Vgl. Spinden [442], S. 92, und Aveni [34], S. 328.)
[177] Vgl. z. B. Lounsbury [295], S. 786f., oder Thompson [477], S. 62.
[178] Lounsbury [295], S. 787.
[179] Vgl. auch ebd. und Aveni [34], S. 192. Vgl. in diesem Zusammenhang ebenso Gilbert/Cotterell [188], S. 39–69, und Kapitel 7.4.

Zum Schluß sei darauf hingewiesen, daß die Venustafel des Dresdener Codex nicht die einzige ist, sondern der gesamte Grolier-Codex als Teil einer Venustafel gilt.[180] Jedoch enthält der Dresdener wesentlich mehr Informationen als der Grolier-Codex,[181] so daß letzterer nicht mehr eingehend diskutiert werden soll.[182] Erwähnenswert erscheint lediglich die Tatsache, daß auch im Grolier-Codex den Phasen der Venus die Intervalle 236, 90, 250 und 8 Tage zugeordnet werden. "Its validity establishes the widespread use of these four peculiar divisions of the Venus cycle",[183] was im Rahmen einer Diskussion über die Entstehung der Intervallängen sicherlich interessant wäre.

7.2.2 Anmerkungen zu den weiteren sichtbaren Planeten

"There is still debate about other members of our solar system that might have been consistently observed by Mesoamerican astronomers."[184] Gemeint sind hier die mit dem bloßen Auge sichtbaren Planeten mit Ausnahme der Venus: Merkur, Mars, Jupiter und Saturn. Keinem dieser Planeten ordnet die Forschung einhellig eine Tafel eines Codex zu.[185] Berechnungen synodischer oder sogar siderischer Umlaufzeiten dieser Planeten durch die Maya bleiben so Vermutungen, auch wenn diese Himmelsobjekte mit Sicherheit beobachtet wurden.

Heftig umstritten ist die Situation nach wie vor beim Mars, dem roten Planeten.[186] Ihm werden von einigen Forschern die Mitte der Blätter *43-45* des Dresdener Codex (auf sie wird im allgemeinen mit *43b-45b* referiert)

---
[180] Vgl. Aveni [34], S. 193.
[181] Vgl. Coe [130], S. 150.
[182] Vgl. dazu Carlson [107].
[183] Aveni [34], S. 194.
[184] Coe [131], S. 21.
[185] Vgl. Thompson [482], S. 91, und Everson [164], S. 155ff.
[186] Zur Diskussion vgl. in chronologischer Reihenfolge Willson [528], S. 22-26, Makemson [318], S. 213-216, Thompson [477], S. 22f., und [488], S. 257f., Coe [131], S. 21f., Aveni [34], S. 195-199, Bricker, V./Bricker, H. [89], Justeson [236], S. 98-102, Bricker, V./Bricker, H. [91], Love [300], Everson [164], S. 15f. sowie ab S. 446, und Bricker, H./Bricker, V. [81].

zugesprochen. Blatt *43b* enthält neben dem *Long Count*-Datum 9.19.8.15.0 (= 1435980 = 780 × 1841) und zweimal dem *Sacred Round*-Datum *3 Lamat* in der ersten Spalte noch die *Ring Number* 17.12 (= 352), das Nulldatum *4 Ahaw* und den Kopf des sogenannten 'Mars-Biestes' oder 'Himmelsmonsters'.[187] Eine über mehrere Spalten reichende Multiplikationstabelle ist auf den Blättern *43b* und *44b* verzeichnet, und auf *44b* und *45b* findet man einen Almanach.[188] Die Multiplikationstabelle listet Vielfache von 78 (bis zu 10 × 78)[189] und von 780 (mit Abweichungen bzw. Variationen, primär in Form von aufaddierten Vielfachen von 260) auf,[190] der Almanach, in vier Teile gespalten, die Intervalle 19, 19, 19, 21 (in der Summe wieder 78) und, über diesen positioniert, vier Abbildungen des "Mars beast",[191] "an animal with an upturned snout, cloven hooves, and spotted body, hanging upside down from a sky band".[192] Dessen Kopf erscheint in einem dreireihigen, über den Abbildungen aufgeführten Glyphenblock erneut, zusammen mit Glyphen für Finsternis und für die vier Himmelsrichtungen (je Abbildung eine).[193] Zehn Durchläufe durch den Almanach ergeben 780 Tage oder 3 *Sacred Rounds*, wodurch wieder das Basisdatum *3 Lamat* erreicht wird und eine neue Runde von 780 Tagen gestartet werden kann.[194]

Da die durchschnittliche synodische Umlaufzeit des Mars bei 779,93651 Tagen liegt,[195] entspricht die Zahl 780 also nicht nur 3 *Sacred Rounds*, sondern ist gleichzeitig die beste ganzzahlige Näherung an das durchschnittliche Marsjahr mit einem Fehler von etwas mehr als 6 Tagen in 100 ×

---

[187] Befürworter der Theorie einer Marstafel nennen das dort auch in Abbildungen vorhandene Wesen 'Mars-Biest', Gegner und Vertreter der Ansicht, die Tafel habe mit Landwirtschaft und Wetter zu tun, 'Sky beast' bzw. 'Himmelsmonster'. (Vgl. unten.)
[188] Vgl. z. B. Love [300], S. 351.
[189] "It is worth noting that multiples of 78 occur elsewhere in the Dresden, most notably on page 59 following the eclipse table". (Aveni [34], S. 195.)
[190] "Within the table of multiples of 780 appear a number of either variations or errors." (Love [300], S. 351.)
[191] Willson [528], S. 34.
[192] Bricker, V./Bricker, H. [89], S. 51. Vgl. auch Thompson [477], S. 108. "Sky bands are rectangular bands with enclosures containing signs whose referents are predominantly signs for sky, moon, sun and star; they seem to indicate celestial locations of illustrated deities." (Justeson [236], S. 126.)
[193] Vgl. Villacorta/Villacorta [506], S. 98–101, oder Cholsamaj [115], S. 43(76)–45(78).
[194] Vgl. Love [300], S. 351.
[195] Vgl. Justeson [236], S. 99.

7.2.2 WEITERE SICHTBARE PLANETEN

10 Durchläufen des Almanachs, also nach jeweils 100 ×10 × 78 Tagen = 78 000 Tagen bzw. 213,56 Jahren. Als weitere Argumente für eine Marstafel werden von deren Befürwortern die *Ring Number* 352 und die Zahl 78 selbst gewertet:[196] "Now, the number 352 figures prominently in the Mars theory because, as Willson shows, it is very nearly equal to the average number of days between conjunctions and stationary points for Mars on its orbit."[197] Auch die 78 kann auf den Marsumlauf bezogen werden, denn sie gibt in etwa den Zeitraum seiner Rückläufigkeit an. Des weiteren hat die Tafel einen den anderen (astronomischen) Tafeln nicht unähnlichen Aufbau — Angabe der Tafelbasis, Multiplikationstabelle mit Vielfachen eines Tafeldurchlaufs und schließlich der Almanach mit der Notation eines Durchlaufs.

Allerdings umfaßt ein gesamter Durchlauf nicht einmal eine ganze Marsperiode von 780 Tagen, wie das bei der Venustafel pro Blatt gegeben ist, sondern nur ein Zehntel dieser Zeit, wobei dieses Intervall wiederum unterteilt ist.[198] Die gleichmäßige Aufteilung der 780 in Abschnitte von 78 kann nicht mit besonderen Positionen des Mars auf seiner scheinbaren Umlaufbahn in Bezug gesetzt werden.[199] Entsprechend erscheinen die Vielfachen von 78 in der Multiplikationstabelle als unüblich. Aveni spekuliert:

> It is conceivable that the ten stations may refer to different positions of the planet along the ecliptic. In this case the cloven-hoofed Mars beast might be suspended from bands representing component constellations of a Maya zodiac. To chart the course

---

[196] Bricker/Bricker beanspruchen für sich, weitere Argumente für eine Interpretation als Marstafel gefunden zu haben, "not heretofore considered by astronomers and epigraphers" (Bricker, V./Bricker, H. [89], S. 52), denen jedoch z. B. von Love und zum Teil auch vom Marstafel-Befürworter Justeson widersprochen wird. (Vgl. Love [300], S. 353–358, und Justeson [236], S. 101.) Allerdings akzeptiert Love genausowenig Justesons Argumentation. (Vgl. Love [300], S. 358f.)

[197] Aveni [34], S. 197. Der Begriff *Konjunktion* bezeichnet bei den äußeren Planeten (zu denen der Mars gehört) deren Position hinter der Sonne und somit die Unsichtbarkeit der Planeten. Die scheinbaren Stillstände und die scheinbar auftretende Rückläufigkeit der äußeren Planeten sowie ihre damit verbundenen Schleifenbahnen sind auf die Eigenbewegung der Erde um die Sonne und die dadurch entstehenden Beobachtungsbedingungen zurückzuführen.

[198] "Whereas the Venus and eclipse tables are presented as multiples of complete cycles, the 'Mars table' is presented in small fractions of a cycle." (Love [300], S. 352.)

[199] "A table having 40 evenly spaced stations does not correspond to natural subdivisions of a planetary cycle." (Justeson [236], S. 99.)

of a superior planet in this manner makes good sense, for such bodies, unlike Mercury and Venus, often appear opposite the sun in a darkened sky full of stars.[200]

Ein Weg zum 'Recycling'[201] der Tafel wird von Bricker/Bricker vorgeschlagen,[202] jedoch bezeichnet selbst Justeson die die Struktur der Tafel betreffenden Schlußfolgerungen der Brickers als "at the very least controversial."[203] Weitergehend läßt sich zeigen, daß ein Schema wie jenes der Venustafel kein angemessenes Modell für eine Marstafel zur Verfügung stellen kann.[204] Aber selbst wenn man nicht von einer Korrektur der Tafel ausgeht, widerspricht diese Tatsache nicht der Annahme einer Marstafel, denn die ganzzahlige Näherung von einer einzelnen synodischen Umlaufzeit des Planeten korrespondiert ohne Korrekturen hervorragend mit der *Sacred Round*, womit die Maya ihr primäres Ziel der Kommensurabilität schon erreicht hatten.[205] Durch diese Übereinstimmung ist insbesondere stets die gleiche Basis *3 Lamat* gegeben, die in der Tafel unter jedem Vielfachen von 780 (plus eventueller Vielfacher von 260) auch explizit notiert ist.

Die Gegner der Theorie einer Marstafel, allen voran Thompson, sehen in der von anderen planetarischen Tafeln abweichenden Struktur (ein Durchlauf durch den Almanach umfaßt nur ein Zehntel der synodischen Umlaufzeit des Planeten) eines ihrer Hauptargumente dafür, daß die Tafel in keinem Zusammenhang mit dem Marsumlauf stehen muß. Des weiteren gibt es eine andere Tafel mit Vielfachen von 78 auf den Blättern *58–59* des Dresdener Codex, die nach Meinung aller Forscher — mit Ausnahme Willsons — keinen Bezug zum Mars hat, was ebenfalls als Indiz dafür gewertet wird, daß auch die zur Diskussion stehende nicht als Marstafel zu betrachten sei.[206]

---

[200] Aveni [34], S. 198. Everson kommentiert diesen Vorschlag Avenis mit: "this suggestion seems to have been stillborn. No one else seems to have entertained such a hypothesis". (Everson [164], S. 458f.)
[201] Vgl. Bricker, V./Bricker, H. [89], S. 57.
[202] Genauer vgl. ebd., S. 57–60.
[203] Justeson [236], S. 101.
[204] Vgl. ebd., S. 99.
[205] "It is necessary to emphasize what has already been said, namely that every astronomical mechanism, just like everything else in Maya life, had to be related to the 260-day sacred almanac." (Thompson [482], S. 86.)
[206] Vgl. Everson [164], S. 15f.

7.2.2 WEITERE SICHTBARE PLANETEN

Ebenso verbuchen sie die Tatsache für sich, daß 780 Tage eine dreifache *Sacred Round* sind, kombiniert mit der Argumentation, daß Basis der meisten Almanache der 260-Tage-Zyklus sei und es eine Reihe weiterer Zyklen mit längeren Zeitperioden in den Codices gebe, ohne daß diese Almanache astronomische Bezüge besäßen.[207]

> In the Dresden Codex, besides some 59 almanacs of 260 days, there is one double almanac of 520 days as well as two triple almanacs of 780 days (including the one under discussion), one quadruple almanac of 1,040 days, three septuple almanacs of 1,820 days, and one ninefold almanac of 2,340 days. It is not surprising that the Maya priests would occasionally use a triple almanac of 780 days, and hence the number 780 could be explained as a triple *tsolk'in* and little more.[208]

Die Glyphen des Textes über den Bildern werden von Thompson (und in seiner Nachfolge von Love) mit Landwirtschaft, insbesondere mit Getreide und Wetter, in Bezug gesetzt, genauso wie die Bilder des 'Himmelsmonsters' mit Regen in Zusammenhang gebracht werden.[209] "In the Madrid Codex (pages 2a, b) there are two almanacs with the same Sky Beast holding axes and torches, with the same 19-day intervals between *t'ols* and with some of the same glyphs."[210] Dies weise eindeutig auf den Regen- und Blitzgott *Chak* hin. Außerdem seien Regenfälle im Madrider Codex dargestellt, die ebenso zwischen *Chak*-Almanachen zu finden seien. Vor allem aber sei auf keinen Fall irgendein Indiz für Planeten gegeben.[211]

Jedoch enthalten die Abschnitte des Himmelsbandes, von denen die 'Himmelsmonster' herabhängen, sowohl auf den diskutierten Seiten im Dresdener Codex als auch auf den zum Vergleich herangezogenen des Madrider Codex Zeichen, die auf den Mars und andere Himmelskörper hinweisen, und Glyphen der Himmelsrichtungen begegnen dem Leser nicht nur in der Tafel

---

[207] Vgl. in diesem Zusammenhang auch Aveni/Morandi/Peterson [47] und [48], die sich mit den Zeitperioden in den Almanachen der Codices auseinandersetzen.
[208] Love [300], S. 352.
[209] Vgl. ebd.
[210] Ebd.
[211] Vgl. ebd.

des Dresdener Codex, sondern ebenso auf den entsprechenden Seiten des Madrider Codex.[212] Für einen Bezug zum Himmelgeschehen spricht auch, daß das Himmelsmonster[213] als Symbolisierung der Bewegungen von Sonne und Venus und "— in erweitertem Sinn — auch die der anderen Planeten durch das Sternenmeer der Nacht und über das Himmelsgewölbe bei Tag"[214] verstanden wird. Neben dem direkten Bezug des Himmelsmonsters zu Planetenbewegungen kann man andererseits eine Verbindung zwischen *Chak* und dem Himmelsmonster herstellen, denn von *Chak* wird angenommen, daß er eine andere Erscheinungsform des Gottes GI der Göttertrias von Palenque ist,[215] welcher einen Kopfputz trägt, der das Viergeteilte Monster darstellt.[216] Das Viergeteilte Monster wiederum tritt als Kopf des Himmelsmonsters auf, wo es die Sonne symbolisiert.[217] Schele/Freidel verbinden *Chak* und Gott GI der Göttertrias explizit mit dem Planeten Venus,[218] an anderer Stelle geben sie allerdings Hinweise auf eine Identifizierung der spirituellen Alter egos der Planeten Mars, Jupiter und Saturn mit der Göttertrias[219] und damit von Mars mit GI. Ein Bezug zum Himmel ist anscheinend auch im sprachlichen Bereich gegeben, so vermutet Escalona Ramos eine direkte Beziehung zwischen *Chak*, dessen Name neben 'Blitz' auch 'rot'

---

[212] Vgl. Villacorta/Villacorta [506], S. 228f.

[213] Es wird auch als Kosmisches Monster bezeichnet (Schele/Freidel [405], S. 482) und allgemein beschrieben als doppelköpfiges "Ungeheuer mit einem Krokodilskopf, der sich durch Hirschohren auszeichnet" (ebd.), mit Beinen, "die gewöhnlich in Hirschhufen enden und Wasservoluten an den Gelenken tragen." (Ebd.)

[214] Ebd.

[215] Vgl. ebd., S. 475. "Als Göttertrias von Palenque werden drei Gottheiten bezeichnet, die in den Inschriften und Bildwerken von Palenque am ausgiebigsten dokumentiert, jedoch auch an anderen Orten vertreten sind. In Palenque wurden sie als Ahnen der Dynastie in Anspruch genommen." (Ebd., S. 477.)

[216] Vgl. ebd., S. 477. Zu Bezügen zwischen *Chak* und der Himmelsschlange sowie der Göttertrias von Palenque vgl. auch Taube [458], S. 95–99.

[217] Vgl. Schele/Freidel [405], S. 482.

[218] Vgl. ebd., S. 617. Ein Zusammenhang zwischen Venus und Regen (sowie Mais) wird auch von anderen Forschern hergestellt, vgl. dazu etwa Šprajc [447] und [448] oder Closs/Aveni/Crowley [127]. Von augenfälligen Ähnlichkeiten zwischen *Chak* (bzw. *Chak-Xib-Chak*) und GI sowie deren Verbindung zur Venus ist in Rivera Dorada/Amador Naranjo [374], S. 29f., die Rede. Nach Winters (vgl. Winters [529], S. 235) läßt sich eine Beziehung zwischen GI der Göttertrias und *Hunahpu* herstellen. Letzterer wird — wie schon erwähnt — nicht nur mit Sonne, sondern auch mit Venus assoziiert; dies kann als weiteres Indiz für die von Schele/Freidel aufgezeigte Verbindung gesehen werden.

[219] Vgl. dazu Schele/Freidel [405], S. 571. Zur Bedeutung der Religion in der Astronomie vgl. auch Kapitel 7.4.

7.2.2 WEITERE SICHTBARE PLANETEN

bedeutet,[220] und dem roten Planeten Mars: "Quizá entre los Mayas el juego de palabras Chac (rojo) y Chaac (lluvia, y lluvia de fuego), hizo asociar el planeta rojo (Marte) al dios de las lluvias."[221] Eine Verbindung zwischen Mars und der Bezeichnung 'roter Stern' wird explizit von Severin gezogen: "[...] on one date the moon and Mars, on the other, the moon and Antares, both planet and star referred to as *red star*."[222] Allerdings ist hierbei zu beachten, daß *Chak ek* 'roter Stern' (ein Name, der auch für die Venus nachweisbar ist[223]) genauso mit 'großer Stern' übersetzbar ist und sich demzufolge nicht explizit auf den Mars beziehen muß, sondern ebenso auf einen großen Planeten oder allgemein einen Planeten referieren kann.[224]

Insgesamt lassen die aufgezeigten Verbindungen die Spekulation zu, daß beide Interpretationen der Tafel zusammenhängen und so lange nicht als Gegensätze aufgefaßt werden sollten, bis es gelingt, Gegenteiliges aufzuzeigen.[225]

> The cycles of the other planets are less tractible, with respect to the calendar round, than are those of Venus and Mars. [...] They show that it is not feasible to structure a table of positions for Mercury, Jupiter and Saturn in terms of the number of calendar rounds that commensurates the integral approximation to the synodic period: in all these cases, the accumulated error by the end of such a table would amount to several synodic periods, vitiating its usefulness; and the table would span a period far

---

[220] Vgl. Bandini [54], S. 71.
[221] Escalona Ramos [162], S. 296. (Vielleicht veranlaßte das Wortspiel *Chak* (rot) und *Chaak* (Regen, und 'Feuerregen' [=Blitz, A.S.]) die Maya, den roten Planeten (Mars) mit den Regengöttern zu assoziieren.)
[222] Severin [423], S. 67.
[223] Vgl. Aveni [34], S. 184, bzw. Kapitel 7.2.1.
[224] Vgl. etwa Lamb [271], S. 276.
[225] Vgl. zu dieser Diskussion auch Bricker, H./Bricker, V. [81], S. 389: "One implication of a comparison of the captions in the two codices [den Codices von Dresden und Madrid, s.o., A.S.] is that the beast is, sometimes at least, spoken of as a god — perhaps even Chac (although the name glyph of Chac can be found in neither set of captions). We know, however, that for the authors of the codices a planet could be represented by — or better, perhaps, impersonated by — anthropomorphized deities. [...] There is, then, no reason to deny the chimerical beast some planetary association just because it may sometimes be semantically associated with a god. Even if it sometimes acts like Chac, it may still be a Mars Beast."

beyond historical time, making its construction an unverifiable extrapolation.[226]

Man könnte untersuchen, ob und mit welchem Fehler Korrekturbetrachtungen Kommensurabilitäten mit anderen Kalenderzyklen erzeugt hätten. Da jedoch nach heutigem Forschungsstand in diesem Zusammenhang keine Aufzeichnungen der Maya sicher nachzuweisen sind und es so keine Hinweise darauf gibt, ob und mit welchen Ergebnissen solche Betrachtungen von ihnen durchgeführt wurden, soll die Rolle der weiteren Planeten hier nicht diskutiert werden.[227]

7.3 Fixsternhimmel und Sternbilder

One of the problems of identifying the celestial percepts of vanished cultures is that we often make too many assumptions about what those people must have seen. Constellations or star patterns on the sky are derived as much from cultural tradition as from visual perception. While some celestial groupings (e.g., Orion's Belt and the Pleiades) might be universal, too often we force our own heavenly dippers and zodiacal signs upon a culture with little other supporting evidence.[228]

Unstrittig ist, daß die Milchstraße von höchster Bedeutung in der Maya-Astronomie war.[229] Zwei Begriffe werden der Milchstraße zugeordnet: 'Weiße Straße' im Sommer, *sak beh*, und im Winter 'Straße der Ehrfurcht', *xibal beh*,[230] letzterer, "when it is bifurcated; the bifurcation is identified with the underworld, and it is quite probable that the Maya, like many other Amer-

---

[226] Justeson [236], S. 102.
[227] Dazu vgl. ebd., S. 102f., sowie die Diskussion von Powells Theorie (Powell [357]) in Kapitel 7.4. Anmerkungen zu Merkur findet man in Carlson [110], S. 212, Escalona Ramos [162], S. 341–344, und Förstemann [172]; zu den Planeten Saturn und Jupiter siehe den kurzen Absatz in Carlson [110], S. 213, Escalona Ramos [162], der glaubt, Daten zu beiden im Dresdener Codex aufgedeckt zu haben (vgl. ebd., S. 319–325 (Saturn), und S. 331–335 (Jupiter)), und Fox/Justeson [177]. Zu allen Planeten vgl. u.a. Aveni/Hotaling [46].
[228] Aveni [34], S. 30.
[229] Vgl. Coe [131], S. 27.
[230] Vgl. ebd., und Freidel/Schele/Parker [179], S. 77f.

ican Indians, thought of the Milky Way as the road of the souls journeying to that region."[231]

Aber auch einzelnen Sternen und Sternbildern schenkten die Maya ihre Aufmerksamkeit. Man kann davon ausgehen, daß etwa 3 000 Sterne am klaren Nachthimmel zeitgleich mit bloßem Auge sichtbar sind, von denen besonders die helleren (Größenklassen 1 und 2) für die Maya-Astronomen von Bedeutung gewesen sein dürften.[232] Am Himmel ausgezeichnete Sterne bekamen vermutlich Namen. Bei den heutigen Lakandonen heißt zum Beispiel Rigel (ein Stern des Orions) 'Specht', während Beteigeuze (ebenfalls Orion) 'Rote Libelle' genannt wird. Sirius (aus dem Sternbild des Großen Hundes), einer der hellsten Sterne am Himmel, wird mit einem großen Specht in Verbindung gebracht.[233]

Zu den universell beobachteten Sternenkonstellationen gehören sicherlich die Pleiaden, für die kolonialzeitliche Yukatekisch-Wörterbücher den Namen *tsab*, "rattle of rattlesnake",[234] angeben. Coe bewertet den Namen als sehr signifikant, denn der Maya-Ausdruck *tsab* stelle eine Assoziation zum ersten und höchsten Schöpfergott der Maya, *Itzamna*, her.[235] Auch werden die Pleiaden von den (heutigen) Maya als 'eine Handvoll Maiskörner' bezeichnet,[236] wodurch ein weiterer Hinweis auf die Schöpfung — über die aus Mais geschaffenen Menschen — gegeben ist.[237] Gleichwohl mag diese Kennzeichnung der Pleiaden ebenso aus ihrer landwirtschaftlichen Bedeutung heraus motiviert sein, da ihr heliakischer Aufgang den Zeitpunkt der Aussaat markiert. Die Maya-Nachfahren verwenden inzwischen zusätzlich einen Namen, der seinen Ursprung in der alten klassischen Bezeichnung der Pleiaden als den 'Sieben Schwestern'[238] haben dürfte: "Today among the Chorti Maya of Guatemala the Pleiades, called 'El Siete Cabrillas', or 'Seven Kids', fix the day of the planting and the coming of the rains when they

---

[231] Coe [131], S. 27f. Vgl. auch Kapitel 7.4.
[232] Vgl. ebd., S. 22.
[233] Vgl. ebd., S. 27.
[234] Justeson [236], S. 116. Vgl. auch Love [301], S. 95.
[235] Vgl. Coe [131], S. 23.
[236] Vgl. Freidel/Schele/Parker [179], S. 96.
[237] Vgl. Kapitel 3.2.1 und 7.4.
[238] Vgl. Aveni [34], S. 30.

undergo heliacal rising in the morning sky on April 25."[239] Wie schon zu Beginn des Kapitels gesehen, wird hier noch einmal die wichtige Rolle der Pleiaden für die zeitliche Orientierung betont.

Noch weitere Sternbilder konnten von der Forschung identifiziert werden. Die drei Gürtelsterne des Orion zum Beispiel stellten sich die Maya als Schildkröte, mit drei Sternen in einer Linie auf ihrem Panzer, vor.[240] Die Sternkonstellation 'Kopulierende Wildschweine' enthielt die heutigen Zwillinge[241] und wurde laut Landa zur Orientierung benutzt.[242] Ein Sternbild der Maya trägt den gleichen Namen wie eine unserer Sternkonstellationen: der Skorpion. Einige Maya-Wörterbücher verzeichnen für *sinaan (ek')*: "scorpion, and the constellation of that name".[243] Zwar ist nicht völlig gesichert, ob es sich hier auch um die gleichen Sterne handelt, doch spricht Justeson von einer sehr wahrscheinlichen Identität der Sternbild-Skorpione.[244] Als letzte Konstellation sei noch 'Drei Herdsteine' erwähnt, ein Dreieck, das von den Sternen Rigel, Alnitak und Saiph in der unteren Orionhälfte aufgespannt wird.[245] In ihm liegt der Orionnebel M42, der ebenfalls mit bloßem Auge sichtbar ist.

Im Zusammenhang mit Sternbildern wird immer wieder ein möglicher Tierkreis der Maya erörtert,[246] allerdings geht man inzwischen fest von der Existenz eines solchen Tierkreises aus. Zu klären ist, ob die Maya-Sternzeichen — falls existent — wie in der westlichen Welt Sternbilder entlang der Ekliptik sind, die in demselben Gürtel liegen, in welchem sich auch der Mond und die Planeten bewegen, oder ob dem Tierkreis eine ganz andere Struktur zugrunde liegt.[247] Dies ist zum Beispiel beim chinesischen

---

[239] Ebd., S. 34. Vgl. auch Remington [364], S. 83.
[240] Vgl. Justeson [236], S. 116, oder Lounsbury [291], S. 166f.
[241] Vgl. Freidel/Schele/Parker [179], S. 80.
[242] Vgl. Landa [272], S. 82.
[243] Justeson [236], S. 116. Vgl. auch Love [301], S. 95.
[244] Vgl. Justeson [236], S. 117.
[245] Vgl. Freidel/Schele/Parker [179], S. 80, oder Looper [290], S. 25f.
[246] Weiterführend siehe neben den zitierten Arbeiten Bricker, H./Bricker, V. [82], Brotherston [101], Hagar [209], Powell [357] und Spinden [444].
[247] "In different cultures around the world, this path is divided into sections named for the principal constellations within them. At any given time, the sun, moon, or any planet is in some house or section of the zodiacal belt." (Love [301], S. 93.)

7.3 FIXSTERNHIMMEL UND STERNBILDER

Abbildung 7.5: Der Nachthimmel am 6. August 792 in Bonampak. (Freidel/Schele/Parker [179], S. 81.)

Tierkreis gegeben, der Mondstationen entlang des Äquators notiert.[248] Der deutsche Begriff 'Tierkreis' könnte außerdem irreführend sein, denn ob es sich wirklich um *Tier*kreiszeichen handelt, ist nicht a priori anzunehmen, wenn es auch in der überwiegenden Zahl der Fälle — mehr noch als bei unserem Tierkreis — zuzutreffen scheint: "Images from Bonampak [...] lend powerful support to the notion of constellations as animals; a turtle and a pair of copulating peccaries are highlighted by star symbols".[249] Über die Art dieses Tierkreises und seine Struktur wird weiterhin diskutiert,[250] wobei die verschiedenen Auffassungen mit ihren Argumenten hier nicht dargestellt werden können.

---

[248] "In ancient China, the equator (not the ecliptic) was divided into 27 (or 28) lunar mansions marked by named constellations to delineate the course of the moon among the stars." (Aveni [34], S. 199.)
[249] Love [301], S. 96.
[250] Vgl. die Diskussion in Justeson [236], S. 117–119, Love [301], S. 97f., und Severin [423], v. a. S. 8–13.

Als Belege für einen Tierkreis werden vor allem die Tafel auf den Blätter *23* und *24* des Pariser Codex und ein Himmelsband auf einem Türsturz (Ostseite des 'Las Monjas'-Gebäudes) in Chichén Itzá angeführt. Die Parallelen in beiden Darstellungen dürften nicht zufällig sein:

> Depictions of a rattlesnake, a scorpion and a turtle are found in the *Paris Codex*, suspended from a 'sky band', along with ten other animal depictions, three obliterated; and seven surviving figures, depicting a subset of the same animals as in the *Paris Codex*, and in the same order, occur in a sky band on the Monjas at Chichen Itza, surmounting or surmounted by a star sign.[251]

Besonders interessant ist wiederum die Zyklenbildung der Maya in Zusammenhang mit ihrem Tierkreis. Auf den Blättern des Pariser Codex sind zwischen den sieben oberen und den drei (nur zum Teil erhaltenen) unteren Bildern fünf Zeilen und 13 Spalten *Sacred Round*-Daten, jeweils im Abstand von 28 Tagen und beginnend mit *12 Lamat*, verzeichnet (also insgesamt 65 Eintragungen).[252] "This sequence of days re-enters after 1,820 days ($5 \times 13 \times 28$; 65×28; 5×364; 20×91). The days of the cycle are Lamat, Cib, Kan, Eb, and Ahau, which are also potential days of heliacal rising of Venus in the *Dresden* table."[253] Abgesehen von den deutlichen Bezügen zur Venustafel und zur *Sacred Round* (denn $7 \times 260 = 1\,820$) ist mit jeder Zeile der Tafel bereits eine Verbindung zur heiligen Zahl 13 und durch den Abstand von 28 Tagen zum Mond gegeben:

> Barthel has identified in the Dresden Codex a series of deities which appear to be associated with the sidereal lunar month (twenty-eight days): whereas there may be controversy over the Mayas' having noted this period, it does interlock with 13 such that $13 \times 28 = 364$.[254]

---

[251] Justeson [236], S. 116. Vgl. zur Diskussion der Bilder im Pariser Codex auch Severin [423], S. 11f., und Thompson [482], S. 92, die beide zusätzlich eine Fledermaus, zwei Vögel und einen Frosch identifizieren zu können glauben. Severin vermutet weiterhin ein mythologisches Seemonster, Wildschweine, einen Hirsch, den Todesgott sowie einen Hund mit jaguarartiger Musterung, allerdings gelten diese Identifikationen nicht als gesichert.

[252] Vgl. Kelley [238], S. 45. Gelesen wird von oben nach unten und von rechts nach links.

[253] Ebd.

[254] MacLeod [317], S. 114, die fortfährt: "Whether this is viewed as an archaic align-

Wichtig für die Interpretation der Tafel sind die Intervalle von jeweils 8.8 (= 168) Tagen, die zwischen je zwei Bildern notiert sind.[255] "These intervals served to place the constellations on opposite sides of the sky rather than right next to each other."[256] Aus den Abständen läßt sich die Reihenfolge der Sternzeichen gewinnen, die sie am Himmel hatten, ausgehend von dem Skorpionsternbild, dessen Identität mit dem uns geläufigen Sternbild Skorpion hier als gegeben vorausgesetzt werden soll. Das gewonnene Ergebnis läßt sich durchaus auf einen Tierkreis entlang der Ekliptik beziehen. Gestützt wird die Interpretation durch zwei Monumente, die aus der späten Präklassik stammende 'Hauberg-Stele' und die Stele 1 von Tikal, denn die dort abgebildeten Wesen repräsentieren, wie Nahm aufgezeigt hat, Sternkonstellationen und geben die gleiche Bildreihenfolge an wie der Pariser Codex.[257] Gleichzeitig zeigen sie, daß der Maya-Tierkreis in der nun entschlüsselten Form über die gesamte Klassik Bestand hatte.

Die Zuordnung der Bilder des Pariser Codex zu Sternkonstellationen entspricht der in der folgenden Abbildung 7.6.[258] Die Linien in der Abbildung repräsentieren die Positionen der Sonne, jeweils 28 Tage voneinander entfernt, und geben die Grenzen der 13 Maya-Tierkreiszeichen, die in den verzeichneten Zonen von 28 Tagen liegen, an.[259]

7.4 Kosmologie und Kalender

They did not explain the movements of stars and planets through the heavens with the cool mathematics of orbital mechanics,

---

ment of the moon with the *haab* or simply as the computing year, it is noteworthy that $4 \times 819 = 9 \times 364$", wodurch des weiteren ein Zusammenhang mit dem *Computing Year* (vgl. Kapitel 6.2.2) und der 819-Tage-Zählung (vgl. Kapitel 5.1.7) hergestellt ist.

[255] Gut lesbar sind sie zwischen den oberen Bildern, allerdings nimmt man an, daß sie — obwohl nur fehlerhaft erhalten — auch zwischen den unteren Bildern geschrieben standen. (Vgl. Villacorta/Villacorta [506], S. 220–223.)

[256] Freidel/Schele/Parker [179], S. 101.

[257] Vgl. ebd.

[258] Vgl. ebd., S. 102.

[259] Man beachte, daß mit diesem Tierkreis $13 \times 28 = 364$ Tage abgedeckt werden, entsprechend des Umfangs einer Zeile in der Tafel. Damit tritt aber recht bald eine Verschiebung zwischen Tafel und Fixsternhimmel auf, so daß die Tafel auf mögliche Korrekturen untersucht werden sollte. (Vgl. Aveni [34], S. 201: "No one has worked out this intriguing problem to any general satisfaction.")

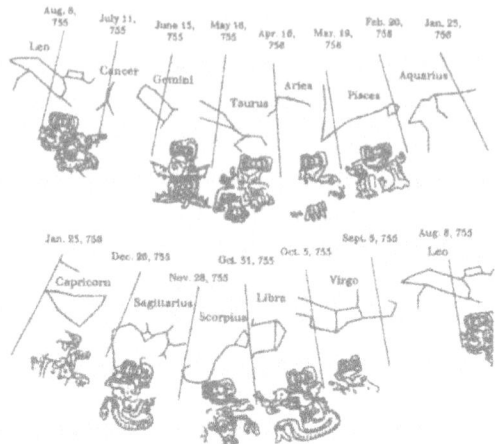

Abbildung 7.6: Der Maya-Tierkreis. Die Bilder der einzelnen Tierkreiszeichen sind dem Pariser Codex, Blätter *23* und *24*, entnommen. (Freidel/Schele/Parker [179], S. 102f.)

but as living beings moving against the backdrop of a living cosmos. Celestial bodies were the visible manifestations of the Hero Twins and gods of all sorts. The darkening of the sun in an eclipse was perceived as a form of dying from which the sun might not recover, and the first appearance of the Evening Star was taken as signal of war.[260]

Gestirne wurden als Götter personifiziert, dazu gehörten natürlich insbesondere die Sonne und der Mond, welche hier beispielhaft kurz angesprochen werden.[261] Der Sonnengott ist oft dargestellt durch einen menschlichen "Kopf mit Römernase und großen, verdrehten Augen".[262] Als Sonnensymbol wird er meist durch die vierblättrige Blüte *k'in* ausgewiesen. Die Mondgöttin wird in der Klassik typischerweise als in einem Mond-Zeichen

---

[260] Schele/Miller [409], S. 113.
[261] Zur Venus vgl. die Bedeutung des Basisdatums *1 Ahaw* in Kapitel 7.2.1, zum Planeten Mars siehe Kapitel 7.2.2 und allgemein zu astronomischen Identitäten mesoamerikanischer Götter vgl. Kelley [237].
[262] Schele/Freidel [405], S. 486.

sitzend und ein Kaninchen im Arm haltend gezeigt. Für Mexiko läßt sich eine Verbindung von Kaninchen und Mond durch das Märchen vom Streit zwischen Sonne und Mond, welche beide von gleicher Helligkeit gewesen seien, nachzeichnen. "In a fit of jealousy a rabbit was thrown in the face of the moon, forever dimming and engraving the outline of the unfortunate rabbit on its face. The shape of the rabbit is very obvious even to western eyes in the dark area of the moon."[263] Bildliche Darstellungen weisen auch auf eine solche Verbindung bei den Maya hin:

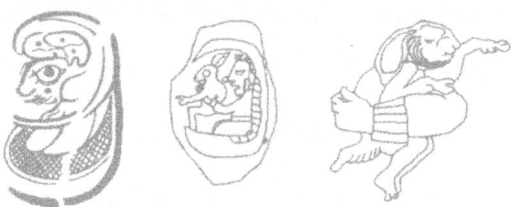

Abbildung 7.7: Rabbit-in-the-Moon-Zeichen. (Aveni [34], S. 174.)

Sternkonstellationen und die Milchstraße spielten ebenfalls eine wichtige Rolle in der Kosmologie. So zeigen neuere Untersuchungen ein Bild des Kosmos auf, in dem "die sichtbaren Himmelsbewegungen der Sterne und Planeten das strukturelle Grundmuster der Entwicklung der mesoamerikanischen Mythologie abgegeben haben könnten."[264] Die Milchstraße, welche sich vom Skorpion im Süden und am Polarstern vorbei gen Norden erstreckt, stellte in der Kosmologie der Maya den Weltenbaum *Wakah Kan* dar,[265] durch den sich die Doppelköpfige Schlange wand, die selbst Ausdruck des Himmels ("dem lag der Gleichklang der Maya-Wörter *chan* mit der Bedeutung 'Himmel' und *chan* mit der Bedeutung 'Schlange' zugrunde"[266]) und

---

[263] Schele [403], S. 53f.
[264] Taube [456], S. 128.
[265] Vgl. Freidel/Schele/Parker [179], S. 76, vgl. auch Kapitel 3.3.4.
[266] Schele/Freidel [405], S. 485. Vgl. auch Taube [458], S. 87: "the Maya terms may have originally derived from a single Macromayan word denoting both serpent and sky." Zur Schlangenmetaphorik im Madrider Codex und vermuteten Bezügen zu Fixsternhimmel und Sternbildern vgl. Milbrath [335].

Symbol der Ekliptik war.²⁶⁷ Bedenkt man, daß die Milchstraße bei den Maya 'Straße der Ehrfurcht' bzw. 'der Weg Xibalbas'²⁶⁸ genannt wurde, so erklärt sich der Ausdruck 'er begab sich auf die Straße', *och bih*, in Zusammenhang mit Pakals Tod. Die Darstellung auf Pakals Sarkophag zeigt ihn, wie er sich nach seinem Tod entlang des Weltenbaums (dem *Wakah Kan* bzw. der Milchstraße) auf den Weg durch Xibalba begibt.

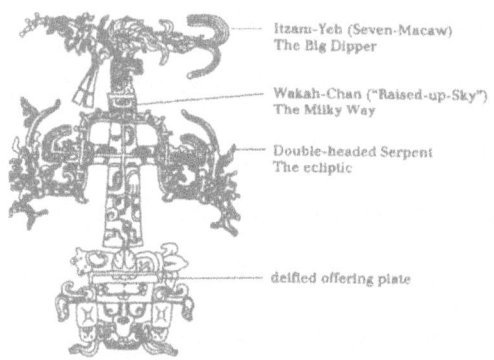

Abbildung 7.8: Der *Wakah Kan*-Baum und die ekliptische Schlange.⁽*⁾ (Freidel/Schele/Parker [179], S. 78.)

Auf dem Weltenbaum sitzt in Abbildungen meist *Itzam Ye*, die Tierform des Gottes *Itzamna*. *Itzam Ye* wird inzwischen von der Forschung mit dem Großen Wagen in Verbindung gebracht, während seine Gemahlin, *Chimalmat*, mit *Chimal Ek'* bzw. dem Kleinen Wagen identifiziert wird.²⁶⁹ In der Mythologie versuchte *Itzam Ye* (im *Popol Vuh*²⁷⁰ der K'iche' 'Sieben

---

²⁶⁷ Vgl. Freidel/Schele/Parker [179], S. 78, die auch annehmen, daß das Himmelsband in den Schriften der Maya die Ekliptik darstellen könnte (vgl. ebd., S. 82), da es meist Zeichen für die Sonne, den Mond oder Planeten enthält und auch die Tierkreiszeichen an ihm befestigt sind. (Vgl. die Ausführungen zu den Tierkreiszeichen im Pariser Codex, Kapitel 7.3.)
²⁶⁸ Vgl. Taube [456], S. 128.
²⁶⁹ Vgl. Freidel/Schele/Parker [179], S. 79, oder auch Krupp [259], S. 236: "A Big Dipper that drops below the horizon in Maya territory turns up as a parrot in the *Popol Vuh*. His name is Seven Makaw, and his wife, *Chimalmat* (Shield), is Ursa Minor, or the Little Dipper".
²⁷⁰ Zu Verbindungen zwischen Astronomie und dem *Popol Vuh* vgl. Tedlock, D. [464].

7.4 KOSMOLOGIE UND KALENDER

Makaw'), auf einem Ceiba-Baum[271] zu landen, auf welchem ihn 'Eins *Ahaw*' (der Name 'Eins *Hunahpus*' in der Klassik) mit seinem Blasrohr angriff. "In that story, in the time before the sky was lifted up to make room for the light, the vainglorious Seven-Macaw imagined himself to be the sun. Offended by his pride, the Hero Twins humbled him by breaking his beautiful shining tooth with a pellet from their blowgun".[272]

Eine Verbindung besteht auch zwischen *Itzam Ye* und dem 'Ersten Vater', denn von beiden wird gesagt, sie reisten in bzw. betraten den Himmel, indem sie in dem Baum landeten.[273] 'Erster Vater', gleichzeitig der Maisgott, richtete bei seinem 'Eintritt in den Himmel' den Weltenbaum auf und trennte so Himmel und Erde.[274] Nicht nur als Baumerrichter, sondern auch in Gestalt des Maisgottes ermöglichte 'Erster Vater' die Schöpfung.[275] Eine Abbildung mit schwarzem Hintergrund (aus dem man glaubt, schließen zu können, daß die Szene vor der Aufrichtung des Himmels, also noch zur Zeit der Dunkelheit, stattgefunden haben muß) zeigt ihn mit einem Sack Maiskörner, "so that he can plant the seeds that are the Pleiades when he raises the Wakah-Chan, or as Enrique Florescano suggested to us, so that he can use them to form the flesh of human beings after Creation is done."[276] In seiner Wiedergeburt wird der Maisgott oft als aus einem Schildkrötenpanzer herausbrechend dargestellt, unterstützt von seinen Söhnen, den Heldenzwillingen.[277] Diese Wiedergeburt wird dementsprechend im heutigen

---

[271] Der Ceiba-Baum ist die Manifestation des Weltenbaums, vgl. Carlson [109], S. 218: "At the navel of their cosmos, the Maya envisioned a massive 'ceiba' tree with roots in the underworld and branches reaching to the highest heaven. Viewed in the vertical, the cross becomes this central world-tree, with a third more serpentine bicephalic dragon draped over its branches."
[272] Freidel/Schele/Parker [179], S. 70. Man beachte, daß die Heldenzwillinge mit Sonne und Mond in Bezug gesetzt werden.
[273] Vgl. ebd., S. 71: "Before the sky could be raised and the real sun revealed in all its splendor, the Hero Twins had to put the false sun, Itzam-Yeh, in his place. [...] After the new universe was finally brought into existence, First Father also entered the sky by landing in the tree, just as Itzam-Yeh did."
[274] Vgl. ebd. und Vincke [507], S. 64.
[275] Vgl. Freidel/Schele/Parker [179], S. 99.
[276] Ebd., S. 92.
[277] Vgl. ebd., S. 66, und: "In the Popol Vuh, First Father was killed in Xibalba, the Maya Otherworld, by the Lords of Death. They then buried his body in a ballcourt. His twin sons went to Xibalba, defeated his killers, and brought him back to life. Classic-period artists depicted First Father being reborn through the cracked carapace of a turtle shell, often flanked by his two sons." (Ebd., S. 65.)

Orion lokalisiert,[278] in dem die Sternbilder Schildkröte und 'Drei Herdsteine' der Maya liegen.

Auch 'Drei Herdsteine' tritt in Zusammenhang mit der Schöpfung auf, denn zu deren Beginn und unter der Schirmherrschaft von 'Erster Vater'[279] "legten die Götter drei Steine nieder, welche den drei Herdsteinen entsprechen, die bis heute den Mittelpunkt eines jeden Maya-Hauses darstellen. Die von den Göttern niedergelegten Steine bildeten das Zentrum des Kosmos",[280] versinnbildlicht am Himmel durch die Sterne Rigel, Alnitak und Saiph.[281] Der Rauch des Herdfeuers, das sich in der Mitte der Steine befand, wird veranschaulicht durch den Orionnebel M42.[282]

Abbildung 7.9: Ausschnittvergrößerung aus dem Madrider Codex mit Hinweisen zur Kosmologie. (Freidel/Schele/Parker [179], S. 82.)

---

[278] Ebd., S. 82.
[279] Vgl. ebd., S. 75.
[280] Vincke [507], S. 64.
[281] Vgl. Kapitel 7.3.
[282] Vgl. Tedlock, B. [462], S. 29.

7.4 KOSMOLOGIE UND KALENDER

Diese Ergebnisse und eine Reihe weiterer, die hier jedoch nicht mehr aufgeführt werden sollen,[283] legen die Vermutung nahe, daß sich alle wichtigen Ereignisse der Schöpfung nach dem Glauben der Maya im Himmelsgeschehen widerspiegelten, die Götter diese in den Himmel geschrieben hatten, damit die Wahrheit der Mythen überprüft werden konnte:[284]

> At sunset, Seven-Macaw was put in his place; during the hours of the early morning, the Maize God was delivered to the place of Creation. At dawn, he was at the cracked turtle shell from which he was resurrected. From there he rose from the K'an-cross where the ecliptic crosses the Milky Way. There he became the Maize Tree the ancient Maya called the Na-Te'-K'an, First-Tree-Precious. The three stones of Creation were in place close to zenith at dawn.[285]

Des weiteren wird vermutet, daß die Tierkreiszeichen der Maya ebenfalls von Orten und Ereignissen der Schöpfung erzählen wie zum Beispiel dem 'Auslegen' der Ekliptik, also der Bestimmung des Weges, den die Sonne am Himmel entlangläuft,[286] und "daß sich die klassische Maya-Version der Unterweltreise der göttlichen Zwillinge und ihres Vaters durch die finsteren Gefilde Xibalbas in der Wanderung der Sternbilder auf der Sonnenbahn verfolgen lassen, d.h. in dem Weg, den die Sternbilder des Tierkreises der Neuen Welt alljährlich zurücklegen."[287] In dieses Bild fügt sich auch die Auffassung ein, daß die Gegenwelt Xibalba bei Einbruch der Dunkelheit auf den Platz über der Erde wechselte, "um dort zum Nachthimmel zu werden."[288]

Für die Maya war der Sternenhimmel demzufolge so belebt wie die Menschenwelt. Astronomische Beobachtungen stellten sie vor allem aus der Motivation heraus an, Macht über Xibalba zu erhalten, denn sie betrachteten die Gestirne als Lebewesen, die sowohl mit den Naturzyklen als auch mit

---
[283] Vgl. Freidel/Schele/Parker [179], S. 59–122. Vgl. auch Schele/Mathews [408], S. 211ff.
[284] Vgl. Freidel/Schele/Parker [179], S. 113.
[285] Ebd., S. 96.
[286] Vgl. ebd., S. 100.
[287] Taube [456], S. 128.
[288] Schele/Freidel [405], S. 53.

den Lebenszyklen der Menschen in Wechselbeziehung standen.[289] Gerade das In-Bezug-Setzen der Astronomie zu Zyklen und insbesondere zu Kalenderzyklen (oder sogar ihre Unterordnung[290]) spielte eine immens wichtige Rolle, wie im Verlauf des Kapitels an verschiedenen Stellen deutlich geworden ist und auch des häufigeren in der Literatur betont wird:

> The evidence strongly indicates that the real purpose of Maya calendrical astronomy was to place man and historical events in harmonious context within the endless cycles of celestial bodies and of time itself. Astronomical knowledge and calendrical arithmetic were used for astrological divinations of the future.[291]

In diesem Kontext sei auf die Theorie von Powell verwiesen, welcher von sich beansprucht, erstmals zeigen zu können, wie die Maya es vermochten, den *Long Count*, die *Calendar Round* und die mittleren Umlaufzeiten der fünf sichtbaren Planeten in Bezug zu setzen. Damit geht dieser Ansatz weit über die bisherigen Annahmen von den Maya bekannten Kommensurabilitätsbeziehungen hinaus. Gleichzeitig bietet er Erklärungsansätze für die bisher ungeklärten Fragen der Herkunft des Nulldatums 13.0.0.0.0, der Änderung der dritten Stelle im *Long Count* auf 360 und des Ursprungs der 819-Tage-Zählung.[292]

Die seiner Theorie zugrundeliegende Zahl 949 sieht Powell als "earliest and most fundamental structure upon which all subsequent constructs were based",[293] sie ist die Summe der ganzzahligen mittleren synodischen Umlaufzeit der Venus von 584 Tagen und der Länge des angenäherten Jahres von 365 Tagen.[294] Multipliziert man nun diese Zahl mit 360 (also einem *tun* bzw. mit der dritten Stelle des *Long Count*), so erhält man die Zahl

---

[289] Vgl. ebd., S. 66.
[290] Vgl. Carlson [110], S. 213: "The study of astronomy served this numerological system, not vice versa. [...] This [celestial, A.S.] order was seemingly one of number more than of geometry and positional astronomy".
[291] Ebd., S. 206.
[292] Dazu vgl. Kapitel 5.1.4 und 5.1.7.
[293] Powell [357], S. 3. Vgl. auch Kapitel 5.1.4. Zwangsläufig stellt sich allerdings die Frage, warum diese fundamentale Zahl von den Maya selbst nicht explizit notiert wurde — vielleicht deshalb nicht, *weil* sie so grundlegend war??
[294] Man beachte, daß ein *Calendar Round*-Zyklus aus eben diesen Summanden zusammengesetzt werden kann, denn "Venus plus the Haab times the 20 day month equal one Calendar Round ((584 + 365) × 20 = 18 980)." (Powell [357], S. 12.)

7.4 KOSMOLOGIE UND KALENDER

341 640, welche eine Reihe von Faktoren besitzt, denen eine Bedeutung im kalendarischen und astronomischen Bereich zukommt.[295] Bemerkenswerterweise ist 341 640 gerade ein Viertel der Distanzzahl 9.9.16.0.0 = 1 366 560,[296] die in der Venustafel eine herausragende Rolle spielt. Daher seien die in ihr als Faktoren enthaltenen Zyklen hier nicht erneut aufgelistet; es sei lediglich darauf aufmerksam gemacht, daß jedes Vielfache der dort genannten Zyklen oder Umlaufzeiten durch vier dividierbar ist.[297] Zusätzlich sei erwähnt, daß 1 366 560 = 4 × 341 640 = 4 × 73 × 4 680 ist, wobei 4 680 ebenfalls eine wichtige Periode bei den Maya war.[298] Allerdings lassen sich die mittleren synodischen Umlaufzeiten von Jupiter (399 Tage) und Saturn (378 Tage) nicht in diese Struktur einbinden.[299] Doch ergäbe sich nach Powell ein paralleles Konstrukt für diese beiden Planeten, dem die Zahl 819 (= 13 × 63) entsprechend der 949 (= 13 × 73)[300] zugrunde läge:

> The highest common divisor of Jupiter and Saturn is 21 (21 × 19 = 399 and 21 × 18 = 378). However, this highest common divisor, the number 21, is exactly three times too small to create a directly parallel structure relative to the 949-based Calendar Round. Thus, by mathematical necessity, the Maya had to triple this value and use the common divisor 63 (63 × 6 = 378 and 63 × 19 = 399 × 3 (1,197)[)] to relate the two planetary cycles. This last value of 1,197 days happens to equal the 819-day cycle plus Saturn (819 + 378 = 1,197).[301]

Des weiteren seien die auf 20 × 949 basierende *Calendar Round* und der (20 × 819)-Tage-Zyklus kommensurabel über die Faktoren 63 und 73, mit dem kleinsten gemeinsamen Vielfachen von 1 195 740 Tagen.[302] Powell vermutet, daß die Maya die 819-Tage-Zählung parallel zum auf 949 Tage basierenden System entwickelten, um die synodischen Umlaufzeiten von Jupiter und Saturn miteinbeziehen zu können.[303]

---

[295] Vgl. ebd., S. 13f.
[296] Vgl. ebd., S. 46.
[297] Vgl. Kapitel 7.2.1.
[298] "4,680 day almanacs exist in the Dresden and Paris codices and 4,680-day intervals are also found separating historical dates in Maya inscriptions." (Powell [357], S. 13.)
[299] Vgl. ebd., S. 17.
[300] Vgl. zur Bedeutung der Faktoren 13 und 73 das Kapitel 5.1.4.
[301] Powell [357], S. 20.
[302] Vgl. ebd., S. 22.
[303] Vgl. ebd., S. 81.

Geht man von einem auch in der Astronomie derart numerologisch geprägten Weltbild der Maya aus, so wundert es nicht, daß ihnen singuläre Himmelserscheinungen wie Kometen als ihrem Weltbild entgegenstehend und daher unheimlich erschienen. Hierzu paßt die Vorstellung von Meteoren, denen mehrere Bezeichnungen gegeben wurden: "The quality of fast movement is expressed by the Maya terms *halal ek*, 'running star', or *u halal dzutan*, 'running of witch', while *chamál dzutan*, 'cigarette witch', refers to a spark, like that of a falling cigarette butt".[304] Aus den Namen tritt deutlich das unheimliche Element hervor, gleichfalls werden Meteore mit den 'rauchenden Sternen', den Kometen, in Bezug gesetzt.[305] Daß Kometen und Meteore von den Azteken gefürchtet wurden, ist aus der Zeit der Conquista überliefert;[306] genauso deuten die heutigen Indígenas Kometen als schlechte Omen.[307] Beides weist auf eine entsprechende Auffassung der klassischen Maya hin.

---

[304] Köhler [252], S. 295. Die Bezeichnungen stammen aus einem yukatekischen Wörterbuch des 16. Jahrhunderts.
[305] Die heutigen Chorti' und die yukatekischen Maya sehen in diesen fallenden Himmelskörpern entsprechend immer noch die Zigaretten oder Zigarettenstummel der Regengötter. (Vgl. ebd., S. 296.)
[306] Vgl. ebd., S. 289.
[307] Vgl. ebd., S. 291f., oder auch Tedlock, B. [462], S. 28.

Kapitel 8

Schlußbemerkung

> "Trotz dieser ständigen Umstellungen und dieser beschwerlichen Rechnung ist es sehenswert, mit welchem Geschick diejenigen, die sich darauf verstehen, zählen und sich zurechtfinden". (Landa, Diego de [272], S.93.)

Je mehr es der Forschung gelingt, die Welt der Maya 'wiederauferstehen' zu lassen, desto einheitlicher, beeindruckender und gleichzeitig umfassender wird das Bild, das wir heute von dieser Kultur haben: mehr und mehr fügen sich die unterschiedlichen 'Bruchstücke' der Forschung zu einem Ganzen zusammen, treten die Zusammenhänge zwischen verschiedenen Aspekten der Maya-Kultur in den Vordergrund und erfüllen auf diese Weise die Welt der klassischen Maya mit Leben.

In der vorliegenden Arbeit werden einige Forschungsergebnisse vorgestellt, welche durch eine interdisziplinäre Herangehensweise gewonnen wurden. Zu nennen wären zum Beispiel die Erkenntnisse auf kosmologischem Gebiet, bei denen die Verbindung von religiösen Vorstellungen und astronomischem Wissen der Maya ein tieferes Verständnis ihrer Auffassungen über die Welt und den Kosmos vermittelt; Auffassungen, die sich zum Teil im Alltag der zeitgenössischen Nachfahren der klassischen Maya widerspiegeln.

Man vergleiche etwa die drei Herdsteine, die heute noch den Mittelpunkt jeden Maya-Hauses bilden, gleichzeitig aber in Form des Sternbilds 'Drei Herdsteine' am Himmel das Zentrum der Schöpfung versinnbildlichen.

Die Verknüpfung verschiedener Forschungsbereiche bietet gegenüber spezialisierten Untersuchungen isolierter Phänomene die Chance, sich aus einer Fülle von Richtungen der Maya-Kultur zu nähern; außerdem zeigen die bisherigen Erfahrungen, daß ein interdisziplinäres Vorgehen konsistentere Resultate liefert. In der Vergangenheit führte dieses Zusammenspiel sogar zu Paradigmenwechseln, wie man beispielsweise am Wandel der Einschätzung der Maya-Gesellschaft erkennen kann, deren hochzivilisatorischer Charakter früher in der Annahme einer durch eine Priesterkaste geführten, bäuerlichen und friedliebenden Gesellschaft verkannt wurde. Den geschilderten Wandel verdankt die Forschung nicht nur enormen Fortschritten in der Schriftentzifferung, die ein Lesen der geschichtlich relevanten Inschriften (und damit auch der Machtlegitimationen und Kriegsberichte der Könige) ermöglichen, sondern ebenso solchen in der archäologischen Feldforschung, die sich mehr und mehr mit dem Alltagsleben der klassischen Maya beschäftigt und so Einblicke in die Struktur und Organisation des Lebens in den Gesellschaftschichten unterhalb der sich in den Inschriften zelebrierenden Oberschicht gewinnt.

Die frühere Fehleinschätzung ist größtenteils auf seinerzeit aus verschiedenen Gründen noch nicht erlangte Forschungsergebnisse zurückzuführen, vermutlich bestimmten jedoch die Einstellungen einiger Forscher gegenüber dieser fremd erscheinenden Kultur das Bild mit: Andersartigkeit wurde gelegentlich als kulturelle Unterlegenheit gedeutet. Somit warnt das veraltete Bild von den Maya davor, zu sehr die eigenen Wertvorstellungen und Sichtweisen als Maßstab anzusetzen, obwohl es sicherlich schwierig ist, sich unvoreingenommen und von der eigenen kulturellen Prägung losgelöst mit der Maya-Kultur auseinanderzusetzen. Doch trotz zum Teil gegenteiliger Belege findet man heute noch solch unterschätzende Tendenzen in der Forschung, wie exemplarisch in der Diskussion der mathematischen Kenntnisse der Maya — man vergleiche die Auffassungen zur Null und zur Multiplikation — deutlich geworden ist.

KAPITEL 8. SCHLUSSBEMERKUNG

Die Einsicht, daß die Nachfahren der klassischen Maya ihr kulturelles Wissen über die Jahrhunderte hinweg tradierten (sei es in der Medizin, der Religion, den Sprachen oder etwa der Astronomie), führte dazu, daß die Einbeziehung der Kenntnisse der heutigen Maya nunmehr eine wichtige Rolle spielt. Auch wenn man berücksichtigen muß, daß eine Übertragung heutigen Wissens auf die Klassik wegen postkolumbianischer Einflüsse stets kritisch zu hinterfragen ist, gewähren die heutigen Maya dennoch nicht nur Zugriff auf Informationen, die in keinen klassischen oder postklassischen Quellen festgehalten sind, sondern verschaffen sich die Indígenas auf diese Weise als Nachfahren der mayaischen Hochkultur Respekt und aus ihrer Tradition heraus Selbstbewußtsein.

Nach heutiger Quellenlage sind in den postklassischen Codices vor allem Daten astronomischer und numerischer Zyklen sowie Almanache verzeichnet und beschreiben die Inschriften der klassischen Zeit primär geschichtliche Ereignisse. Dennoch fragt man sich vermehrt, ob die historischen Texte nicht ebenso astronomische Informationen beherbergen, denn durch herausragende astronomische Ereignisse an für Herrscher bedeutsamen Tagen wurden Machtansprüche legitimiert — ebenso wie durch die Lage bestimmter Ereignisse an günstigen Positionen in den Kalenderzyklen. Diese Aspekte wurden in der These der 'Beeinflussung der Geschichtsschreibung' sowie im Zusammenhang mit bewußten Zahlenspielereien der Maya-Schreiber erwähnt, die dadurch Bezüge zwischen geschichtlichen Daten und der Mythologie herzustellen versuchten.

Eine Zusammenschau des mathematischen Wissens der Maya kann daher nicht ohne Kenntnisse der Mythologie und Schrift der Maya auskommen, genausowenig wie ein Verzicht auf die Betrachtung der Anwendungsgebiete mathematischer Fertigkeiten — etwa der Astronomie und des Kalendersystems — statthaft wäre. Des weiteren erweisen sich die genannten Anwendungsgebiete als stark miteinander verwoben. Um das mayaische Streben nach Kommensurabilitäten zwischen Kalender und Astronomie, wie es sich in der Venustafel hervorragend nachweisen läßt, verstehen zu können, muß man sich verdeutlichen, was 'Zeit' für die Maya bedeutete. Erst die Erkenntnis, daß Zeit als beseelt gedacht wurde (vergleiche zum Beispiel die

Existenz der *Year Bearers*) und daß der Nachthimmel eine Reminiszenz mythologischen Geschehens darstellte, verbunden mit dem den Maya eigenen zyklischen Denken, motiviert bzw. erklärt diese Bestrebungen. Mit Hilfe astrologisch-kalendarischer Übereinstimmungen und damit 'Artgleichheiten' ließen sich in den Augen der Maya durch die Vergangenheit Vorhersagen über die Zukunft machen und konnte man gegebenenfalls Einfluß auf Geschehnisse und die Geschicke der Menschen nehmen. Denn einerseits wiederholte sich vieles in der Zyklizität, andererseits bekam jeder Tag durch die Kombination vielfältiger Zyklen ein eigenes Gesicht, so daß nicht alles als vorherbestimmt aufgefaßt werden konnte.

Durch die Kommensurabilitäten schließlich erhalten Zahlen in der Welt der Maya ein 'Eigenleben' und eine besondere Bedeutung. Diese wird immer wieder in der Religion reflektiert, wenn Götter Zahlen zuordnet werden. Ein Vergleich mit den Pythagoräern und ihrem Wahlspruch, daß alles Zahl sei, liegt daher nahe, vor allem vor dem Hintergrund, daß — den Maya nicht unähnlich — die Pythagoräer glaubten, alles in der Natur unterläge aufdeckbaren Zahlenverhältnissen.

Obwohl sich immer deutlicher abzeichnet, daß die Grundlagen vieler mayaischer Denksysteme — etwa des Schrift-, Zahlen- und Kalendersystems — von den Olmeken übernommen wurden, verbleibt ein außergewöhnliches Interesse an der Kultur der Maya. Dies ist nicht allein darauf zurückzuführen, daß die Maya der Nachwelt vergleichsweise viel hinterlassen haben, sondern kann insbesondere auch mit ihrer kulturellen Leistung, die adaptierten Systeme auszubauen, erheblich weiterzuentwickeln und zu besonderer Schönheit und Ästhetik zu vollenden, in Verbindung gebracht werden.

Exkurs A:
Zum Korrelationsproblem

Monumente, Bücher und Inschriften der Maya enthalten Daten des von der Forschung recht gut erfaßten Kalendersystems. Die Konkordanz oder Korrelation der Maya-Kalender mit dem Julianischen oder Gregorianischen Kalender jedoch, also das In-Bezug-Setzen von Daten dieser verschiedenen Systeme, "remains the subject to debate."[1] Viele Forscher haben sich, seit die Daten der Maya-Kalender lesbar wurden, mit diesem Problem beschäftigt, und verschiedene Lösungen werden diskutiert.

In der vorliegenden Arbeit werden immer wieder Daten des Maya-Kalenders im abendländischen System notiert, Ergebnisse einer speziellen Korrelation ('der' Goodman-Martínez-Thompson [GMT]-Korrelation), welche heute von den meisten Forschern als die wahrscheinlichste und von verschiedenen Datenarten am besten gestützte akzeptiert wird. Obwohl immer wieder Zweifel laut werden, transkribieren nahezu alle Autoren die Maya-Daten nach dieser GMT-Korrelation. Dennoch soll auf die Probleme und Schwierigkeiten bei der Festlegung einer Tag-um-Tag-Korrelation und die notwendigen Annahmen aufmerksam gemacht werden.

Da der Julianische Kalender ('Alter Stil') erst 1582 (kurz nach der Conquista in Mesoamerika) in katholischen Ländern wie zum Beispiel Spanien,

---

[1] Collea [139], S. 125.

Portugal und Italien durch den Gregorianischen Kalender ('Neuer Stil') abgelöst wurde[2] (in anderen Staaten sogar noch viel später), ist es im allgemeinen üblich, mit dem älteren Kalender zu arbeiten.[3] Meist wird demzufolge versucht, eine auf den Tag genaue Bindung des Julianischen an die Maya-Kalender herzustellen.

Der Julianische Kalender kennt die gleichen Zyklen 'Woche', 'Monat' und 'Jahr', wie wir sie heute im Gregorianischen System verwenden. Zusätzlich gibt es eine dem *Long Count* der Maya ähnliche Langzeittageszählung, deren Startpunkt der 1. Januar 4713 v. Chr. ist. Von diesem Zeitpunkt an werden die einzelnen Tage durchgezählt, woraus sich die *Julian Day Number* (JDN) ergibt.[4] "In other words, January 1, 4713 B.C., continues to serve the Western world as well today as the date August 13, 3114 B.C., appears to have served the Mesoamerican world for well over a millennium."[5] Gesucht ist daher eine Konstante, die die Differenz zwischen der *Julian Day Number* eines beliebigen Tages und dessen *Long Count*-Datum (ins Dezimalsystem transkribiert) angibt:

> Specifically, Mayanists have searched for a single conversion factor that could be added to a Maya date to yield the Julian day equivalent. That constant was the Julian day number of 13.0.0.0.0 4 Ahau 8 Kumku, the beginning point of the Maya calendar.[6]

Diese konstante Zahl ist bekannt als *Ahaw Equation* (da das Nulldatum der Maya auf einen Tag *Ahaw* fällt) oder als *Korrelationskonstante*.[7]

Dabei ging die Forschung stets von einigen Annahmen aus. Die wichtigste dieser Voraussetzungen war diejenige, daß es genau eine Korrelationskonstante geben sollte, die für alle Zeitperioden der Maya-Geschichte eine auf

---

[2] Der Gregorianische Kalender ist Ergebnis einer Initiative Papst Gregors XIII. mit dem Ziel, Abweichungen des bis dahin verwendeten Julianischen Kalenders vom Sonnenjahr zu korrigieren und künftigen durch eine Kalenderreform weitgehend vorzubeugen.
[3] Vgl. Schlenther [412], S. 110.
[4] Vgl. Coe [131], S. 12.
[5] Malmström [320], S. 123.
[6] Collea [139], S. 125f.
[7] Vgl. Kelley [241], S. 157.

den Tag genaue Übertragung eines Maya-Datums in eines des Julianischen Kalenders ermöglicht. Dies schloß gleichzeitig die Annahme mit ein, daß in der Zeitrechnung der Maya kein Bruch auftrat. Dazu hätte der Kalender von frühester Zeit an in den verschiedenen Zyklen konsequent durchlaufen werden müssen, insbesondere in der *Sacred Round*, im angenäherten Jahr, im *Long Count* und in der Mondserie. Genauso ging man meist von einer geographischen Einheitlichkeit aus, wodurch Unterschiede in der Verwendung des Kalendersystems an unterschiedlichen Orten des Maya-Gebietes als weitgehend nicht existent angenommen wurden.[8] Die Forschungsrealität warf eine Reihe von Problemen auf, insbesondere das Datenmaterial, auf das man zurückgreifen mußte, wies unter den getroffenen Annahmen einige Ungereimtheiten auf.

> Astronomical, ethnohistorical, and archaeological evidence have been employed to arrive at possible correlations. To date, however, there has been no single clear solution of the correlation question that has satisfied all the evidence. Indeed, this may be impossible, given the inconsistencies in the data.[9]

Das Datum, das am häufigsten für einen Versuch herangezogen wurde, eine historisch begründete Korrelation zu ermitteln, ist der von Diego de Landa in seinem Abriß des Maya-Jahres erwähnte Neujahrstag der Maya.[10] Nach dieser 'Landa-Gleichung' gilt:

$$16. \text{ Juli } 1553 \text{ (Julianisch)} = \text{JDN } 2\,288\,488$$
$$= \mathit{12 \; K'an \; 1 \; Pohp}^{11} \text{ (Puuc}^{12}\text{).}$$

---

[8] Eine solche zeitliche und geographische Einheitlichkeit im Kalendersystem wurde zum Zwecke der Vereinfachung angenommen, obwohl z. B. bekannt war, daß die Notation der Mondserie regional und zeitlich differierte. (Vgl. Aveni [34], S. 205.) Auch in Europa wurde eine solche Konsistenz bei weitem nicht erreicht, weder in der zeitlichen (römischer — Julianischer — Gregorianischer Kalender) noch in der räumlichen Dimension (so hatten verschiedene Staaten verschiedene Kalendersysteme und führten z. B. den Gregorianischen Kalender zu unterschiedlichen Zeiten ein).
[9] Collea [139], S. 126.
[10] Vgl. Lounsbury [293], S. 185.
[11] Vgl. Long [287], S. 97.
[12] Puuc ist ein Datierungsstil, bei dem der Koeffizient des 20-Tage Monats in der *Calendar Round* um eins niedriger liegt als im üblichen System (z. B. *1 K'an 1 Pohp* statt des üblichen *1 K'an 2 Pohp*). Seinen Namen erhielt dieser Stil, da er anscheinend in der Puuc-Region vorherrschte und vielleicht dort entstand. (Vgl. Thompson [480], S. 196.)

In dieser Gleichung werden zwei Probleme der Korrelationserstellung deutlich: (i) Zur Zeit der Eroberung war der *Long Count* ungebräuchlich geworden, "leaving only the 260- and 365-day counts".[13] Selbst wenn eine in sich exakte Gleichung vorläge, ermöglichte diese ohne Zusatzinformation höchstens eine Bestimmung der Korrelation innerhalb eines Zyklus von 52 angenäherten Jahren bzw. 18 980 Tagen, allerdings nicht die Lage im linearen Fluß der Zeit. Die Gleichung im Puuc-Stil war in der hier gegebenen Form in der Klassik aufgrund der "1-day dislocation in the relation between the almanac day and the year day"[14] nicht möglich. Zur klassischen Zeit fielen die *Year Bearers* zwangsläufig auf die Tage *Ak'bal, Lamat, Ben* oder *Etz'nab*, nicht jedoch auf einen Tag *K'an*.[15] Daher mußte (ii) eine Verschiebung um einen Tag zwischen der *Sacred Round* und dem angenäherten Jahr im Laufe der Zeit aufgetreten sein.[16]

Je nach Art der Verschiebung erhält man alternative Gleichungen, in denen (i) und (ii) miteinbezogen sind:

$$JDN\ 2\,288\,488 + 18\,980\ k = \mathit{11\ Ak'bal\ 1\ Pohp}\ \text{(Klassisch)}$$
$$\text{mit}\ k \in \mathbb{Z}$$

oder

$$JDN\ 2\,288\,488 + 18\,980\ k = \mathit{12\ K'an\ 2\ Pohp}\ \text{(Klassisch)}^{17}$$
$$\text{mit}\ k \in \mathbb{Z}.$$

Als dritte Möglichkeit ergibt sich

$$JDN\ 2\,288\,487 + 18\,980\ k = \mathit{12\ K'an\ 2\ Pohp}\ \text{(Klassisch)}^{18}$$
$$\text{mit}\ k \in \mathbb{Z}.$$

---

[13] Collea [139], S. 126.
[14] Lounsbury [293], S. 187.
[15] Vgl. Kapitel 5.1.3.
[16] Thompson weist darauf hin, daß auch eine kleine Verschiebung über den Tagesanfang hinaus ausreichend gewesen wäre: "The change from Akbal, Lamat, Ben and Eznab to Kan, Muluc, Ix and Cauac with 1 Pop need not necessarily have involved a break in the Long Count of more than a few hours." (Thompson [489], S. 103.) Vgl. dazu auch Weber [516], S. 92.
[17] Vgl. Lounsbury [293], S. 187.
[18] Vgl. mit dem analog aufgebauten Aztekenkalender und immer noch existenten Maya-Kalendern in Guatemala schlagen diese Zuordnung vor: "This is pretty good evidence that the Aztec almanac was in line with those still functioning in the highlands of Guatemala, and that therefore Landa was probably wrong in placing 12 Kan 1 Pop on July 26, 1553. He should [...] have equated 12 Kan with July 25 and 13 Chicchan with

Dieses Beispiel vermittelt einen guten Eindruck von den bei ethnohistorischem Datenmaterial auftretenden Problematiken, die hier nur angerissen werden können.

Unter den ethnohistorischen Belegen wird immer wieder die *Chronik von Oxkutzcab* (in einer Übersetzung eines Hieroglyphentextes von Don Juan Xiu, 1685[19]) als besonders überzeugend hervorgehoben,[20] auf deren Seite 66 in einer Liste christlicher Daten des Zeitraums 1533–1545[21] Hinweise enthalten sind, daß ein *k'atun 13 Ahaw* im Jahr 1539 n. Chr. endete (also ein *k'atun*-Ende mit dem *Sacred Round*-Datum *13 Ahaw* in das Jahr 1539 fiel).[22] Allerdings wird über die exakte Zuordnung der christlichen Jahreszahl gestritten, vor allem vor dem Hintergrund anderer historischer Belege:[23] "Unfortunately the sources disagree as to the Christian year of the katun-end. Other evidence than that above cited for 1539 indicates 1536, or even 1542. The years 1536–42 thus appear to be limits for the Katun 13 Ahau of the Yucatecan Short Count."[24] Dennoch läßt sich anhand dieser Angabe die Anzahl möglicher Korrelationen einschränken. Der *Long Count* erreicht ein *k'atun*-Ende *13 Ahaw* alle 13 *k'atuns* oder 260 *tuns* (da $7\,200 \times 13 = 360 \times 260 = 93\,600$ das kleinste gemeinsame Vielfache von *Sacred Round* und *k'atun*-Zyklus ist), so daß Korrelationskandidaten aufgrund dieses Beleges in einem Abstand von 13 *k'atuns* liegen müssen. In der Forschung werden die Korrelationen entsprechend des angenommenen zu Ende gegangenen *k'atuns* benannt, etwa 11-3 Korrelation,[25] 11-16 Korrelation (GMT-Korrelation) oder 12-9 Korrelation (Spinden-Korrelation).[26]

July 26." (Thompson [488], S. 304.) Man beachte, daß Thompson gregorianische Daten notiert; um hier die entsprechenden julianischen Daten zu erhalten, muß man zehn Tage subtrahieren.

[19] Vgl. Collea [139], S. 128.
[20] Vgl. z. B. Satterthwaite [392], S. 627.
[21] Ein Faksimile dieser Seite findet man in Morley [342], S. 471.
[22] Vgl. Collea [139], S. 128.
[23] Ein solcher weiterer Beleg ist beispielsweise der Codex Perez, der auf den Seiten 124f. die Jahre 1758 bis 1774 behandelt. Genaueres vgl. in Satterthwaite [392], S. 627, und insbesondere Proskouriakoff [359].
[24] Satterthwaite [392], S. 627. Mit "Short Count" ist die *Calendar Round* gemeint.
[25] Vgl. Chase, A. [113].
[26] Vgl. zu einzelnen Korrelationsvorschlägen die Tabelle unten. Die Bezeichnung entsteht, indem man bei dem entsprechenden Datum des *k'atun*-Endes die Nullen vernachlässigt (statt 11.16.0.0.0 z. B. 11-16).

Erwähnt seien noch zwei weitere Belege, (i) eine Aussage Landas, nach der "the Spaniards arrived in Mérida in the first year of katun 11 Ahau, in 1541, which disagrees with the chronicles, with other colonial documents, and with all correlations based on a concept of continuity",[27] und (ii) eine von Martínez Hernández im *Chilam Balam* von Tizimin entdeckte Entsprechung des 15. Februar 1554 mit *11 Chuwen 18 Sak*.[28] Weiteres Material steht in den *Chilam-Balam*-Büchern zur Verfügung, ist jedoch oft von widersprüchlicher Natur.[29]

Archäologische Daten bilden eine zweite Datenart, wobei "the archaeological data relevant to the correlation question came largely from radiocarbon dates."[30] Vor allem Holzbalken in Gebäuden der Maya mit eingearbeiteten Datierungen des Maya-Kalendersystems bieten sich für diesen Zweck hervorragend an. "Thus, in these cases, Christian correlation dates which are proposed for Maya dedicatory dates of the lintels can be checked against radiocarbon dates found for samples from these and other wooden elements of the buildings."[31] Aber auch hier ist keineswegs Eindeutigkeit gegeben, denn ein C^{14}-Datum hat "immer eine gewisse, manchmal sogar recht große Spielbreite."[32] Dennoch läßt sich auch mit diesem Verfahren die Anzahl denkbarer Korrelationen eingrenzen:

> The majority of carbon-14 dates would support a correlation between 470,000 and 605,000. The carefully chosen material from Tikal supports a correlation near 580,000 (Thompson, Mukerji, etc.), but seemingly reliable material from Chichen Itza would support a correlation near 490,000 (Spinden, Makemson, etc.).[33]

---

[27] Kelley [241], S. 165.
[28] Vgl. Martínez Hernández [329], S. 8, und Collea [139], S. 128.
[29] Vgl. ebd.
[30] Ebd. Zur Radiocarbondatierung vgl. z. B. Haberland [208], S. 111–114.
[31] Satterthwaite/Ralph [399], S. 165.
[32] Haberland [208], S. 113.
[33] Kelley [238], S. 32. (Die Zahlen geben *Julian Day Numbers* wieder, die als mögliche Korrelationskonstanten vorgeschlagen wurden.) Vgl. auch Collea [139], S. 129: "that the 12.9.0.0.0 correlation fit the northern archaeological material best, while the 11.16.0.0.0 correlation fit the southern material best." Zur Diskussion der Ergebnisse durch die Radiocarbonmethode siehe insbesondere auch Kelley [241], S. 161ff., Satterthwaite [398] und Satterthwaite/Ralph [399].

Als letzter Datentyp seien noch kurz die astronomischen Daten genannt, die sich auf die astronomischen Tafeln und beispielsweise die Mondserienangaben der Maya stützen. Die hierbei auftretenden Probleme sind schon angeklungen, wie etwa Inkonsistenzen in den Daten (besonders offensichtlich bei der Mondserie) und die Frage, ob die überlieferten Daten Ergebnisse von Beobachtungen oder Berechnungen waren. Insgesamt erschwert die Interpretation des vorhandenen Datenmaterials den astronomischen Ansatz.[34]

> The general approach implemented for interpreting astronomical data involves searching astronomical records for appropriate celestial events spaced at intervals commensurate with those found in the data. The astronomical approach alone, however, did not provide a solution. The information from the lunar series could not adequately anchor the correlation because of the inconsistencies. The other dates indicating a Venus position, a nodal passage of the sun, and a solar eclipse were subject to question about their interpretation and were too few in number to yield a decisive correlation.[35]

Aufgrund der unterschiedlichen Annahmen, Herangehensweisen und des Zugrundelegens differierender Daten wurden im Laufe des 19. und 20. Jahrhunderts viele verschiedene Korrelationen unterbreitet:

> Correlations proposed at the end of the last century or early in this century differ by more than 1,200 years. Of more recent correlations, Smiley dates all Maya monuments 278 years earlier than the widely accepted Thompson correlation, whereas Escalona Ramos would date them 260 years later.[36]

Die meisten Korrelationsvorschläge sind in der untenstehenden Tabelle[37] erfaßt, unter Angabe der *Ahaw Equation*, also der jeweils vorgeschlagenen Konstante, die zur *Julian Day Number* zu addieren ist, um das in das Dezimalsystem umgeschriebene *Long Count*-Datum zu erhalten.

---

[34] Vgl. hierzu auch Collea [139], S. 126f.
[35] Ebd., S. 127f.
[36] Kelley [241], S. 159.
[37] Die Angaben der Tabelle sind übernommen aus Aveni [34], S. 205, Edmonson [157], S. 165f., Kelley [241], S. 158f. und S. 186–189, Satterthwaite [392], S. 628, Schlenther [412], S. 111, und Schove [415], S. 19.

Nicht aufgeführt und diskutiert werden hier die verschiedenen Zugänge, über die die jeweiligen Autoren ihre Korrelationen gewonnen haben. Ebenso wird nicht ausgeführt, welche weiteren Bedingungen und Daten die Korrelationen erfüllen und wo sie gegebenem Datenmaterial widersprechen, da zu diesem Zweck wiederum eine eingehende Interpretation des Materials vorangestellt werden müßte. Für eine ausführliche Diskussion einzelner Korrelationen und des Datenmaterials vergleiche man die entsprechenden Arbeiten.[38]

Korrelation	*Ahaw Equation*
Bowditch	394 483
Willson	438 906
Bunge	449 817
Smiley 1	482 699
Owen	487 410
Makemson	489 138
Spinden 2	489 383
Spinden 1	489 384
Ludendorff	489 484

---

[38] Dazu siehe u.a. Baaijens [51], Berger [62], Beyer [71] und [73], Closs [123], Dittrich [149], Edmonson [159], Escalona Ramos [163], Flores [169], Goodman [192], Iwaniszewski [232], Jäschke [233], Kelley [238], S. 30–33, [239], [241], [242] und [245], Kreichgauer [255] und [256], La Farge [266], Long [287], Lounsbury [293], Martínez Hernández [326] und [329], Morley [342], Nowotny [351], Owen [353], Palacios [354], Rössler [382], Rohark [383] und [384], S. 57–63, Satterthwaite [391], Schove [415] und [416], Severin [423], S. 37–67, Smiley [426], [430] und [432], Spinden [445], Šprajc [446], Tedlock, D. [463], Teeple [465] und [466], S. 104–109, Thompson [474], [478], [483] und [488], S. 303–310, Vollemaere [511], Weber [516] und [517] sowie Willson [528], S. 16–32.

Korrelation	Ahaw Equation
Teeple	492 622
Dinsmoor	497 879/8
Smiley 2	500 210
Kelley 1	553 279
Hochleitner 2	578 585
Suchtelen	583 919
Goodman	584 280
Martínez Hernández	584 281
Thompson 2	584 283
Beyer	584 284
Thompson 1	584 285
Calderón	584 314
Cook	585 789
Mukerji	588 466
Pogo	588 626
Schove 1	594 250
Schove 2	615 824
Kaucher	626 660
Kreichgauer	626 927
Kelley 2	663 310
Hochleitner 1	674 265
Schulz	677 723
Escalona Ramos	679 108
Dittrich	698 164
Weitzel	774 078
Vollemaere	774 080

Lediglich auf 'die' GMT-Korrelation soll abschließend kurz eingegangen werden, da sie sich zum momentanen Stand der Forschung am besten bewährt hat. Dabei besteht 'die' GMT-Korrelation nicht aus einer einzigen Korrelation, sondern umfaßt mehrere, nur um wenige Tage differierende Vorschläge.[39] Diese wurden von Goodman, Martínez Hernández und Thompson vorgelegt, woraus sich auch der Name Goodman-Martínez-Thompson-Korrelation oder GMT-Korrelation ableitet. Im folgenden soll vereinfacht von 'der' GMT-Korrelation die Rede sein, da die auf den Tag genaue Korrelationskonstante unter den oben genannten Annahmen und mit dem zur Verfügung stehenden Datenmaterial ohnehin nicht eindeutig bestimmbar ist.

Die GMT-Korrelation verfolgt einen historischen Ansatz und verwendet als Basisdokument die *Chronik von Oxkutzcab*. Grundlegende Annahme ist daher, daß ein *k'atun*-Ende *13 Ahaw* in das Jahr 1539 fiel.[40] "The only proposed Long Count correlations conforming to this evidence are members of a Goodman-Thompson-Martínez family of variant proposals [...]. These make the tun-end 13 Ahau a katun-end in the Long Count, at 11.16.0.0.0 13 Ahau 8 Xul".[41] Doch halten die meisten Forscher die GMT-Korrelation für überzeugend, da sie nicht nur durch ethnohistorisches Datenmaterial gestützt wird (neben der genannten grundlegenden Annahme entspricht sie noch anderen ethnohistorischen Belegen), sondern allen drei Datentypen gerecht wird. Die Radiocarbonergebnisse aus Tikal etwa bestätigen die Korrelation, genauso wie astronomische Überlegungen sie inzwischen favorisieren. Dazu vergleiche man insbesondere Lounsburys recht junge Herleitung der GMT-Korrelation über den astronomischen Ansatz.[42]

> Eine weitere, völlig unerwartete Absicherung erfuhr die GMT-Korrelation durch den Fund eines reliefierten Steins mit der Darstellung eines Venus-Durchgangs durch die Sonne in Chichén Itzá. Als Datum dieses Ereignisses ist — nach der GMT-Umrechnung — der 15. Dezember 1145 verzeichnet. Eine von Astro-

---

[39] Vgl. die entsprechenden Zeilen in der Tabelle.
[40] Vgl. Aveni [34], S. 205.
[41] Satterthwaite [392], S. 627.
[42] Vgl. Lounsbury [293]. "Though the correlation obtained from this exercise is not new, its astronomically based derivation is." (Ebd., S. 204.)

nomen vorgenommene Rückrechnung ergab die Richtigkeit des Datums und damit der GMT-Korrelation.[43]

Auch wenn sich die GMT-Korrelation immer häufiger bewährt, sollte man in seinen Aussagen etwas mehr Vorsicht walten lassen, als Wilhelmy dies hier vorführt. Nicht vergessen werden darf insbesondere, daß die GMT-Korrelation keine Tag-um-Tag-Korrelation ist, sondern einen Bereich von mehreren Tagen angibt. Damit ist das Ziel einer exakten Korrelationskonstante nicht erreicht, wenngleich sich Ereignisse relativ gut historisch einordnen lassen.

Neuesten Erkenntnissen zufolge erscheint das Ziel einer einzigen Korrelationskonstante als endgültig nicht realisierbar, da verschiedene Städte vermutlich mit verschiedenen Daten arbeiteten.[44] Entsprechend zeigt Severin zwei unterschiedliche Monddatierungssysteme auf. Dazu weist er nach, daß zwei Basen für Mondberechnungen bei den Maya Verwendung fanden — zurückgehend auf die beginnende Unsichtbarkeit des Mondes ca. zwei Tage vor Konjunktion sowie dessen erste Sichtbarkeit etwa einen Tag nach Konjunktion — und die Monddaten entsprechend in zwei statistisch signifikante Gruppen fallen.[45] Teeple diskutiert das Datum 9.17.19.13.16 *5 Kib 14 Ch'en* der Stele 3 in Santa Elena Poco Uinic in Chiapas, auf welcher Neumond notiert ist sowie eine Finsternisglyphe (beide Informationen zusammen weisen auf eine Sonnenfinsternis hin).[46] "In the 584,286 variant of the Thompson correlation this was a total eclipse, visible in Chiapas shortly after noon."[47] Diese Korrelationskonstante könnte daher auf die entsprechenden Daten aus jenem geographischen Ausschnitt von Chiapas Anwendung finden. Dagegen wird die Korrelationkonstante 584 283 für den heute noch von den Maya-Nachfahren im gesamten Hochland von Guatemala verwendeten Kalender eingesetzt.[48] Die enorme Verbreitung spricht

---

[43] Wilhelmy [520], S. 47.
[44] Werner Nahm, persönliche Mitteilung.
[45] Vgl. Severin [423], S. 37–47. Diese und weitere Betrachtungen führen ihn schließlich zur Akzeptanz der GMT-Korrelation.
[46] Vgl. Teeple [466], S. 115.
[47] Kelley [238], S. 38. Vgl. auch Severin [423], S. 50.
[48] Vgl. Thompson [488], S. 304.

für eine Tradition dieses Kalendersystems, so daß man insgesamt von einer Verwendung zweier gegeneinander verschobener Kalender zur Zeit der Klassik ausgehen sollte, wodurch beide Korrelationskonstanten plausibel erscheinen.

Exkurs B: Orthographie und Aussprache der Maya-Begriffe

Bald nach der Eroberung Mesoamerikas durch die Europäer begannen spanische Geistliche, Maya-Begriffe mit lateinischen Lettern aufzuzeichnen. Dabei hielten sie sich an die in Spanien im 16. Jahrhundert gebräuchliche Schreibweise der Lautformen.

Da die lateinische Schrift nicht alle Laute der Maya-Sprachen repräsentieren konnte, da daher von den jeweiligen Schreibern neue Buchstaben und Buchstabenkombinationen erfunden wurden[1] und da das Spanische im Verlauf der Jahrhunderte einem Wandel unterworfen war, entstanden unterschiedliche Transkriptionsweisen. Zum Teil werden die verschiedenen Transkriptionen noch heute nebeneinander verwendet.

> As a result, the same word is often spelled in more than one way within one document. One of the most confusing problems facing students of the Maya, especially those new to the field, is how to make sense of the many different ways the same word

---

[1] Vgl. Eggebrecht/Eggebrecht/Grube [161], S. 637.

can be spelled. The word for 'lord' can appear as *ahaw, ahau, ajau, ajaw,* or *axaw,* depending on which orthography is used.²

Doch fehlte es auch nicht an Versuchen, die Schreibung zu vereinheitlichen. So beschlossen zum Beispiel 1987 die Linguisten Guatemalas, die in der *Academia de Las Lenguas Mayas* zusammengeschlossen waren, eine korrekte, einfache und praktische Standardorthographie für alle Maya-Sprachen Guatemalas zu entwickeln.³

Die Bemühungen wurden 1989 von Erfolg gekrönt, als nicht nur die Vertreter verschiedenster Maya-Gruppen dieses Standardalphabet annahmen, sondern sogar der guatemaltekische Kongreß zustimmte. Das von guatemaltekischen Maya entwickelte Alphabet stimmt weitestgehend auch mit den Orthographien überein, die in Mexiko lebende Maya für ihre Sprachen verwenden.⁴

Seitdem wird von einigen Autoren diese Standardorthographie angewandt, was auch in der Forschung auf den Beginn einer vereinheitlichten Schreibung hoffen läßt. Da in dieser Arbeit die Notationen der zitierten Literatur beibehalten werden,⁵ kann hier leider keine Einheitlichkeit erzielt werden.

Als wichtigste Änderungen zu den vorher üblichen Transkriptionsweisen seien folgende Korrespondenzen genannt: <c> wird zu <k>, während das glottalisierte⁶ <k> nun als <k'> notiert wird. <z> verändert sich zu <s>, <dz> zu <tz'>, und <u> in konsonantischer Position⁷ geht in <w> über. Im folgenden sei die neue Orthographie möglichen alten Schreibweisen anhand von Beispielen gegenübergestellt:

---

² Freidel/Schele/Parker [179], S. 16.
³ Vgl. die Dokumentation *Lenguas Mayas de Guatemala* [275].
⁴ Eggebrecht/Eggebrecht/Grube [161], S. 637.
⁵ Dies gilt ebenso für die Graphiken, in denen alte Schreibweisen Verwendung finden. Die betroffenen Abbildungen sind sowohl im Abbildungsverzeichnis als auch in der Bildunterschrift durch den Zusatz (∗) gekennzeichnet. Des weiteren werden im Text Ortsnamen nicht an die neue Orthographie angepaßt, so daß zum Beispiel die verbreitete Schreibung von *Uaxactún* erhalten bleibt.
⁶ Zu den glottalisierten Konsonanten vgl. unten, ebenso zur Aussprache der Maya-Begriffe.
⁷ Vgl. Schele/Mathews [408], S. 326.

Neu	Alt
Ahaw	*Ahau*
Chak	*Chac*
Chuwen	*Chuen*
Kan	*Chan*
Kan Bahlam	*Chan Bahlum*
Kaqchikel	*Cakchiquel*
k'atun	*katun*
Kawak	*Cauac*
K'iche'	*Quiché*
Kimi	*Cimi*
k'in	*kin*
k'ulel	*ch'ulel*
Kumk'u	*Cumku*
Pohp	*Pop*
Sak	*Zac*
Wakah Kan	*Wakah Chan*
Wayeb	*Uayeb*
Wo	*Uo*

Des weiteren sollen noch einige kurze Hinweise zur Aussprache der Maya-Begriffe gegeben werden, wobei auf eine phonetische Transkription verzichtet wird: Die Vokale <a>, <e>, <i>, <o>, <u> werden offener als im Deutschen und fast alle Konsonanten wie im Spanischen ausgesprochen. Jedoch gibt es einige wichtige Unterschiede:[8] Der Buchstabe <x> bezeichnet einen dem deutschen <sch> ähnlichen Laut wie zum Beispiel im Ortsnamen *Uxmal* ("Uschmal"), das <h> wird dem weichen <h> wie in "Hund" entsprechend artikuliert (im Gegensatz zum Spanischen, wo es nicht ausgesprochen wird), und <y> entspricht dem deutschen <j>. Das <ch> stimmt in seiner Aussprache mit der unserer Buchstabenkombination <tsch> überein und die von <s> mit einem dem deutschen <ß> ähnlichen Zischlaut.

---

[8] Die folgenden Angaben sind aus Eggebrecht/Eggebrecht/Grube [161], S. 637f., übernommen.

Die Maya-Sprachen unterscheiden bei zahlreichen Konsonanten zwischen der glottalisierten und der nicht glottalisierten 'normalen' Form eines Konsonanten. Glottalisierte Konsonanten werden durch den kurzen Verschluß der Stimmritze (Glottis) gebildet und klingen so, als zögerte man einen Sekundenbruchteil, nach der Aussprache des Konsonanten mit der Aussprache des nachfolgenden Vokals fortzufahren.[9]

Für Europäer ist dieser Unterschied kaum hörbar, für Maya entstehen jedoch Bedeutungsunterschiede: zum Beispiel bedeutet das Wort *k'ab* 'Hand', während *kab* 'Erde' heißt. In der Schrift werden sie — wie gezeigt — durch einen angefügten Apostroph ausgedrückt.

Auch Vokale können glottalisiert werden, wobei ebenfalls ein Apostroph beigeschrieben wird. Die Differenzierung in lange und kurze Vokale, die bei den heutigen Maya-Sprachen unverzichtbar ist, "ist jedoch nicht so wichtig für das alte Maya, in dem die Hieroglyphen geschrieben sind."[10]

Zum Abschluß seien drei Aussprachebeispiele für Wörter der Maya-Sprachen aufgeführt:

Yax Pak	"Jasch Pak"
Chak	"Tschak"
Hasaw-Kan-K'awil	"Ha-ßau Kan K'a-wil"

---

[9] Ebd., S. 638.
[10] Ebd.

Literaturverzeichnis

[1] Abetti, Giorgio: *The History of Astronomy.* Translated from the Italian by Betty Burr Abetti. London: Sidgwick and Jackson 1954. (italienische Originalausgabe: *Storia dell' Astronomia.* (Firenze:) Vallecchi Editore (1949).)

[2] Abril, Arturo: *Conciencia Maya.* Guatemala, C. A.: Mesoamérica 1994.

[3] Adams, Richard E. W. (ed.): *The Origins of Maya Civilization.* Albuquerque: University of New Mexico Press 1977.

[4] Adams, Richard E. W.: *Prehistoric Mesoamerica.* Boston/Toronto: Little, Brown and Company 1977.

[5] Adams, Richard E. W. / Culbert, T. Patrick: *The origins of civilization in the Maya lowlands.* — In: Adams [3], S. 3–24.

[6] Anderson, W. French: *Arithmetic in Maya Numerals.* — In: American Antiquity. Journal of the Society for American Archaeology. Vol. 36, No. 1, 1971. S. 54–63.

[7] Andrews, E. Wyllys: *Chronology and astronomy in the Maya area.* — In: Hay et al. [222], S. 150–161.

[8] Andrews, E. Wyllys: *Glyphs Z and Y of the Maya supplementary series.* — In: American Antiquity. Journal of the Society of American Archaeology. Vol. 4, No. 1, 1938. S. 30–35.

[9] Andrews, E. Wyllys: *The Maya supplementary series.* — In: Tax [459], S. 123–141.

[10] Andrews, E. Wyllys (ed.): *Research and Reflections in Archaeology and History.* Essays in honor of Doris Stone. New Orleans: Tulane University 1986. (=Middle American Research Institute, Pub. 57.)

[11] Andrews, George F.: *Arquitectura maya.* — In: Arqueología Mexicana. T. 2, N.º 11, 1995. S. 4–15.

[12] Arellano Hernández, A. / Ayala Falcón, Maricela / Fuente, B. de la / Garza, Mercedes de la / Staines Cicero, L. / Olmedo Vera, B.: *Maya. Die klassische Periode.* Aus dem Spanischen von Ingrid Hacker-Klier. München: Hirmer 1998.
(italienische Originalausgabe: *I Maya Classici.* Mailand: Editoriale Jaca Book SpA 1998.)

[13] Arzápalo Marín, Rámon (ed.): *Calepino de Motul. Diccionario Maya-Español.* T. 1. México: Universidad Nacional Autónoma de México 1995.

[14] Austin, Alfredo Lopez: *Los milenios de la religión mesoamericana (primera de dos partes).* — In: Arqueología Mexicana. T. 2, N.° 12, 1995. S. 4–15.

[15] Aveni, Anthony F.: *Ancient Astronomers.* Montreal: St. Remy Press 1993.

[16] Aveni, Anthony F.: *Archaeoastronomy.* — In: Schiffer [411], S. 1–77.

[17] Aveni, Anthony F.: *Archaeoastronomy in the Maya region: 1970–1980.* — In: Aveni [18], S. 1–30.

[18] Aveni, Anthony F. (ed.): *Archaeoastronomy in the New World.* Cambridge: Cambridge University Press 1982.

[19] Aveni, Anthony F.: *Archaeoastronomy: past, present, and future.* — In: Sky & Telescope. Vol. 72, No. 5, 1986. S. 456–460.

[20] Aveni, Anthony F.: *Archaeoastronomy in precolumbian America.* — In: Archaeology. A Magazine Dealing with the Antiquity of the World. Vol. 27, No. 1, 1974. S. 55–57.

[21] Aveni, Anthony F. (ed.): *Archaeoastronomy in Pre-Columbian America.* Austin/London: University of Texas Press 1977.

[22] Aveni, Anthony F.: *Astronomical tables intended for use in astro-archaeological studies.* — In: American Antiquity. Journal of the Society for American Archaeology. Vol. 37, No. 4, 1972. S. 531–540.

[23] Aveni, Anthony F.: *Astronomy in ancient Mesoamerica.* — In: Krupp [261], S. 154–185.

[24] Aveni, Anthony F.: *Concepts of positional astronomy employed in ancient Mesoamerican architecture.* — In: Aveni [28], S. 3–19.

[25] Aveni, Anthony F.: *Dialog mit den Sternen.* Aus dem Amerikanischen von Hans Günter Holl. Stuttgart: Klett-Cotta 1995.
(amerikanische Originalausgabe: *Conversing with the Planets.* New York: Times Books 1992.)

[26] Aveni, Anthony F.: *Empires of Time. Calendars, Clocks, and Cultures.* New York: Basic Books 1989.

[27] Aveni, Anthony F.: *The moon and the Venus table: an example of commensuration in the Maya calendar.* — In: Aveni [33], S. 87–101.

[28] Aveni, Anthony F. (ed.): *Native American Astronomy.* Austin/London: University of Texas Press 1977.

[29] Aveni, Anthony F. (ed.): *New Directions in American Archaeoastronomy.* Proceedings of the 46th International Congress of Americanists, Amsterdam, Netherlands 1988. Oxford: B.A.R. 1988. (=BAR International Series 454.)

[30] Aveni, Anthony F.: *Old and new world naked-eye astronomy.* — In: Brecher / Feirtag [79], S. 61–89.

[31] Aveni, Anthony F.: *Possible astronomical orientations in ancient Mesoamerica.* — In: Aveni [21], S. 163–190.

[32] Aveni, Anthony F.: *The real Venus-Kukulcan in the Maya inscriptions and alignments.* — In: Robertson / Fields [378], S. 309–321.

[33] Aveni, Anthony F. (ed.): *The Sky in Mayan Literature.* New York/Oxford: Oxford University Press 1992.

[34] Aveni, Anthony F.: *Skywatchers of Ancient Mexico.* Austin/London: University of Texas Press 1980.

[35] Aveni, Anthony F.: *Tropical Archaeoastronomy.* — In: Science. Vol. 213, 1981. S. 161–171.

[36] Aveni, Anthony F.: *Venus y los mayas.* — In: Correo de los Andes. T. 2, N.° 1, 1980. S. 66–77.

[37] Aveni, Anthony F. (ed.): *World Archaeoastronomy.* Selected Papers from the 2nd Oxford International Conference on Archaeoastronomy. Held at Merida, Yucatán, Mexico, 13–17 January 1986. Cambridge/New York/New Rochelle/Melbourne/Sydney: Cambridge University Press 1989.

[38] Aveni, Anthony F. / Brotherston, Gordon (eds.): *Calendars in Mesoamerica and Peru. Native American Computations of Time.* Proceedings of the 44th International Congress of Americanists, Manchester, Great Britain, 1982. Oxford: B.A.R. 1983. (=BAR International Series 174.)

[39] Aveni, Anthony F. / Gibbs, Sharon L. / Hartung, Horst: *The Caracol Tower at Chichen Itza: an ancient astronomical observatory?* — In: Science. Vol. 188, 1975. S. 977–985.

[40] Aveni, Anthony F. / Hartung, Horst: *Archaeoastronomy and dynastic history at Tikal.* — In: Aveni [29], S. 1–16.

[41] Aveni, Anthony F. / Hartung, Horst: *Archaeoastronomy and the Puuc sites.* — In: Broda / Iwaniszewski / Maupomé [99], S. 65–95.

[42] Aveni, Anthony F. / Hartung, Horst: *Maya City Planning and the Calendar.* Philadelphia: American Philosophical Society 1986. (=Transactions of the American Philosophical Society 76/7.)

[43] Aveni, Anthony F. / Hartung, Horst: *Los observatorios astronómicos en Chichén Itzá, Mayapán y Paalmul.* — In: Boletín E.C.A.U.D.Y. (Boletín de la Escuela de Ciencias Antropológicas de la Universidad de Yucatán.) T. 6, N.° 32, 1978. S. 2–13.

[44] Aveni, Anthony F. / Hartung, Horst: *Precision in the layout of Maya architecture.* — In: Aveni / Urton [49], S. 63–80.

[45] Aveni, Anthony F. / Hartung, Horst: *Uaxactun, Guatemala, Group E and similar assemblages: an archaeoastronomical reconsideration.* – In: Aveni [37], S. 441–461.

[46] Aveni, Anthony F. / Hotaling, Lorren D.: *Monumental inscriptions and the observational basis of Maya planetary astronomy.* — In: Archaeoastronomy. Vol. 19, 1994. S. S21–S54.

[47] Aveni, Anthony F. / Morandi, Steven J. / Peterson, Polly A.: *The Maya number of time: intervalic time reckoning in the Maya codices. part 1.* — In: Archaeoastronomy. Vol. 20, 1995. S. S1–S28.

[48] Aveni, Anthony F. / Morandi, Steven J. / Peterson, Polly A.: *The Maya number of time: intervalic time reckoning in the Maya codices, part 2.* — In: Archaeoastronomy. Vol. 21, 1996. S. S1–S32.

[49] Aveni, Anthony F. / Urton, Gary (eds.): *Ethnoastronomy and Archaeoastronomy in the American Tropics.* Papers from a Conference Held in New York, March 30 – April 1, 1981. New York: New York Academy of Sciences 1982. (=Annals of the New York Academy of Sciences 385.)

[50] Ayala Falcón, Maricela: *Maya Writing.* — In: Schmidt / Garza / Nalda [414], S. 178–191.

[51] Baaijens, Thijs: *The typical 'Landa Year' as the first step in the correlation of the Maya and the Christian calendar.* — In: Mexicon. Aktuelle Informationen und Studien zu Mesoamerika. Bd. 17, Nr. 3, 1995. S. 50f.

[52] Baity, Elizabeth Chesley: *Mesoamerican archaeoastronomy so far.* — In: Aveni [21], S. 379–386.

[53] Baity, Elisabeth Chesley: *Some implications of astro-archaeology for Americanists.* — In: Verhandlungen des 38. Internationalen Amerikanistenkongresses. Stuttgart — München, 12. bis 18. August 1968. Bd. 1, 1969. S. 85–94.

[54] Bandini, Pietro: *Der heilige Kalender der Maya. Zeitmythos und Zukunftsprophezeiung einer geheimnisvollen Kultur.* München: Heyne 1998. (=Heyne Sachbuch 19/617.)

[55] Barthel, Thomas S.: *Götter — Sterne — Pyramiden. (Ein Beitrag zur strukturalen Mayaforschung.)* — In: Paideuma. Bd. 14, 1968. S. 45–92.

[56] Barthel, Thomas S.: *Maya-Astronomie. Lunare Inschriften aus dem Südreich.* — In: Zeitschrift für Ethnologie. Bd. 76, Nr. 2, 1951. S. 216–238.

[57] Barthel, Thomas S.: *Der Morgensternkult in den Darstellungen der Dresdener Mayahandschrift.* — In: Ethnos. Vol. 17, 1952. S. 73–112.

[58] Baudez, Claude-François / Becquelin, Pierre: *Die Maya.* Aus dem Französischen übertragen von Rita Zeppelzauer. Übertragung der Einführung aus dem Spanischen von Lotte Stylow. München: Beck 1985.
(französische Originalausgabe: *Le Monde Précolombien. Les Mayas.* Paris: Gallimard 1984.)

[59] Belmont, G. E.: *The secondary series as a lunar eclipse count.* — In: Maya Research. Vol. 2, No. 2, 1935. S. 144–154.

[60] Benson, Elizabeth P. (ed.): *Mesoamerican Writing Systems.* Washington, D. C.: Dumbarton Oaks 1974.

[61] Benson, Elisabeth P. / Griffin, Gillett G. (eds.): *Maya Iconography.* Princeton: Princeton University Press 1988.

[62] Berger, Rainer: *Recent investigations toward the Maya calendar correlation problem.* — In: Verhandlungen des 38. Internationalen Amerikanistenkongresses. Stuttgart — München, 12. bis 18. August 1968. Bd. 2, 1970. S. 209–212.

[63] Berlin, Heinrich: *La astronomía entre los mayas: algunas rectificaciones.* — In: Anales de la Sociedad de Geografía e Historia. T. 41, N.º 1, 1968. S. 670–674.

[64] Berlin, Heinrich: *El glifo 'Emblema' en las inscripciónes mayas.* — In: Journal de la Société des Américanistes. T. 47, 1958. S. 111–119.
(wieder in: Antropología e Historia de Guatemala. T. 13, N.º 2, 1961. S. 14–20.)

[65] Berlin, Heinrich: *Kommentare zu den Hieroglyphen und Monatsnamen des Maya-Kalenders.* — In: Schweizerische Amerikanisten-Gesellschaft. Bull. 51, 1987. S. 19–23.
(spanische Version *Comentarios acerca de los glifos y nombres de meses del calendario maya* in: Anales de la Academia de Geografía e Historia. T. 63, 1989. S. 9–15.)

[66] Berlin, Heinrich: *Mas casos del glifo lunar en números de distancia.* — In: Antropología e Historia de Guatemala. T. 12, N.° 2, 1960. S. 25–27.

[67] Berlin, Heinrich: *Über Mondseriationen bei den Maya.* — In: Schweizerische Amerikanisten-Gesellschaft. Bull. 34, 1970. S. 3–12.

[68] Berlin, Heinrich / Kelley, David H.: *The 819-Day Count and Color-Direction Symbolism Among the Classic Maya.* Preprint of Pub. 26, Middle American Research Institute, Tulane University. New Orleans: Tulane University 1961. S. 9–20.

[69] Beyer, Hermann: *Algunos datos sobre los dinteles mayas de Tikal en el museo etnográfico de Basilea.* — In: 27. Congreso Internacional de Americanistas. Actas de la Primera Sesion, Celebrada en la Ciudad de México en 1939. T. 1, 1940. S. 338–343.

[70] Beyer, Hermann: *The Long Count position of the serpent number dates.* — In: 27. Congreso Internacional de Americanistas. Actas de la Primera Sesion, Celebrada en la Ciudad de México en 1939. T. 1, 1940. S. 401–405.

[71] Beyer, Hermann: *The Relation of the Synodical Month and Eclipses to the Maya Correlation Problem.* New Orleans: Tulane University 1933. S. 301–319. (=Middle American Pamphlets: Pub. 5/6 in the 'Middle American Research Series'.)

[72] Beyer, Hermann: *Sternbilder und Kalenderwesen in Alt-Mexiko.* — In: Die Umschau. Bd. 13, Nr. 31, 1909. S. 654–656.

[73] Beyer, Hermann: *Zur Konkordanzfrage der Mayadaten mit denen der christlichen Zeitrechnung.* — In: Zeitschrift für Ethnologie. Bd. 65, Nr. 1/3, 1933. S. 75–80.

[74] Bolles, David: *The Mayan calendar: the solar-agricultural year, and correlation questions.* — In: Mexicon. Aktuelle Informationen und Studien zu Mesoamerika. Bd. 12, Nr. 5, 1990. S. 85–89.

[75] Bowditch, Charles P.: *A Method Which May Have Been Used by the Mayas in Calculating Time.* Cambridge: The University Press 1901.

[76] Bowditch, Charles P.: *The Numeration, Calendar Systems and Astronomical Knowledge of the Mayas.* Cambridge: The University Press 1910.

[77] Boyer, Carl B. / Merzbach, Uta C.: *A History of Mathematics.* 2nd ed. New York/Chichester/Brisbane/Toronto/Singapore: Wiley 1989.

[78] Brainerd, George W.: *The Maya Civilization.* Los Angeles: Southwest Museum 1954.

[79] Brecher, Kenneth / Feirtag, Michael (eds.): *Astronomy of the Ancients.* Cambridge/London: MIT Press 1979.

[80] Bricker, Harvey M. / Bricker, Viktoria Reifler: *Classic Maya prediction of solar eclipses.* (With comments by Anthony F. Aveni, Michael P. Closs, Munro S. Edmonson, Floyd G. Lounsbury and Eric Teladoire and a reply by the authors.) — In: Current Anthropology. A World Journal of the Sciences of Man. Vol. 24, No. 1, 1983. S. 1–24.

[81] Bricker, Harvey M. / Bricker, Viktoria Reifler: *More on the Mars Table in the Dresden Codex.* — In: Latin American Antiquity. Vol. 8, No. 4, 1997. S. 384–397.

[82] Bricker, Harvey M. / Bricker, Viktoria Reifler: *Zodiacal references in the Maya Codices.* — In: Aveni [33], S. 148–183.

[83] Bricker, Viktoria Reifler: *Directional glyphs in Maya inscriptions and codices.* — In: American Antiquity. Journal of the Society for American Archaeology. Vol. 48, No. 2, 1983. S. 347–353.

[84] Bricker, Viktoria Reifler: *A Grammar of Mayan Hieroglyphs.* New Orleans: Tulane University 1986. (=Middle American Research Institute, Pub. 56.)

[85] Bricker, Viktoria Reifler: *The origin of the Maya solar calendar.* — In: Current Anthropology. A World Journal of the Sciences of Man. Vol. 23, No. 1, 1982. S. 101–103.

[86] Bricker, Viktoria Reifler: *The relationship between the Venus table and an almanac in the Dresden codex.* — In: Aveni [29], S. 81–103.

[87] Bricker, Viktoria Reifler / Bricker, Harvey M.: *Astronomical references in the table on pages 61–9 of the Dresden Codex.* — In: Aveni [37], S. 232–245.

[88] Bricker, Viktoria Reifler / Bricker, Harvey M.: *Calendrical cycles and astronomy.* — In: Schmidt / Garza / Nalda [414], S. 192–205.

[89] Bricker, Viktoria Reifler / Bricker, Harvey M.: *The Mars table in the Dresden codex.* — In: Andrews, E. W. [10], S. 51–80.

[90] Bricker, Viktoria Reifler / Bricker, Harvey M.: *The seasonal table in the Dresden Codex and related almanacs.* — In: Archaeoastronomy. Vol. 12, 1988. S. S1–S62.

[91] Bricker, Viktoria Reifler / Bricker, Harvey M.: *La tabla de marte en el Códice de Dresde.* — In: Broda / Iwaniszewski / Maupomé [99], S. 129–143.

[92] Bricker, Victoria Reifler / Vail, Gabrielle (eds.): *Papers on the Madrid Codex.* New Orleans: Tulane University 1997. (=Middle American Research Institute, Pub. 64.)

[93] Brinton, Daniel G.: *The Maya Chronicles.* Philadelphia: (Selbstverlag) 1882. (=Brinton's Library of Aboriginal American Literature 1.)

[94] Brinton, Daniel G.: *The Native Calendar of Central America and Mexico. A Study in Linguistics and Symbolism.* Philadelphia: MacCalla 1893.

[95] Broda, Johanna: *Astronomy, cosmovision, and ideology in prehispanic Mesoamerica.* — In: Aveni / Urton [49], S. 81–110.

[96] Broda, Johanna: *Comments to the symposium on 'Space and Time in the Cosmovision of Mesoamerica'.* — In: Lateinamerika-Studien. Bd. 10, 1982. S. 15–24.

[97] Broda, Johanna: *The Mexican Calendar as Compared to Other Mesoamerican Systems.* Wien: Stiglmayr 1969. (=Acta Ethnologica et Linguistica 15; Series Americana 4.)

[98] Broda, Johanna: *Observación y cosmovisión en el mundo prehispánico.* — In: Arqueología Mexicana. T. 1, N.º 3, 1993. S. 5–9.

[99] Broda, Johanna / Iwaniszewski, Stanislaw / Maupomé, Lucrecia (eds.): *Arqueoastronomía y Etnoastronomía en Mesoamérica.* México: Universidad Nacional Autónoma de México 1991. (=Instituto de Investigaciones Históricas. Serie de Historia de la Ciencia y la Tecnología 4.)

[100] Brosche, Peter / Maupomé, Lucrecia: *The sacred calendar and Venus.* (With a comment by Anthony F. Aveni.) – In: Archaeoastronomy. Vol. 15, 1990. S. S51–S55.

[101] Brotherston, Gordon: *Zodiac signs, number sets, and astronomical cycles in Mesoamerica.* — In: Aveni [37], S. 276–288.

[102] Buck, Fritz: *El Calendario Maya en la Cultura de Tiahuanacu.* [o.O.:] 1937.

[103] Cabrera, Edgar: *El Calendario Maya: Su Origen y su Filosofía.* San José: Ediciónes Liga Maya 1995.

[104] Cajori, Florian: *A History of Mathematics*. New York: Chelsea 1985.
[105] Calderón, Héctor M.: *La Ciencia Matemática de los Mayas*. México, D. F.: Orion 1966.
[106] Carlson, John B.: *Copan Altar Q: the Maya astronomical congress of A.D. 763?* — In: Aveni [28], S. 101–109.
[107] Carlson, John B.: *The Grolier Codex: a preliminary report on the content and authenticity of a thirteenth-century Maya Venus almanac.* — In: Aveni [38], S. 27–57.
[108] Carlson, John B.: *Maya city planning and astronomy.* - In: Archaeoastronomy. Bull. 1/3, 1978. S. 4f.
[109] Carlson, John B.: *The nature of Mesoamerican astronomy: a look at the native texts.* — In: Krupp [258], S. 211–252.
[110] Carlson, John B.: *Numerology and the astronomy of the Maya.* — In: Williamson [527], S. 205–213.
[111] Castañeda, José: *Magia y juego en la matemática maya.* - In: Guatemala Indígena. T. 10, N.^{s} 1–2, 1975. S. 213–242.
[112] Castañeda, Leonardo Manrique: *Las lenguas prehispánicas en el México actual.* — In: Arqueología Mexicana. T. 1, N.º 5, 1993/94. S. 6–13.
[113] Chase, Arlen F.: *Time depth or vacuum: the 11.3.0.0.0 correlation and lowland Maya postclassic.* — In: Sabloff / Andrews [389], S. 99–140.
[114] Chase, Diane Z. / Chase, Arlen F.: *Die Maya der Postklassik.* — In: Eggebrecht / Eggebrecht / Grube [161], S. 257–276.
[115] Cholsamaj (ed.): *Kumatzim Wuj Jun. Códice de Dresde.* Guatemala, C. A.: Iximulew 1998.
[116] Closs, Michael P.: *Cognitive aspects of ancient Maya eclipse theory.* — In: Aveni [37], S. 389–415.
[117] Closs, Michael P.: *The date-reaching mechanism in the Venus table of the Dresden Codex.* — In: Aveni [28], S. 89–100.
[118] Closs, Michael P.: *A glyph for Venus as evening star.* — In: Robertson / Fields [377], S. 229–236.
[119] Closs, Michael P.: *The mathematical notation of the ancient Maya.* — In: Closs [120], S. 291–369.
(spanische Version *La notación matemática de los mayas antiguos* in: Pueblos Indígenas y Educación. T. 3, N.º 11, 1989. S. 33–106.)
[120] Closs, Michael P. (ed.): *Native American Mathematics*. Austin: University of Texas Press 1986.

[121] Closs, Michael P.: *Native American number systems.* – In: Closs [120], S. 3–43.
(spanische Version *Sistemas numéricos entre los nativos americanos* in: Pueblos Indígenas y Educación. T. 2, N.° 6, 1988. S. 25–62.)

[122] Closs, Michael P.: *The nature of the Maya chronological count.* — In: American Antiquity. Journal of the Society for American Archaeology. Vol. 42, No. 1, 1977. S. 18–27.

[123] Closs, Michael P.: *New information on the European discovery of Yucatan and the correlation of the Maya and Christian calendars.* — In: American Antiquity. Journal of the Society for American Archaeology. Vol. 41, No. 2, 1976. S. 192–195.

[124] Closs, Michael P.: *Some parallels in the astronomical events recorded in the Maya codices and inscriptions.* — In: Aveni [33], S. 133–147.

[125] Closs, Michael P.: *Venus dates revisited.* — In: Archaeoastronomy. Vol. 4, No. 4, 1981. S. 38–41.

[126] Closs, Michael P.: *Venus in the Maya world: glyphs, gods and associated astronomical phenomena.* — In: Robertson / Jeffers [379], S. 147–166.

[127] Closs, Michael P. / Aveni, Anthony F. / Crowley, Bruce: *The planet Venus and Temple 22 at Copán.* — In: Indiana. Beiträge zur Völker- und Altertumskunde, Sprachen-, Sozial- und Geschichtsforschung des indianischen Lateinamerika. (Gedenkschrift Gerdt Kutscher, Teil 1.) Bd. 9, 1984. S. 221–247.

[128] Coe, Michael D.: *Das Geheimnis der Maya-Schrift. Ein Code wird entschlüsselt.* Deutsch von Frauke J. Riese. Reinbek bei Hamburg: Rowohlt 1995.
(englische Originalausgabe: *Breaking the Maya Code.* London: Thames & Hudson 1992.)

[129] Coe, Michael D.: *Die Maya.* Aus dem Englischen übertragen von Ulrike Schmidt und Dr. Peter Schmidt. 2. Auflage. Bergisch Gladbach: Lübbe 1975.
(englische Originalausgabe: *The Maya.* London: Thames & Hudson 1966. (=Ancient Peoples and Places 52.))

[130] Coe, Michael D.: *The Maya Scribe and His World.* 2nd ed. New York: The Grolier Club 1977.

[131] Coe, Michael D.: *Native astronomy in Mesoamerika.* — In: Aveni [21], S. 3–31.

[132] Coe, Michael D.: *Olmec and Maya: a study in relationships.* — In: Adams [3], S. 183–195.

[133] Coe, Michael D. / Kerr, Justin: *The Art of the Maya Scribe*. London: Thames & Hudson 1997.

[134] Coggins, Clemency Chase: *A new order and the role of the calendar: some characteristics of the Middle Classic Period at Tikal.* — In: Hammond / Willey [213], S. 38–50.

[135] Coggins, Clemency Chase: *A new sun at Chichen Itza.* — In: Aveni [37], S. 260–275.

[136] Coggins, Clemency Chase: *The zenith, the mountain, the center, and the sea.* — In: Aveni / Urton [49], S. 111–123.

[137] Coggins, Clemency Chase / Drucker, R. David: *The observatory at Dzibilchaltun.* — In: Aveni [29], S. 17–56.

[138] Collea, Beth A.: *The celestial bands in Maya hieroglyphic writing.* — In: Williamson [527], S. 215–231.

[139] Collea, Beth A.: *A general consideration of the Maya correlation question.* — In: Aveni / Urton [49], S. 125–134.

[140] Crossley, John Newsome: *The Emergence of Number.* Singapore/New Jersey/Hong Kong: World Scientific 1987.

[141] Culbert, T. Patrick: *Der Zusammenbruch einer Kultur.* — In: Eggebrecht / Eggebrecht / Grube [161], S. 239–256.

[142] Danien, Elin C. / Sharer, Robert J. (eds.): *New Theories on the Ancient Maya.* Philadelphia: The University Museum, University of Pennsylvania 1992. (=University Museum Symposium Series 3; University Museum Monograph 77.)

[143] Davoust, Michel: *The great Venus cycle and solar and lunar eclipses with their incidence on postclassic Maya society.* — In: Mayab. T. 9, 1994. S. 66–78.

[144] Davoust, Michel: *Le serpent Ochcan dans la table d'éclipses solaires et lunaires du Codex de Dresde.* — In: TRACE. Travaux et Recherches dans les Amériques du Centre. T. 28, 1995. S. 3–28.

[145] Díaz-Bolio, José: *La Geometría de los Mayas y el Mayarte Crotálico.* Mérida 1967.

[146] Dieseldorff, E. P.: *Cronología del calendario maya.* — In: 27. Congreso Internacional de Americanistas. Actas de la Primera Sesion, Celebrada en la Ciudad de México en 1939. T. 1, 1940. S. 305–321.

[147] Digby, Adrian: *Crossed trapezes: a pre-Columbian astronomical instrument.* — In: Hammond [210], S. 271–283.

[148] Dittrich, Arnošt: *Die Finsternistafel des Dresdener Maya-Kodex.* Einzelausgabe aus den Abh. Preuss. Akad. Wiss. 1939, Phys.-math. Klasse Nr. 2. Berlin: Akademie der Wissenschaften 1939.

[149] Dittrich, Arnošt: *Die Korrelation der Maya-Chronologie.* Einzelausgabe aus den Abh. Preuss. Akad. Wiss. 1936, Phys.-math. Klasse Nr. 3. Berlin: Akademie der Wissenschaften 1936.

[150] Dittrich, Arnošt: *Der Planet Venus und seine Behandlung im Dresdener Maya-Kodex.* Sonderausgabe aus den Sitzungsberichten der Preuss. Akad. Wiss. 1937, Phys.-math. Klasse Nr. 24. Berlin: Akademie der Wissenschaften 1937.

[151] Dütting, Dieter: *On the astronomical background of Mayan historical events.* — In: Robertson / Fields [376], S. 261–274.

[152] Dütting, Dieter: *Venus, the moon and the gods of the Palenque Triad.* — In: Zeitschrift für Ethnologie. Bd. 109, Nr. 2, 1984. S. 7–74.

[153] Dütting, Dieter / Schramm, Matthias: *The sidereal period of the moon in Maya calendrical astronomy.* — In: Tribus. Bd. 37, 1988. S. 139–173.

[154] Dunning, Nicholas P.: *Umwelt, Siedlungsweise, Ernährung und Lebensunterhalt im Maya-Tiefland während der Klassik (250–900 n. Chr.).* — In: Eggebrecht / Eggebrecht / Grube [161], S. 92–106.

[155] Earle, Duncan Maclean / Snow, Dean R.: *The origin of the 260-day calendar: the gestation hypothesis reconsidered in light of its use among the Quiche-Maya.* — In: Robertson / Fields [376], S. 241–244.

[156] Edmonson, Munro S.: *The Book of Counsel: the Popol Vuh of the Quiche Maya of Guatemala.* New Orleans: Tulane University 1971. (=Middle American Research Institute, Pub. 35.)

[157] Edmonson, Munro S.: *The Book of the Year. Middle American Calendrical Systems.* Salt Lake City: University of Utah Press 1988.

[158] Edmonson, Munro S.: *Calendarios mesoamericanos.* — In: Arqueología Mexicana. T. 2, N.° 7, 1994. S. 6–11.

[159] Edmonson, Munro S.: *The Mayan calendar reform of 11.16.0.0.0.* — In: Current Anthropology. A World Journal of the Sciences of Man. Vol. 17, No. 4, 1976. S. 713–717.

[160] Edmonson, Munro S.: *The middle American calendar round.* — In: Wauchope [514], Suppl. vol. 5: *Epigraphy* (ed. by Victoria R. Bricker), 1992. S. 154–167.

[161] Eggebrecht, Eva / Eggebrecht, Arne / Grube, Nikolai (Hgg.): *Die Welt der Maya. Archäologische Schätze aus drei Jahrtausenden.* Ausstellungskatalog. 4., überarb. und erg. Auflage. Mainz: Philipp von Zabern 1994.

[162] Escalona Ramos, Alberto: *Cronología y Astronomía Maya-México (Con un Anexo de Historias Indígenas).* México 1940.

[163] Escalona Ramos, Alberto: *Cronología y astronomía maya-méxica. Un nuevo sistema de correlación calendarica.* — In: 27. Congreso Internacional de Americanistas. Actas de la Primera Sesion, Celebrada en la Ciudad de México en 1939. T. 1, 1940. S. 623–630.

[164] Everson, George Dicken: *The Celestial Dresden: Archaeoastronomy in Late Post-Classic Yucatán.* Riverside Dissertation. (Microfiche format.) Ann Arbor: Univ. Microfilms International 1995.

[165] Fernández Valbuena: *Mirroring the Sky. A Postclassic K'iche'-Maya Cosmology.* With drawings by Jorge L. Sánchez and Melinda A. Goelz. Lancaster: Labyrinthos 1996.

[166] Fialko, Vilma: *Mundo Perdido, Tikal: un ejemplo de Complejos de Conmemoración Astronómica.* — In: Mayab. T. 4, 1988. S. 13–21.

[167] Fitchett, Arthur G.: *Origin of the 260-day cycle in Mesoamerica.* — In: Science. Vol. 185, 1974. S. 542f.

[168] Flores G., J. Daniel: *260: un periodo astronómico.* — In: Memorias del Segundo Coloquio Internacional de Mayistas, 17–21 de Agosto de 1987. T. 1, 1989. S. 249–261.

[169] Flores G., J. Daniel: *Comentarios.* — In: Memorias del Segundo Coloquio Internacional de Mayistas, 17–21 de Agosto de 1987. T. 1, 1989. S. 109–111.

[170] Förstemann, Ernst: *Commentar zur Mayahandschrift der Königlichen öffentlichen Bibliothek zu Dresden.* Dresden: Bertling 1901.

[171] Förstemann, Ernst (Hg.): *Die Mayahandschrift der Königlichen öffentlichen Bibliothek zu Dresden.* Leipzig: Naumann & Schroeder 1882.

[172] Förstemann, Ernst: *Der Merkur bei den Mayas.* [o.O.: 1901].

[173] Förstemann, Ernst: *Der Nordpol bei Azteken und Maya's.* — In: Verhandlungen der Berliner anthropologischen Gesellschaft, Sitzung vom 15. Juni 1901. Berlin 1901. S. 274–277.

[174] Förstemann, Ernst: *Die Plejaden bei den Mayas.* — In: Globus. Bd. 66, 1894. S. 246.

[175] Förstemann, Ernst: *Die Zeitperioden der Mayas.* Sonderabdruck aus: Globus. Bd. 63, 1893.

[176] Förstemann, Ernst: *Zur Maya-Chronologie.* – In: Zeitschrift für Ethnologie. Bd. 23, Nr. 4, 1891. S. 142–155.

[177] Fox, James A. / Justeson, John S.: *A Mayan planetary observation.* — In: Graham [197], S. 55–59.

[178] Freidel, David A.: *Krieg — Mythos und Realität.* – In: Eggebrecht / Eggebrecht / Grube [161], S. 158–176.

[179] Freidel, David A. / Schele, Linda / Parker, Joy: *Maya Cosmos. Three Thousand Years on the Shaman's Path.* With photographs by Justin Kerr and MacDuff Everton. New York: Morrow 1993.

[180] Fulton, Charles C.: *Did the Maya have a zero?* — In: Notes on Middle American Archaeology and Ethnology. Vol. 90, 1948. S. 233–239.

[181] Fulton, Charles C.: *Elements of Maya arithmetic with particular attention to the calendar.* — In: Notes on Middle American Archaeology and Ethnology. Vol. 85, 1947. S. 188–201.

[182] Furst, Peter T.: *Human biology and the origin of the 260-day Sacred Almanac: the contribution of Leonard Schultze Jena (1872-1955).* — In: Gossen [196], S. 69–76.

[183] Fuson, Robert H.: *The orientation of Mayan ceremonial centers.* — In: Annals of the Association of American Geographers. Vol. 59, 1969. S. 494–511.

[184] Gallenkamp, Charles: *Maya. The Riddle and Rediscovery of a Lost Civilization.* 3rd revised ed. New York: Viking 1985.

[185] Garza, Mercedes de la: *Maya Gods.* — In: Schmidt / Garza / Nalda [414], S. 234–247.

[186] Gericke, Helmut: *Geschichte des Zahlbegriffs.* Mannheim/Wien/Zürich: Bibliographisches Institut 1970. (=B.I.-Hochschultaschenbücher 172/172a.)

[187] Gibbs, Sharon L.: *Mesoamerican calendrics as evidence of astronomical activity.* — In: Aveni [28], S. 21–35.

[188] Gilbert, Adrian / Cotterell, Maurice: *The Mayan Prophecies. Unlocking the Secrets of a Lost Civilization.* Shaftesbury/Rockport/Brisbane: Element 1995.

[189] Giese, Richard-Heinrich: *Einführung in die Astronomie.* Darmstadt: Wissenschaftliche Buchgesellschaft 1981.

[190] Gillispie, Charles Coulson (ed.): *Dictionary of Scientific Biography.* Vol. 15. New York: Charles Scribner's Sons 1978.

[191] Girard, Rafael: *El Calendario Maya-Mexica. Origen, Función, Desarrollo y Lugar de Procedencia.* México: Editorial Stylo 1948.
[192] Goodman, J. T.: *Maya Dates.* — In: American Anthropologist. Vol. 7, 1905. S. 642–647.
[193] Gordon, George Byron: *On the use of zero and twenty in the Maya time system.* — In: American Anthropologist. Vol. 4, 1902. S. 237–275.
[194] Gossen, Gary H.: *A Chamula solar calender board from Chiapas, Mexico.* — In: Hammond [210], S. 217–253.
[195] Gossen, Gary H.: *Chamulas in the World of the Sun. Time and Space in a Maya Oral Tradition.* Cambridge: Harvard University Press 1974.
[196] Gossen, Gary H. (ed.): *Symbol and Meaning Beyond the Closed Community: Essays in Mesoamerican Ideas.* Albany/New York: Institute for Mesoamerican Studies (University at Albany) 1986. (=Studies on Culture and Society 1.)
[197] Graham, John A. (ed.): *Studies in Ancient Mesoamerica, III.* Berkeley: University of California Archaeological Research Facility, Dep. of Anthropology 1978. (=Contributions of the University of California Archaeological Research Facility 36.)
[198] Graham, John A. (ed.): *Studies in the Archaeology of Mexico and Guatemala.* Berkeley: University of California Archaeological Research Facility, Dep. of Anthropology 1972. (=Contributions of the University of California Archaeological Research Facility 16.)
[199] Graulich, Michel: *On the Maya calendar. With a reply by Viktoria R. Bricker.* — In: Current Anthropology. A World Journal of the Sciences of Man. Vol. 23, No. 3, 1982. S. 353–355.
[200] Grube, Nikolai K.: *Die Entwicklung der Mayaschrift. Grundlagen zur Erforschung des Wandels der Mayaschrift von der Protoklassik bis zur spanischen Eroberung.* Berlin: Flemming 1990. (=Acta Mesoamericana 3.)
[201] Grube, Nikolai K.: *Die Göttergestalten der Handschriften und ihre Hieroglyphen.* — In: Rätsch [363], S. 29–106.
[202] Grube, Nikolai K.: *Schrift und Sprachen der Maya.* — In: Eggebrecht / Eggebrecht / Grube [161], S. 215–238.
[203] Grube, Nikolai K.: *Zeichen aus einer versunkenen Zeit.* — In: Geo Special "Die Welt der Maya". Nr. 5, 1993. S. 42–45.
[204] Grube, Nikolai K. / Schele, Linda: *Kuy, the owl of omen and war.* — In: Mexicon. Aktuelle Informationen und Studien zu Mesoamerika. Bd. 16, Nr. 1, 1994. S. 10–16.

[205] Gubler, Ruth: *The importance of the number four as an ordering principle in the world view of the ancient Maya.* — In: Latin American Indian Literatures Journal. Vol. 13, No. 1, 1997. S. 23–57.

[206] Günther, Hartmut / Ludwig, Otto (Hgg.): *Schrift und Schriftlichkeit. Ein interdisziplinäres Handbuch internationaler Forschung.* Bd. 1. Berlin/New York: de Gruyter 1994.

[207] Guthe, Carl E.: *A Possible Solution of the Number Series on Pages 51 to 58 of the Dresden Codex.* Cambridge: Peabody Museum 1921. (=Papers of the Peabody Museum of American Archaeology and Ethnology 6.)

[208] Haberland, Wolfgang: *Amerikanische Archäologie. Geschichte, Theorie, Kulturentwicklung.* Sonderausgabe. Darmstadt: Wissenschaftliche Buchgesellschaft 1992.

[209] Hagar, Stansbury: *The American zodiac.* — In: American Anthropologist. Vol. 19, 1917. S. 518–532.

[210] Hammond, Norman (ed.): *Mesoamerican Archaeology. New Approaches.* Proceedings of a Symposium on Mesoamerican Archaeology Held by the University of Cambridge Centre of Latin American Studies, August 1972. London: Duckworth 1974.

[211] Hammond, Norman: *Preclassic Maya civilization.* — In: Danien / Sharer [142], S. 137–144.

[212] Hammond, Norman (ed.): *Social Process in Maya Prehistory.* Studies in honour of Sir Eric Thompson. London/New York/San Francisco: Academic Press 1977.

[213] Hammond, Norman / Willey, Gordon R. (eds.): *Maya Archaeology and Ethnohistory.* Austin/London: University of Texas Press 1979.

[214] Hankel, Herrmann: *Zur Geschichte der Mathematik in Altertum und Mittelalter.* 2. Auflage. Hildesheim: Olms 1965. (Reprographischer Nachdruck der Ausgabe Leipzig 1874.)

[215] Hanks, William F. / Rice, Don S. (eds.): *Word and Image in Maya Culture. Explorations in Language, Writing, and Representation.* Salt Lake City: University of Utah Press 1989.

[216] Hartung, Horst: *Ancient Maya architecture and planning: possibilities and limitations for astronomical studies.* — In: Aveni [28], S. 111–129.

[217] Hartung, Horst: *The role of architecture and planning in archaeoastronomy.* — In: Williamson [527], S. 33–41.

[218] Hartung, Horst: *A scheme of probable astronomical projections in Mesoamerican architecture.* — In: Aveni [21], S. 191–204.

[219] Hartung, Horst: *Die Zeremonialzentren der Maya. Ein Beitrag zur Untersuchung der Planungsprinzipien.* Graz: Akademische Druck- u. Verlagsanstalt 1971.

[220] Hartung, Horst / Aveni, Anthony F.: *El palacio del gobernador en Uxmal. Su trazo, orientación y referencia astronómica.* — In: Boletín E.C.A.U.D.Y. (Boletín de la Escuela de Ciencias Antropológicas de la Universidad de Yucatán.) T. 9, N.° 52, 1982. S. 3–11.

[221] Hatch, Marion Popenoe: *An astronomical calendar in a portion of the Madrid Codex.* — In: Aveni [21], S. 283–340.

[222] Hay, Clarence L. / Linton, Ralph L. / Lothrop, Samuel K. / Shapiro, Harry L. / Vaillant, George C. (eds.): *The Maya and Their Neighbors. Essays on Middle American Anthropology and Archaeology.* New York: Dover 1977.

[223] Henderson, John S.: *Origin of the 260-day cycle in Mesoamerica.* — In: Science. Vol. 185, 1974. S. 542.

[224] Henderson, John S.: *The World of the Ancient Maya.* Ithaca/London: Cornell University Press 1997.

[225] Hodson, F. R. (ed.): *The Place of Astronomy in the Ancient World.* A Joint Symposium of the Royal Society and the British Academy. London: Oxford University Press 1974.

[226] Hofling, Charles A. / O'Neil, Thomas: *Eclipse cycles in the moon goddess almanacs in the Dresden Codex.* — In: Aveni [33], S. 102–132.

[227] Hotaling, Lorren: *A reply to Werner Nahm: Maya warfare and the Venus year.* — In: Mexicon. Aktuelle Informationen und Studien zu Mesoamerika. Bd. 17, Nr. 2, 1995. S. 33–37.

[228] Houston, Stephen D. / Stuart, David: *Der Hofstaat der Maya in der Klassik.* — In: Eggebrecht / Eggebrecht / Grube [161], S. 142–157.

[229] Ibarra Grasso, Dick Edgar: *Sobre la inexistencia del cero en la escritura maya precolombina.* — In: Verhandlungen des 38. Internationalen Amerikanistenkongresses. Stuttgart — München, 12. bis 18. August 1968. Bd. 2, 1970. S. 195–200.

[230] Ifrah, Georges: *Universalgeschichte der Zahlen.* Sonderausgabe, 2. Auflage. Übersetzt von Alexander von Platen. Frankfurt a. M./New York: Campus 1991.
(französische Originalausgabe: *Histoire Universelle des Chiffres.* Paris: Seghers 1981.)

[231] Imeson, Charles V.: *The Maya calendar adapted to the slide rule.* — In: Maya Research. Vol. 2, No. 2, 1935. S. 174–178.

[232] Iwaniszewski, Stanislaw: *La correlación entre las cuentas de días maya y juliana: el comentario a los dilemas de David H. Kelley.* — In: Memorias del Segundo Coloquio Internacional de Mayistas, 17–21 de Agosto de 1987. T. 1, 1989. S. 97–102.

[233] Jäschke, P. Paul: *Zum Correlationsproblem der Maya-Zeitrechnung.* — In: Zeitschrift für Ethnologie. Bd. 78, 1953. S. 231–238.

[234] Johnson, Richard: *Solar Eclipses at Tikal, A. D. 0010 to A. D. 1600: With Lunar Intervals.* Paper available at the XIIIth Texas Symposium / XXIth Forum on Maya Hieroglyphic Writing, University of Texas at Austin, March 6–15, 1997.

[235] Jones, Tom: *A Short Guide to Maya Calendrical Glyphs.* Paper prepared for the lecture 'An Introduction to the Maya Calendar', IVth Advanced Seminar on Maya Hieroglyphic Writing, University of Texas at Austin, March 24–29, 1986.

[236] Justeson, John S.: *Ancient Maya ethnoastronomy: An overview of hieroglyphic sources.* — In: Aveni [37], S. 76–129.

[237] Kelley, David Humiston: *Astronomical Identities of Mesoamerican Gods.* Miami 1980. (=Contributions to Mesoamerican Anthropology 2.)

[238] Kelley, David Humiston: *Deciphering the Maya Script.* Austin/London: University of Texas Press 1976.

[239] Kelley, David Humiston: *Eurasian evidence and the Mayan calendar correlation problem.* — In: Hammond [210], S. 135–143.

[240] Kelley, David Humiston: *Maya astronomical tables and inscriptions.* — In: Aveni [28], S. 57–73.

[241] Kelley, David Humiston: *The Maya calendar correlation problem.* — In: Leventhal / Kolata [278], S. 157–208.

[242] Kelley, David Humiston: *Mesoamerican astronomy and the Maya calendar correlation problem.* — In: Memorias del Segundo Coloquio Internacional de Mayistas, 17–21 de Agosto de 1987. T. 1, 1989. S. 65–95.

[243] Kelley, David Humiston: *The nine lords of the night.* — In: Graham [198], S. 53–68.

[244] Kelley, David Humiston: *Planetary data on Caracol Stela 3.* — In: Aveni [21], S. 257–262.

[245] Kelley, David Humiston: *A possible Maya eclipse record.* — In: Hammond [212], S. 405–408.

[246] Kelley, David Humiston / Kerr, K. Ann: *Mayan astronomy and astronomical glyphs.* — In: Benson [60], S. 179–215.

[247] Kerr, Justin / White, Bruce M. (eds.): *The Olmec World. Ritual and Rulership.* Princeton: Art Museum, Princeton University 1996.

[248] Knorozov, Yuri V.: *Maya Hieroglyphic Codices.* Translated from the Russian by Sophie D. Coe. Albany: Institute for Mesoamerican Studies 1982. (=Institute for Mesoamerican Studies, State University of New York at Albany, Pub. 8.)
(russische Originalausgabe: *Ieroglificheskie Rukopisi Maiia.* Moskwa/Leningrad: Akademia Nauk SSSR 1975.)

[249] Knorozov, Yuri V.: *The problem of the study of the Maya hieroglyphic writing.* — In: American Antiquity. Journal of the Society for American Archaeology. Vol. 23, No. 3, 1958. S. 284–291.

[250] Knorozov, Yuri V.: *Selected Chapters from the Writing of the Maya Indians.* Translated by Sophie D. Coe. Cambridge: Peabody Museum 1967. (=Russian Translation Series of the Peabody Museum of Archaeology and Ethnology 4.)
(ausgewählte Kapitel aus der russischen Originalausgabe *Pis'mennost' Indeitsev Maiia.* Moskwa/Leningrad: Akademia Nauk SSSR 1967.)

[251] Köhler, Ulrich (Hg.): *Altamerikanistik. Eine Einführung in die Hochkulturen Mittel- und Südamerikas.* Sonderdruck. Berlin: Reimer [1988].

[252] Köhler, Ulrich: *Comets and falling stars in the perception of Mesoamerican Indians.* — In: Aveni [37], S. 289–299.

[253] Koenig, Seymore H.: *A supernova primer for Maya scholars.* — In: Robertson / Jeffers [379], S. 179–181.

[254] Korn, Dieter: *Über die Entwicklung der Technik bei den Maya.* — In: Ethnologica Americana. Bd. 7, 1971. S. 304–308.

[255] Kreichgauer, P. Damian: *Anschluß der Maya-Chronologie an die julianische.* — In: Anthropos. Bd. 22, 1927. S. 1–15.

[256] Kreichgauer, P. Damian: *Über die Maya-Chronologie.* — In: Anthropos. Bd. 27, 1932. S. 621–626.

[257] Kreichgauer, P. Damian: *Über Sonnen- und Mondfinsternisse in der Dresdener Maya-Handschrift.* — In: Anthropos. Bd. 9, 1914. S. 1019.

[258] Krupp, Edwin C. (ed.): *Archaeoastronomy and the Roots of Science.* Washington: American Association for the Advancement of Science 1984. (=AAAS Selected Symposium 71.)

[259] Krupp, Edwin C.: *Beyond the Blue Horizon. Myths and Legends of the Sun, Moon, Stars, and Planets.* New York: HarperCollins 1991.

[260] Krupp, Edwin C.: *Echoes of the Ancient Skies. The Astronomy of Lost Civilizations.* New York: Harper & Row 1983.

[261] Krupp, Edwin C. (ed.): *In Search of Ancient Astronomies.* London: Chatto & Windus 1979.
(deutsche Ausgabe: *Astronomen, Priester, Pyramiden. Das Abenteuer Archäoastronomie.* München: Beck 1980.)

[262] Krupp, Edwin C.: *Observatories of the gods and other astronomical fantasies.* — In: Krupp [261], S. 248–250.

[263] Krupp, Edwin C.: *A sky for all seasons.* — In: Krupp [261], S. 7–38.

[264] Kubler, George: *The clauses of classic Maya inscriptions.* — In: Benson [60], S. 145–164.

[265] Kutscher, Gerdt (Hg.): *Popol Vuh. Das Heilige Buch der Quiché Guatemalas.* In der Übersetzung von Eduard Seler, nach der Abschrift Walter Lehmanns. Mit einer Schallplatte. Berlin: Mann 1975. (=Stimmen indianischer Völker 2.)

[266] La Farge, Oliver: *Post-Columbian dates and the Mayan correlation problem.* — In: Maya Research. Vol. 1, No. 2, 1934. S. 109–124.

[267] La Farge II., Oliver / Byers, Douglas: *The Year Bearer's People.* New Orleans: Tulane University 1931. (=Middle American Research Series, Pub. 3.)

[268] Lamb, Weldon W.: *Star lore in the Yucatec Maya dictionaries.* — In: Williamson [527], S. 233–248.

[269] Lamb, Weldon W.: *The sun, moon and Venus at Uxmal.* — In: American Antiquity. Journal of the Society for American Archaeology. Vol. 45, No. 1, 1980. S. 79–86.

[270] Lamb, Weldon W.: *Términos olvidados de la astronomía maya.* — In: Boletín E.C.A.U.D.Y. (Boletín de la Escuela de Ciencias Antropológicas de la Universidad de Yucatán.) T. 6, N.° 36, 1979. S. 19–32.

[271] Lamb, Weldon W.: *Tzotzil Maya cosmology.* — In: Tribus. Bd. 44, 1995. S. 268–279.

[272] Landa, Diego de: *Bericht aus Yucatán.* Aus dem Spanischen von Ulrich Kunzmann. Hrsg. und mit einem Nachwort von Carlos Rincón. Mit einem Aufsatz von Linda Schele und Mary Ellen Miller. Leipzig: Reclam 1993.

[273] Landa, Diego de: *Landa's Relación de las Cosas de Yucatán*. A translation with notes by Alfred M. Tozzer. Cambridge 1941. (=Papers of the Peabody Museum of American Archaeology and Ethnology 18.)

[274] Lee Whiting, Thomas A.: *The Maya codices*. — In: Schmidt / Garza / Nalda [414], S. 206–215.

[275] *Lenguas Mayas de Guatemala*. Documento de Referencia Para la Pronunciación de los Nuevos Alfabetos Oficiales. Guatemala: Instituto Indigenista Nacional (Ministerio de Cultura y Deportes) 1988.

[276] León-Portilla, Miguel: *Time and Reality in the Thought of the Maya*. With a foreword by Sir J. Eric S. Thompson and appendices by Alfonson Villa Rojas and the author. Translated from the Spanish by Charles L. Boilès, Fernando Horcasitas, and the author. 2nd enlarged ed., Norman/London: University of Oklahoma Press 1988.
(spanische Originalausgabe: *Tiempo y Realidad en el Pensamiento Maya*. Con un prologo de J. Eric S. Thompson y un apendice de Alfonso Villa Rojas. 2.º ed. México: Universidad Nacional Autónoma de México 1986. (=Serie de Culturas Mesoamericanas 2.))

[277] León Valdés, Carlos Rolando de: *El Códice Dresden y los eclipses del sol*. — In: Winak. Boletín Intercultural. T. 3, N.º 1, 1987. S. 3–28.

[278] Leventhal, Richard M. / Kolata, Alan L. (eds.): *Civilization in the Ancient Americas*. Essays in honor of Gordon R. Willey. Cambridge: University of Mexico Press/Peabody Museum of Archaeology and Ethnology 1983.

[279] Leyenaar, Ted J. J. / Bussel, Gerard W. van: *Das Ballspiel der Maya*. — In: Eggebrecht / Eggebrecht / Grube [161], S. 177–196.

[280] Lincoln, J. Steward: *The Maya Calendar of the Ixil of Guatemala*. — In: Contributions to American Anthropology and History. Vol. 7, No. 38, 1942. S. 97–128. (=Carnegie Institution of Washington Pub. 528.)

[281] Linden, John H.: *Glyph X of the Maya Lunar series: an eighteen-month lunar synodic calendar*. — In: American Antiquity. Journal of the Society for American Archaeology. Vol. 51, No. 1, 1986. S. 122–136.

[282] Lizardi Ramos, César: *El cero maya*. — In: Cuadernos Americanos. T. 129, N.º 4, 1963. S. 159–174.

[283] Lizardi Ramos, César: *El 'cero' maya y su función*. — In: Estudios de Cultura Maya. Publicación Anual del Seminario de Cultura Maya. T. 2, 1962. S. 343–353.

[284] Lizardi Ramos, César: *Computo de fechas mayas.* — In: 27. Congreso Internacional de Americanistas. Actas de la Primera Sesion, Celebrada en la Ciudad de México en 1939. T. 1, 1940. S. 356–359.

[285] Lizardi Ramos, César: *El glifo B y la sincronología maya-cristiana.* — In: 27. Congreso Internacional de Americanistas. Actas de la Primera Sesion, Celebrada en la Ciudad de México en 1939. T. 1, 1940. S. 360–374.

[286] Lizardi Ramos, César: *Presuntos métodos mayas de cálculos cronológicos.* — In: Estudios de Cultura Maya. Publicación Anual del Seminario de Cultura Maya. T. 4, 1964. S. 267–303.

[287] Long, Richard C. E.: *Remarks on the correlation question.* — In: Thompson [483], Appendix III, S. 97–100.

[288] Long, Richard C. E.: *Some Maya time periods.* — In: 21e Congrès International des Américanistes. Tenue à Göteborg en 1924. Göteborg: Göteborg Museum 1925. S. 574–580.

[289] Long, Richard C. E.: *Some Remarks on Maya arithmetic.* — In: Notes on Middle American Archaeology and Ethnology. Vol. 88, 1948. S. 219–223.

[290] Looper, Matthew G.: *The three stones of Maya creation mythology at Quiriguá.* — In: Mexicon. Aktuelle Informationen und Studien zu Mesoamerika. Bd. 17, Nr. 2, 1995. S. 24–30.

[291] Lounsbury, Floyd G.: *Astronomical knowledge and its uses at Bonampak, Mexico.* — In: Aveni [18], S. 143–168.

[292] Lounsbury, Floyd G.: *The base of the Venus table of the Dresden Codex, and its significance for the calendar-correlation problem.* — In: Aveni / Brotherston [38], S. 1–26.

[293] Lounsbury, Floyd G.: *A derivation of the Mayan-to-Julian calendar correlation from the Dresden Codex Venus chronology.* — In: Aveni [33], S. 184–206.

[294] Lounsbury, Floyd G.: *Formulae for Maya Calendrical Computations.* Paper available at the XIIIth Texas Symposium / XXIth Forum on Maya Hieroglyphic Writing, University of Texas at Austin, March 6–15, 1997.

[295] Lounsbury, Floyd G.: *Maya numeration, computation and calendrical astronomy.* — In: Gillispie [190], Suppl. 1, S. 759–818.

[296] Lounsbury, Floyd G.: *On the derivation and reading of the 'Ben-Ich' prefix.* — In: Benson [60], S. 99–143.

[297] Lounsbury, Floyd G.: *A Palenque king and the planet Jupiter.* — In: Aveni [37], S. 246–259.

[298] Lounsbury, Floyd G.: *A rationale for the initial date of the Temple of the Cross at Palenque.* — In: Robertson [375], S. 211–224.

[299] Lounsbury, Floyd G.: *A solution for the number 1.5.5.0 of the Mayan Venus table.* — In: Aveni [33], S. 207–215.

[300] Love, Bruce: *A Dresden codex Mars table?* — In: Latin American Antiquity. Vol. 6, No. 4, 1995. S. 350–361.

[301] Love, Bruce: *The Paris Codex. Handbook for a Maya Priest.* With an introduction by George E. Stuart. Austin: University of Texas Press 1994.

[302] Ludendorff, Hans: *Die astronomische Bedeutung der Seiten 51 und 52 des Dresdener Maya-Kodex. (Untersuchungen zur Astronomie der Maya Nr. 3.)* Sonderausgabe aus den Sitzungsberichten der Preuss. Akad. Wiss. 1931, Phys.-math. Klasse Nr. 1. Berlin: Akademie der Wissenschaften 1931.

[303] Ludendorff, Hans: *Die astronomische Inschrift aus dem Tempel des Kreuzes in Palenque. (Untersuchungen zur Astronomie der Maya Nr. 9.)* Sonderausgabe aus den Sitzungsberichten der Preuss. Akad. Wiss. 1935, Phys.-math. Klasse Nr. 17. Berlin: Akademie der Wissenschaften 1935.

[304] Ludendorff, Hans: *Astronomische Inschriften in Palenque. (Untersuchungen zur Astronomie der Maya Nr. 12.)* Einzelausgabe aus den Abh. Preuss. Akad. Wiss. 1938, Phys.-math. Klasse Nr. 1. Berlin: Akademie der Wissenschaften 1938.

[305] Ludendorff, Hans: *Astronomische Inschriften in Piedras Negras und Naranjo. (Untersuchungen zur Astronomie der Maya Nr. 13.)* Einzelausgabe aus den Abh. Preuss. Akad. Wiss. 1940, Math.-naturwiss. Klasse Nr. 6. Berlin: Akademie der Wissenschaften 1940.

[306] Ludendorff, Hans: *Die astronomischen Inschriften in Naranjo. (Untersuchungen zur Astronomie der Maya Nr. 14.)* Einzelausgabe aus den Abh. Preuss. Akad. Wiss. 1941, Math.-naturwiss. Klasse Nr. 16. Berlin: Akademie der Wissenschaften 1942.

[307] Ludendorff, Hans: *Die astronomischen Inschriften in Quiriguá. (Untersuchungen zur Astronomie der Maya Nr. 15.)* Aus dem Nachlaß zusammengestellt von Arnošt Dittrich. Einzelausgabe aus den Abh. Preuss. Akad. Wiss. 1942, Math.-naturwiss. Klasse Nr. 10. Berlin: Akademie der Wissenschaften 1943.

[308] Ludendorff, Hans: *Die astronomischen Inschriften in Yaxchilan. (Untersuchungen zur Astronomie der Maya Nr. 7.)* Sonderausgabe aus den Sitzungsberichten der Preuss. Akad. Wiss. 1933, Phys.-math. Klasse Nr. 25. Berlin: Akademie der Wissenschaften 1933.

[309] Ludendorff, Hans: *Das Mondalter in den Inschriften der Maya. (Untersuchungen zur Astronomie der Maya Nr. 4.)* Sonderausgabe aus den Sitzungsberichten der Preuss. Akad. Wiss. 1931, Phys.-math. Klasse Nr. 3. Berlin: Akademie der Wissenschaften 1931.

[310] Ludendorff, Hans: *Über die Entstehung der Tzolkin-Periode im Kalender der Maya.* Sonderausgabe aus den Sitzungsberichten der Preuss. Akad. Wiss. 1930, Phys.-math. Klasse Nr. 5. Berlin: Akademie der Wissenschaften 1930.

[311] Ludendorff, Hans: *Über die Reduktion der Maya-Datierungen auf unsere Zeitrechnung.* Sonderausgabe aus den Sitzungsberichten der Preuss. Akad. Wiss. 1930, Phys.-math. Klasse Nr. 18. Berlin: Akademie der Wissenschaften 1930.

[312] Ludendorff, Hans: *Über die Seiten 51 und 52 des Dresdener Kodex und über einige astronomische Inschriften der Maya. (Untersuchungen zur Astronomie der Maya Nr. 6.)* Sonderausgabe aus den Sitzungsberichten der Preuss. Akad. Wiss. 1933, Phys.-math. Klasse Nr. 1. Berlin: Akademie der Wissenschaften 1933.

[313] Ludendorff, Hans: *Die Venustafel des Dresdener Kodex. (Untersuchungen zur Astronomie der Maya Nr. 5.)* Sonderausgabe aus den Sitzungsberichten der Preuss. Akad. Wiss. 1931, Phys.-math. Klasse Nr. 8. Berlin: Akademie der Wissenschaften 1931.

[314] Ludendorff, Hans : *Weitere astronomische Inschriften der Maya. (Untersuchungen zur Astronomie der Maya Nr. 8.)* Sonderausgabe aus den Sitzungsberichten der Preuss. Akad. Wiss. 1934, Phys.-math. Klasse Nr. 3. Berlin: Akademie der Wissenschaften 1934.

[315] Ludendorff, Hans: *Zur astronomischen Deutung der Maya-Inschriften. (Untersuchungen zur Astronomie der Maya Nr. 10.)* Sonderausgabe aus den Sitzungsberichten der Preuss. Akad. Wiss. 1936, Phys.-math. Klasse Nr. 5. Berlin: Akademie der Wissenschaften 1936.

[316] Ludendorff, Hans: *Zur Deutung des Dresdener Maya-Kodex. (Untersuchungen zur Astronomie der Maya Nr. 11.)* Sonderausgabe aus den Sitzungsberichten der Preuss. Akad. Wiss. 1937, Phys.-math. Klasse Nr. 8. Berlin: Akademie der Wissenschaften 1937.

[317] MacLeod, Barbara: *The 819-day-count: a soulful mechanism.* — In: Hanks / Rice [215], S. 112–126.

[318] Makemson, Maud Worcester: *The astronomical tables of the Maya.* — In: Contributions to American Anthropology and History. Vol. 8, No. 42, 1943. S. 183–221. (=Carnegie Institution of Washington, Pub. 546.)

[319] Malmström, Vincent H.: *Architecture, astronomy, and calendrics in pre-columbian Mesoamerica.* — In: Williamson [527], S. 249–261.

[320] Malmström, Vincent H.: *Cycles of the Sun, Mysteries of the Moon. The Calendar in Mesoamerican Civilization.* Austin: University of Texas Press 1997.

[321] Malmström, Vincent H.: *Origin of the 260-day cycle in Mesoamerica.* — In: Science. Vol. 185, 1974. S. 543.

[322] Malmström, Vincent H.: *Origin of the Mesoamerican 260-day calendar.* — In: Science. Vol. 181, 1973. S. 939–941.

[323] Manning-Schwartz, Lynda D.: *Calendric Tables.* (1993). Material available at the XIIIth Texas Symposium / XXIth Forum on Maya Hieroglyphic Writing, University of Texas at Austin, March 6–15, 1997.

[324] Marshack, Alexander: *The Chamula calendar board: an internal and comparative analysis.* — In: Hammond [210], S. 255–270.

[325] Martin, Frederick: *Venus and the Dresden Codex eclipse table.* — In: Archaeoastronomy. Vol. 20, 1995. S. S57–S73.

[326] Martínez Hernández, Juan: *Correlation of the Maya Venus calendar.* — In: Ries [367], S. 139–143.

[327] Martínez Hernández, Juan (ed.): *Diccionario de Motul Maya — Español.* Mérida: Compañia Tipografica Yucateca 1930.

[328] Martínez Hernández, Juan: *The Mayan lunar table.* — In: Proceedings of the 23rd International Congress of Americanists. Held at New York, September 17–22, 1928. New York: Science Press Printing 1930. S. 149–156.

[329] Martínez Hernández, Juan: *Parallelismo Entre los Calendarios Maya y Azteca, su Correlation con el Calendario Juliano.* Mérida: Compañia Tipografica Yucateca 1926.

[330] Mathews, Peter: *A note on orthography.* — In: Schele / Grube [406], S. 76f.

[331] Meeus, Jean / Smith, Virginia G.: *A new test for Maya astronomical observation: occultations of Venus by the moon.* — In: Archaeoastronomy. Vol. 9, 1985. S. S97–S101.

[332] Meinshausen, Martin: *Über Sonnen- und Mondfinsternisse in der Dresdener Mayahandschrift.* — In: Zeitschrift für Ethnologie. Bd. 45, Nr. 2, 1913. S. 221–227.

[333] Menninger, Karl: *Zahlwort und Ziffer. Eine Kulturgeschichte der Zahl.* 2 Bde. 3. Auflage, unveränd. Nachdruck der 2., neubearb. Auflage von 1958. Göttingen: Vandenhoeck & Ruprecht 1979.

[334] Merrill, Robert H.: *Maya sun calendar dictum disproved.* — In: American Antiquity. Journal of the Society of American Archaeology. Vol. 10, No. 3, 1945. S. 307–311.

[335] Milbrath, Susan: *Astronomical imagery in the serpent sequence of the Madrid Codex.* — In: Williamson [527], S. 263–284.

[336] Milbrath, Susan: *Astronomical images and orientations in the architecture of Chichen Itza.* — In: Aveni [29], S. 57–79.

[337] Miller, Arthur G.: *Maya Rulers of Time. Los Soberanos Mayas del Tiempo. A Study of Architectural Sculpture at Tikal, Guatemala. Un Estudio de la Escultura Arquitectónica de Tikal, Guatemala.* Philadelphia: The University Museum, University of Pennsylvania 1986.

[338] Miller, Virginia: *Star warriors at Chichen Itza.* — In: Hanks / Rice [215], S. 287–305.

[339] Moffatt, Michael: *The Origins.* New York: Doubleday 1977. (=Ages of Mathematics 1.)

[340] Montaluisa Chasiquiza, Luis: *Los conocimientos matemáticos en las culturas indígenas.* — In: Pueblos Indígenas y Educación. T. 3, N.° 9, 1989. S. 39–66.

[341] Morley, Sylvanus Griswold: *The Ancient Maya.* Revised by George W. Brainerd. 3rd ed. Stanford: California University Press 1970.

[342] Morley, Sylvanus Griswold: *The correlation of Maya and Christian chronology.* — In: Morley [344], Appendix II, S. 465–535.

[343] Morley, Sylvanus Griswold: *The earliest Mayan dates.* — In: 21e Congrès International des Américanistes. Tenue à Göteborg en 1924. Göteborg: Göteborg Museum 1925. S. 655–667.

[344] Morley, Sylvanus Griswold: *The Inscriptions at Copan.* Washington: Carnegie Institution of Washington 1920. (=Carnegie Institution of Washington, Pub. 219.)

[345] Morley, Sylvanus Griswold: *The Inscriptions of Peten.* Vol. 4. Washington: Carnegie Institution of Washington 1938. (=Carnegie Institution of Washington, Pub. 437.)

[346] Morley, Sylvanus Griswold: *Maya epigraphy.* — In: Hay et al. [222], S. 139–149.

[347] Nahm, Werner: *Maya warfare and the Venus year.* — In: Mexicon. Aktuelle Informationen und Studien zu Mesoamerika. Bd. 16, Nr. 1, 1994. S. 6–10.

[348] Nahm, Werner: *Versteckte Zahlen in einem Text der Maya.* Beitrag anläßlich des Ausscheidens von Friedrich Hirzebruch als Direktor des Max-Planck-Instituts für Mathematik. Manuskript 1994.

[349] Neugebauer, Otto: *A History of Ancient Mathematical Astronomy.* In three parts with 9 plates and 619 figures. Berlin/Heidelberg/New York: Springer 1975. (=Studies in the History of Mathematics and Physical Sciences 1/1–1/3.)

[350] North, John: *Viewegs Geschichte der Astronomie und Kosmologie.* Aus dem Englischen übersetzt von Rainer Sengerling. Braunschweig/Wiesbaden: Vieweg 1997.
(englische Originalausgabe: *The Fontana History of Astronomy and Cosmology.* London: Fontana 1994.)

[351] Nowotny, Karl Anton: *Die Konkordanz der mesoamerikanischen Chronologie.* — In: Zeitschrift für Ethnologie. Bd. 76, Nr. 2, 1951. S. 239–245.

[352] Owen, Nancy Kelly: *On the reconstruction of calendarical sections of the Mayan codices.* — In: Estudios de Cultura Maya. Publicación Anual del Centro de Estudios Mayas. T. 8, 1972. S. 175–203.

[353] Owen, Nancy Kelly: *The use of eclipse data to determine the Maya correlation number.* — In: Aveni [21], S. 237–246.

[354] Palacios, Enrique Juan: *Maya-Christian synchronology or calendrical correlation.* — In: Ries [367], S. 147–180.

[355] Paxton, Merideth: *The Books of Chilam Balam: astronomical content and the Paris Codex.* — In: Aveni [33], S. 216–246.

[356] *Popol Vuh. Das Buch des Rates. Mythos und Geschichte der Maya.* Aus dem Quiché übertragen und erläutert von Wolfgang Cordan. Sonderausgabe. München: Diederichs 1998. (=Diederichs Gelbe Reihe 18: Indianer.)

[357] Powell, Christopher: *A New View on Maya Astronomy.* MA thesis, University of Texas at Austin 1997.

[358] Proskouriakoff, Tatiana: *Historical implications of a pattern of dates at Piedras Negras, Guatemala.* — In: American Antiquity. Journal of the Society of American Archaeology. Vol. 25, No. 4, 1960. S. 454–475.

[359] Proskouriakoff, Tatiana: *The survival of the Maya tun count in colonial times.* — In: Notes on Middle American Archaeology and Ethnology. Vol. 112, 1952. S. 211–219.

[360] Puleston, Dennis E.: *An epistemological pathology and the collapse, or why the Maya kept the Short Count.* — In: Hammond / Willey [213], S. 63–71.

[361] Quiñones, H.: *Sobre el ciclo maya de 819 días.* — In: Estudios de Cultura Maya. Publicación Periódica del Centro de Estudios Mayas. T. 17, 1988. S. 59–63.

[362] Quintana, Oscar: *Probleme der Konservierung von Maya-Ruinen.* — In: Eggebrecht / Eggebrecht / Grube [161], S. 139–141.

[363] Rätsch, Christian (Hg.): *Chactun. Die Götter der Maya. Quellentexte, Darstellung und Wörterbuch.* Köln: Diederichs 1986. (=Diederichs Gelbe Reihe 57: Indianer.)

[364] Remington, Judith Ann: *Current astronomical practices among the Maya.* — In: Aveni [28], S. 75–88.

[365] Remington, Judith Ann: *Mesoamerican archaeoastronomy: parallax, perspective, and focus.* — In: Williamson [527], S. 193–204.

[366] Ricketson, Oliver Jr.: *Notes on two Maya astronomic observatories.* — In: American Anthroplogist. Vol. 30, 1928. S. 434–444.

[367] Ries, Maurice (ed.): *Middle American Papers. Studies Relating to Research in Mexico, the Central American Republics, and the West Indies.* New Orleans: Tulane University of Louisiana 1932. (=The Tulane University of Louisiana. Middle American Research Series, Pub. 4.)

[368] Riese, Berthold: *Dynastiegeschichtliche und kalendarische Beobachtungen an den Maya-Inschriften von Machaquilá, Petén, Guatemala.* — In: Tribus. Bd. 33, 1984. S. 149–154.

[369] Riese, Berthold: *EDV-Programme zum Berechnen von Maya-Daten. Eine kritische Übersicht.* — In: Indiana. Beiträge zur Völker- und Altertumskunde, Sprachen-, Sozial- und Geschichtsforschung des indianischen Lateinamerika. Bd. 13, 1993. S. 119–129.

[370] Riese, Berthold: *Hieroglyphen und Sterne bei den Maya.* — In: Unesco-Kurier ("Geburt der Zahlen"). Bd. 34, Nr. 11, 1993. S. 18–20.

[371] Riese, Berthold: *Kultur und Gesellschaft im Maya-Gebiet.* — In: Köhler [251], S. 75–100.

[372] Riese, Berthold: *Die Maya. Geschichte — Kultur — Religion.* München: Beck 1995. (=Beck'sche Reihe 2026: Beck Wissen.)

[373] Riese, Berthold: *Schrift, Kalender und Astronomie der Maya.* — In: Köhler [251], S. 101–126.

[374] Rivera Dorado, Miguel / Amador Naranjo, Ascensión: *Más opiniones sobre el dios Chak.* — In: Revista Española de Antropología Americana. T. 24, 1994. S. 25–46.

[375] Robertson, Merle Greene (ed.): *A Conference on the Art, Iconography and Dynastic History of Palenque.* Part 3. The Robert Louis Stevenson School. Pebble Beach, California 1976. (=2nd Mesa Redonda de Palenque. The Palenque Round Table Series 3.)

[376] Robertson, Merle Greene / Fields, Virginia M. (eds.): *Fifth Palenque Round Table, 1983.* San Francisco: The Pre-Columbian Art Research Institute 1985. (=The Palenque Round Table Series 7.)

[377] Robertson, Merle Greene / Fields, Virginia M. (eds.): *Seventh Palenque Round Table, 1989.* San Francisco: The Pre-Columbian Art Research Institute 1994. (=The Palenque Round Table Series 9.)

[378] Robertson, Merle Greene / Fields, Virginia M. (eds.): *Sixth Palenque Round Table, 1986.* Norman/London: University of Oklahoma Press 1991. (=The Palenque [Round] Table Series 8.)

[379] Robertson, Merle Greene / Jeffers, Donnan Call (eds.): *A Conference on the Art, Hieroglyphics, and Historic Approaches of the Late Classic Maya.* Part 1. Monterey, California 1978. (=3rd Mesa Redonda de Palenque. The Palenque Round Table Series 4.)

[380] Rodríguez, Luis Felipe: *La astronomía entre los mayas.* — In: Revista Mexicana de Astronomía y Astrofísica. T. 10, N.° Esp., 1985. S. 443–453.

[381] Rössler, Eberhard: *Maya-Arithmetik. Eine kulturhistorische Ergänzung zur Dezimalarithmetik.* — In: Praxis der Mathematik. Bd. 20, Nr. 4, 1978. S. 97–106.

[382] Rössler, Eberhard: *Umrechnung von Angaben des Maya-Kalenders mit Hilfe eines programmierbaren Taschenrechners.* — In: Indiana. Beiträge zur Völker- und Altertumskunde, Sprachen-, Sozial- und Geschichtsforschung des indianischen Lateinamerika. (Gedenkschrift Gerdt Kutscher, Teil 1.) Bd. 9, 1984. S. 249–253.

[383] Rohark, Jens: *Eine Sonnenfinsternis bei den Maya.* — In: Die Sterne. Bd. 66, Nr. 1, 1990. S. 46–49.

[384] Rohark, Jens: *Die Supplementärserie der Maya.* — In: Indiana. Beiträge zur Völker- und Altertumskunde, Sprachen-, Sozial- und Geschichtsforschung des indianischen Lateinamerika. Bd. 14, 1996. S. 53–84.

[385] Roys, Lawrence: *The engineering knowledge of the Maya.* — In: Contributions to American Archaeology. Vol. 2, No. 6, 1934. S. 27–105. (=Carnegie Institution of Washington, Pub. 436.)

[386] Roys, Lawrence: *Maya planetary observations.* — In: Thompson [483], Appendix II, S. 92–96.

[387] Rupflin-Alvarado, Walburga: *El Tzolkin es Más que un Calendario.* Guatemala, C. A.: Iximulew 1997.

[388] Sabloff, Jeremy A.: *Die Maya. Archäologie einer Hochkultur.* Aus dem Amerikanischen übersetzt von Maria Gaida. Heidelberg: Spektrum der Wissenschaft 1991.
(amerikanische Originalausgabe: *The New Archaeology and the Ancient Maya.* New York: Scientific American Library 1990.)

[389] Sabloff, Jeremy A. / Andrews, E. Wyllys (eds.): *Late Lowland Maya Civilization. Classic to Postclassic.* Albuquerque: University of New Mexico Press 1986.

[390] Sánchez, George I.: *Arithmetic in Maya.* Published by the author, 2201 Scenic Drive, Austin 3, Texas, 1961.

[391] Satterthwaite, Linton: *An appraisal of a new Maya-Christian calendar correlation.* — In: Estudios de Cultura Maya. Publicación Anual del Seminario de Cultura Maya. T. 2, 1962. S. 251–275.

[392] Satterthwaite, Linton: *Calendrics of the Maya lowlands.* — In: Willey [522], S. 603–631.

[393] Satterthwaite, Linton: *Concepts and Structures of Maya Calendrical Arithmetics.* Philadelphia: The University Museum, University of Pennsylvania 1947. (=Joint Publications: Museum of the University of Pennsylvania, the Philadelphia Anthropological Society 3.)

[394] Satterthwaite, Linton: *Early 'uniformity' Maya moon numbers at Tikal and elsewhere.* — In: Actas del 33. Congreso Internacional de Americanistas, San José, 20–27 de Julio de 1958. T. 2, 1959. S. 200–210.

[395] Satterthwaite, Linton: *Long Count positions of Maya dates in the Dresden Codex, with notes on lunar positions and the correlation problem.* — In: 35. Congreso Internacional de Americanistas, México 1962. Actas y Memorias 2, 1964. S. 47–67.

[396] Satterthwaite, Linton: *Maya Long Count.* — In: El México Antiguo. Revista Internacional de Arqueología, Etnología, Folklore, Historia, Historia Antigua y Lingüística Mexicanas. T. 9, 1959. S. 125–135.

[397] Satterthwaite, Linton: *Moon ages of the Maya inscriptions: the problem of their seven-day range of deviation from calculated mean ages.* — In: Tax [459], S. 142–154.

[398] Satterthwaite, Linton: *Radiocarbon dates and the Maya correlation problem.* — In: American Antiquity. Journal of the Society for American Archaeology. Vol. 21, No. 4, 1956. S. 416–419.

[399] Satterthwaite, Linton / Ralph, Elizabeth K.: *New radiocarbon dates and the Maya correlation problem.* — In: American Antiquity. Journal of the Society for American Archaeology. Vol. 26, No. 2, 1960. S. 165–184.

[400] Schele, Linda: *Maya Glyphs: The Verbs.* Austin: University of Texas Press 1982.

[401] Schele, Linda: *Notebook for the XIIIth Maya Hieroglyphic Workshop at Texas, March 11–12, 1989.* Austin 1989.

[402] Schele, Linda: *Notebook for the Maya Hieroglyphic Writing Workshop at Texas, March 22–23, 1980.* Austin 1980.

[403] Schele, Linda: *Palenque: the House of the Dying Sun.* — In: Aveni [28], S. 42–56.

[404] Schele, Linda: *Religion und Weltsicht.* — In: Eggebrecht / Eggebrecht / Grube [161], S. 197–214.

[405] Schele, Linda / Freidel, David A.: *Die unbekannte Welt der Maya. Das Geheimnis ihrer Kultur entschlüsselt.* Aus dem Amerikanischen von Johann George Scheffner. Augsburg: Weltbild 1995.
(amerikanische Originalausgabe: *A Forest of Kings. The Untold Story of the Ancient Maya.* Color photographs by Justin Kerr. New York: Morrow 1990.)

[406] Schele, Linda / Grube, Nikalai K.: *Notebook for the XVIIIth Maya Hieroglyphic Workshop at Texas, March 12–13, 1994.* Austin 1994.

[407] Schele, Linda / Grube, Nikolai K. / Fahsen, Federico: *The Lunar Series in Classic Maya Inscriptions: New Observations and Interpretations.* Texas Notes on Pre-Columbian Art, Writing, and Culture. Vol. 29, 1992.

[408] Schele, Linda / Mathews, Peter: *The Code of Kings. The Language of Seven Sacred Maya Temples and Tombs.* Photographs by MacDuff Everton and Justin Kerr. New York: Scribner 1998.

[409] Schele, Linda / Miller, Mary Ellen: *The Blood of Kings. Dynasty and Ritual in Maya Art.* Photographs by Justin Kerr. New York: Braziller 1986.

[410] Schellhas, Paul: *Die Zahlzeichen der Maya.* — In: Zeitschrift für Ethnologie. Bd. 65, Nr. 1/3, 1933. S. 93–99.
[411] Schiffer, Michael B. (ed.): *Advances in Archaeological Method and Theory.* Vol. 4. New York/London/Toronto/Sydney/San Francisco: Academic Press 1981.
[412] Schlenther, Ursula: *Die geistige Welt der Maya. Einführung in die Schriftzeugnisse einer indianischen Priesterkultur.* Berlin: VEB Deutscher Verlag der Wissenschaften 1965.
[413] Schlenther, Ursula: *Kalender der Maya.* — In: Urania. Bd. 30, Nr. 3, 1967. S. 62f.
[414] Schmidt, Peter / Garza, Mercedes de la / Nalda, Enrique (eds.): *Maya.* Catalogue of the exhibition in Venice, September 6, 1998 – May 16, 1999. [o.O.:] Bompiani 1998.
[415] Schove, D. J.: *Maya correlations, moon ages and astronomical cycles.* — In: Journal for the History of Astronomy. Vol. 15, No. 42, 1984. S. 18–29.
[416] Schove, D. J.: *Maya eclipses and the correlation problem.* — In: Estudios de Cultura Maya. Publicación Periódica del Centro de Estudios Mayas. T. 14, 1982. S. 241–260.
[417] Schultze Jena, Leonhard: *Popol Vuh. Das Heilige Buch der Quiché-Indianer von Guatemala.* Nach einer wiedergefundenen alten Handschrift neu übersetzt und erläutert. Stuttgart/Berlin: Kohlhammer 1944.
[418] Schulz Friedemann, Ramón P. C.: *Algunos problemas de la astronomía maya.* — In: Estudios de Cultura Maya. Publicación Anual del Seminario de Cultura Maya. T. 4, 1964. S. 261–266.
[419] Schulz Friedemann, Ramón P. C.: *Otra vez las series de números en las páginas 51a–52a y 58 del Códice Dresden.* — In: El México Antiguo. Revista Internacional de Arqueología, Etnología, Folklore, Historia, Historia Antigua y Lingüística Mexicanas. T. 9, 1959. S. 183–194.
[420] Schulz Friedemann, Ramón P. C.: *El punto cero de la cuenta larga maya y las inscripciones astronómicas de Palenque.* — In: Estudios de Cultura Maya. Publicación Anual del Centro de Estudios Mayas. T. 8, 1972. S. 167–174.
[421] Scriba, Christoph J.: *The Concept of Number.* A Chapter in the History of Mathematics, with Applications of Interest to Teachers. With the assistance of M. E. Dormer Ellis. Mannheim/Zürich: Bibliographisches Institut 1968. (=B.I.-Hochschulskripten 825/825a).

[422] Seidenberg, A.: *The zero in Mayan numerical notation.* — In: Closs [120], S. 371–386.
[423] Severin, Gregory M.: *The Paris Codex: Decoding an Astronomical Ephemeris.* Philadelphia: American Philosophical Society 1981. (=Transactions of the American Philosophical Society 71/5.)
[424] Sharer, Robert J.: *Die Welt der Klassischen Maya.* - In: Eggebrecht / Eggebrecht / Grube [161], S. 41–91.
[425] Shawcross, William E.: *Venus and the Maya.* - In: Sky & Telescope. Vol. 70, No. 2, 1985. S. 111–114.
[426] Smiley, Charles H.: *The antiquity and precision of Mayan astronomy.* — In: Journal of the Royal Astronomical Society of Canada. Vol. 54, No. 5, 1960. S. 222–226.
[427] Smiley, Charles H.: *Bases astronomicas para una nueva correlación entre los calendarios maya y cristiano.* — In: Estudios de Cultura Maya. Publicación Anual del Seminario de Cultura Maya. T. 1, 1961. S. 237–242.
[428] Smiley, Charles H.: *Interpretación de dos ciclos en el Códice de Dresde.* — In: Estudios de Cultura Maya. Publicación Anual del Seminario de Cultura Maya. T. 4, 1964. S. 257–260.
[429] Smiley, Charles H.: *Jeroglíficos mayas asociados al sol, la luna y los planetas.* — In: Estudios de Cultura Maya. Publicación Anual del Centro de Estudios Mayas. T. 9, 1973. S. 119–126.
[430] Smiley, Charles H.: *A new correlation of the Mayan and Christian calendars.* — In: Nature. Vol. 188, 1960. S. 215f.
[431] Smiley, Charles H.: *Los numerales de las serpientes en el Códice Dresde: un nuevo enfoque.* — In: Estudios de Cultura Maya. Publicación Anual del Centro de Estudios Mayas. T. 8, 1972. S. 161–165.
[432] Smiley, Charles H.: *Radio-carbon dates and the Mayan correlation problem.* — In: Nature. Vol. 199, 1963. S. 473f.
[433] Smiley, Charles H.: *The solar eclipse warning table in the Dresden Codex.* — In: Aveni [21], S. 247–256.
[434] Sosa, John R.: *Cosmological, symbolic and cultural complexity among the contemporary Maya of Yucatan.* — In: Aveni [37], S. 130–142.
[435] Sosa, John R.: *Maya concepts of astronomical order.* - In: Gossen [196], S. 185–196.
(spanische Version: *Astronomía sin telescopios. Conceptos mayas del orden astronómico.* — In: Estudios de la Cultura Maya. Publicación Periódica del Centro de Estudios Maya. T. 15, 1984. S. 117–142.)

[436] Sotelo Santos, Laura Elena: *Las Ideas Cosmológicas Mayas en el Siglo XVI.* México: Universidad Nacional Autónoma de México 1988.

[437] Soustelle, Jacques: *La Pensée Cosmologique des Anciens Mexicains. Représentation du Monde et de l'Espace.* Paris: Hermann 1940. (=Actualités Scientifiques et Industrielles 881. Ethnologie.)

[438] Spinden, Herbert Joseph: *Ancient Mayan astronomy.* — In: Scientific American. Vol. 138, No. 1, 1928. S. 9–12.

[439] Spinden, Herbert Joseph: *Diffusion of Maya astronomy.* — In: Hay et al. [222], S. 162–178.

[440] Spinden, Herbert Joseph: *The eclipse table of the Dresden codex.* — In: Proceedings of the 23rd International Congress of Americanists. Held at New York, September 17–22, 1928. New York: Science Press Printing 1930. S. 140–148.

[441] Spinden, Herbert Joseph: *Maya Art and Civilization.* Revised and enlarged with added illustrations. Indian Hills: Falcon's Wing 1957.

[442] Spinden, Herbert Joseph: *Maya Dates and What They Reveal. A Reexamination of the Evidence in Correlation Between Central American and European Time Counts.* Presented to the 24th Congress of Americanists, Hamburg, September 9–13, 1930. [o.O.]: Museum of the Brooklyn Institute of Arts and Sciences 1930. (=Science Bull. 4/1.)

[443] Spinden, Herbert Joseph: *Maya Inscriptions Dealing With Venus and the Moon.* Buffalo: Buffalo Society of Natural Sciences 1928. (=Bulletin of the Buffalo Society of Natural Sciences 14/1.)

[444] Spinden, Herbert Joseph: *The question of the zodiac in America.* — In: American Anthropologist. Vol. 18, 1916. S. 53–79.

[445] Spinden, Herbert Joseph: *The Reduction of Mayan Dates.* Cambridge: Harvard University Press 1924. (=Papers of the Peabody Museum of American Archaeology and Ethnology, Harvard University 4/4.)

[446] Šprajc, Ivan: *Comentario a la conferencia de David H. Kelley: Maya astronomy and the correlation problem.* — In: Memorias del Segundo Coloquio Internacional de Mayistas, 17–21 de Agosto de 1987. T. 1, 1989. S. 103–108.

[447] Šprajc, Ivan: *Venus, lluvia y maíz. El simbolismo como posible reflejo de fenómenos astronómicos.* — In: Memorias del Segundo Coloquio Internacional de Mayistas, 17–21 de Agosto de 1987. T. 1, 1989. S. 221–248.

[448] Šprajc, Ivan: *Venus-rain-maize complex in Mesoamerica: associated with the evening star?* — In: Indiana. Beiträge zur Völker- und Altertumskunde, Sprachen-, Sozial- und Geschichtsforschung des indianischen Lateinamerika. Bd. 12, 1992. S. 225–257.

[449] Struik, Dirk J.: *Abriß der Geschichte der Mathematik.* Mit einem Anhang über die Mathematik des 20. Jahrhunderts von I. Pogrebysski. 5., erw. Auflage. Berlin: VEB Deutscher Verlag der Wissenschaften 1972.

[450] Stuart, David: *Blood symbolism in Maya iconography.* — In: Benson / Griffin [61], S. 174–221.

[451] Stuart, David: *The decipherment of 'directional count glyphs' in Maya inscriptions.* — In: Ancient Mesoamerica. Vol. 1, No. 1, 1990. S. 213–224.

[452] Stuart, David / Houston, Stephen D.: *Die Maya-Schrift.* – In: Spektrum der Wissenschaft. Bd. 2, Nr. 10, 1989. S. 138–145.

[453] Stuart, George E.: *Quest for decipherment: a historical and biographical survey of Maya hieroglyphic investigation.* — In: Danien / Sharer [142], S. 1–63.

[454] Tate, Carolyn: *The use of astronomy in political statements at Yaxchilan, Mexico.* — In: Aveni [37], S. 416–429.

[455] Tate, Carolyn: *Die Zauberkraft des Bildes: Kunst aus der Sicht der Maya.* — In: Eggebrecht / Eggebrecht / Grube [161], S. 278–284.

[456] Taube, Karl: *Aztekische und Maya-Mythen.* Aus dem Englischen übersetzt von Xenia Engel. Stuttgart: Reclam 1994.
(englische Originalausgabe: *Aztec and Maya Myths.* London: British Museum Publications 1993.)

[457] Taube, Karl: *A prehispanic Maya Katun wheel.* — In: Journal of Anthropological Research. Vol. 44, 1983. S. 183–203.

[458] Taube, Karl: *The rainmakers: the Olmec and their contribution to Mesoamerican belief and ritual.* — In: Kerr / White [247], S. 83–103.

[459] Tax, Sol (ed.): *The Civilizations of Ancient America.* Selected Papers of the 29th International Congress of Americanists. Chicago: University of Chicago Press 1951.

[460] Tedlock, Barbara: *Earth Rites and Moon Cycles: Mayan Synodic and Sidereal Lunar Reckoning.* Paper presented September 7, 1983, in the 'First International Conference on Ethnoastronomy' at the National Air and Space Museum, Washington D. C.
(Forthcoming in: *Ethnoastronomy: Indigenous Astronomical and*

Cosmological Traditions of the World, eds. John B. Carlson and Von Del Chamberlain. Washington D. C.: Smithsonian Institution Press.)

[461] Tedlock, Barbara: *Mayan calendars, cosmology, and astronomical commensuration.* — In: Danien / Sharer [142], S. 217–227.

[462] Tedlock, Barbara: *The road of light: theory and practices of Mayan skywatching.* — In: Aveni [33], S. 18–42.

[463] Tedlock, Dennis: *Myth, math, and the problem of correlation in Mayan books.* — In: Aveni [33], S. 247–273.

[464] Tedlock, Dennis: *The Sowing and Dawning of All the Sky-Earth: Astronomy in the Popol Vuh.* 1984.
(Forthcoming in: *Ethnoastronomy: Indigenous Astronomical and Cosmological Traditions of the World*, eds. John B. Carlson and Von Del Chamberlain. Washington D. C.: Smithsonian Institution Press.)

[465] Teeple, John E.: *Factors which may lead to a correlation of Maya and Christian dates.* — In: Proceedings of the 23rd International Congress of Americanists. Held at New York, September 17–22, 1928. New York: Science Press Printing 1930. S. 136–139.

[466] Teeple, John E.: *Maya astronomy.* — In: Contributions to American Archaeology. No. 2, 1931. S. 29–115. (=Carnegie Institution of Washington, Pub. 403.)

[467] Teeple, John E.: *Maya inscriptions: further notes on the supplementary series.* — In: American Anthropologist. Vol. 27, 1925. S. 544–549.

[468] Teeple, John E.: *Maya inscriptions: glyphs C, D, and E of the supplementary series.* — In: American Anthropologist. Vol. 27, 1925. S. 108–115.

[469] Teeple, John E.: *Maya inscriptions: the lunar calendar and its relation to Maya history.* — In: American Anthroplogist. Vol. 30, 1928. S. 391–407.

[470] Thomas, Cyrus: *Aids to the Study of the Maya Codices.* – Extract from: The 6th Annual Report of the Bureau of American Ethnology (1884–1885). Washington: Smithsonian Institution, Bureau of Ethnology 1888. S. 253–371.

[471] Thomas, Cyrus: *Mayan Calendar Systems.* – Extract from: The 19th Annual Report of the Bureau of American Ethnology. Washington: Government Printing Office 1901. S. 693–819.

[472] Thomas, Cyrus: *Mayan Calendar Systems. II.* – Extract from: The 22nd Annual Report of the Bureau of American Ethnology. Washington: Government Printing Office 1904. S. 197–320.

[473] Thomas, Cyrus: *Numeral Systems of Mexico and Central America.* – Extract from: The 19th Annual Report of the Bureau of American Ethnology. Washington: Government Printing Office 1901. S. 853–955.

[474] Thompson, John Eric Sidney: *The astronomical approach.* — In: Thompson [483], Appendix I, S. 83–91.

[475] Thompson, John Eric Sidney: *A Catalog of Maya Hieroglyphs.* Norman: University of Oklahoma Press 1962.

[476] Thompson, John Eric Sidney: *César Lizardi Ramos (1895–1971).* — In: Estudios de Cultura Maya. Publicación Anual del Centro de Estudios Mayas. T. 9, 1973. S. 381–391.

[477] Thompson, John Eric Sidney: *A Commentary on the Dresden Codex. A Maya Hieroglyphic Book.* Philadelphia: American Philosophical Society 1972.

[478] Thompson, John Eric Sidney: *A Correlation of the Mayan and European Calendars.* Chicago: Field Museum of Natural History 1927. (=Field Museum of Natural History, Pub. 241. Anthropological Series 17/1, 1927.)

[479] Thompson, John Eric Sidney: *The Fish as a Maya Symbol for Counting and Further Discussion of Directional Glyphs.* Washington: Carnegie Institution of Washington 1944. (=Theoretical Approaches to Problems 2.)

[480] Thompson, John Eric Sidney: *The introduction of Puuc style of dating at Yaxchilan.* — In: Notes on Middle American Archaeology and Ethnology. Vol. 110, 1952. S. 196–202.

[481] Thompson, John Eric Sidney: *Maya arithmetic.* — In: Contributions to American Anthropology and History. Vol. 7, No. 36, 1942. S. 37–62. (=Carnegie Institution of Washington, Pub. 528.)

[482] Thompson, John Eric Sidney: *Maya astronomy.* — In: Hodson [225], S. 83–98.

[483] Thompson, John Eric Sidney: *Maya chronology: the correlation question.* — In: Contributions to American Archaeology. Vol. 3, No. 14, 1935. S. 51–104. (=Carnegie Institution of Washington, Pub. 456.)

[484] Thompson, John Eric Sidney: *Maya chronology: the fifteen Tun glyph.* — In: Contributions to American Archaeology. Vol. 2, No. 11, 1934. S. 243–254. (=Carnegie Institution of Washington, Pub. 436.)

[485] Thompson, John Eric Sidney: *Maya chronology: glyph G of the lunar series.* — In: American Anthropologist. Vol. 31, No. 2, 1929. S. 223–231.

[486] Thompson, John Eric Sidney: *Maya epigraphy: a cycle of 819 days.* — In: Notes on Middle American Archaeology and Ethnology. Vol. 22, 1943. S. 137–151.

[487] Thompson, John Eric Sidney: *Maya hieroglyphic writing.* — In: Willey [522], S. 632–658.

[488] Thompson, John Eric Sidney: *Maya Hieroglyphic Writing. An Introduction.* 2nd ed. Norman: University of Oklahoma Press 1960. (=Civilization of the American Indian Series 56.)

[489] Thompson, John Eric Sidney: *The Maya year bearers.* — In: Thompson [483], Appendix IV, S. 101–103.

[490] Thompson, John Eric Sidney: *The moon goddess in Middle America.* — In: Contributions to American Anthropology and History. No. 29, 1939. S. 122–173.

[491] Thompson, John Eric Sidney: *The Rise and Fall of Maya Civilization.* 2nd enlarged ed. Norman: University of Oklahoma Press 1967. (deutsche Ausgabe: *Die Maya. Aufstieg und Niedergang einer Indianerkultur.* Mit einem Geleitwort von Gerdt Kutscher. München: Kindler 1968.)

[492] Thompson, John Eric Sidney: *Sky bearers, colors and directions in Maya and Mexican religion.* — In: Contributions to American Archaeology. Vol. 2, No. 10, 1934. S. 209–242. (=Carnegie Institution of Washington Pub. 436.)

[493] Thompson, John Eric Sidney: *The solar year of the Mayas at Quirigua, Guatemala.* — In: Anthropological Series. Vol. 17, No. 4, 1932. S. 365–421. (=Field Museum of Natural History, Pub. 315.)

[494] Thompson, John Eric Sidney: *Sufijos numerales y medidas en yucateco.* — In: Estudios de Cultura Maya. Publicación Anual del Centro de Estudios Mayas. T. 8, 1972. S. 319–339.

[495] Thurston, Hugh: *A Mayan table of eclipses.* — In: Archaeoastronomy. Vol. 19, 1994. S. S83f.

[496] Tichy, Franz: *Die geordnete Welt indianischer Völker. Ein Beispiel von Raumordnung und Zeitordnung im vorkolumbischen Mexiko.* Mit einem Beitrag von Johanna Broda. Stuttgart: Steiner 1991.

[497] Tichy, Franz: *Jahresanfänge mesoamerikanischer Kalender mit 20-Tage-Perioden.* — In: Indiana. Beiträge zur Völker- und Altertumskunde, Sprachen-, Sozial- und Geschichtsforschung des indianischen Lateinamerika. (Gedenkschrift Walter Lehmann, Teil 1.) Bd. 6, 1980. S. 55–70.

[498] Tichy, Franz: *Measurement of angles in Mesoamerica. Necessity and possibility.* — In: Aveni [29], S. 105–120.

[499] Tichy, Franz: *Orientation calendar in Mesoamerica: hypothesis concerning their structure, use and distribution.* — In: Estudios de Cultura Nahuatl. T. 20, 1990. S. 183–199.

[500] Tonda, Juan / Noreña, Francisco: *Los señores del cero: el conocimiento matemático en Mesoamérica.* Con ilustraciones de Ignacio Pérez-Duarte. México, D. F.: Pangea 1991.

[501] Treiber, Hannelore: *Studien zur Katunserie der Pariser Mayahandschrift.* Berlin: Flemming 1987. (=Acta Mesoamericana 2.)

[502] Trejo, Jesús Galindo: *La astronomía en Mesoamérica.* — In: Arqueología Mexicana. T. 1, N.° 4, 1993. S. 69–73.

[503] Tropfke, Johannes: *Geschichte der Elementarmathematik.* 4. Auflage. Bd. 1: Arithmetik und Algebra. Vollständig neu bearbeitet von Kurt Vogel, Karin Reich und Helmuth Gericke. Berlin/New York: de Gruyter 1980.

[504] Turner II, B. L.: *Prehispanic terracing in the Central Maya Lowlands: problems of agricultural intensification.* — In: Hammond / Willey [213], S. 103–115.

[505] Valdés, Juan Antonio: *Von der ersten Besiedlung zur Späten Präklassik.* — In: Eggebrecht / Eggebrecht / Grube [161], S. 22–40.

[506] Villacorta, J. Antonio / Villacorta, Carlos A.: *Códices Mayas, Reproducidos y Desarrollados.* Guatemala, C. A. 1930.

[507] Vincke, Karin: *Tod und Jenseits in der Vorstellungswelt der präkolumbianischen Maya.* Frankfurt a. M./Berlin/Bern/New York/Paris/Wien: Lang 1997. (=Grazer altertumskundliche Studien 3.)

[508] Vinette, Francine: *In search of Mesoamerican geometry.* — In: Closs [120], S. 387–407.

[509] Vogt, Evon Z.: *Ancient Maya and contemporary Tzotzil cosmology: a comment on some methodological problems.* — In: American Antiquity. A Quarterly Review of American Archaeology. Vol. 30, 1964/5. S. 192–195.

[510] Vogt, Evon Z.: *Zinacanteco astronomy.* — In: Mexicon. Aktuelle Informationen und Studien zu Mesoamerika. Bd. 19, Nr. 6, 1997. S. 110–117.

[511] Vollemaere, Antoon Leon: *JDN 774.080: ¿Una solución más para la correlación maya?* — In: Broda / Iwaniszewski / Maupomé [99], S. 113–128.

[512] Vyshinskiy, V. A.: *The Mayan calendar and the numeration system of residue classes.* — In: Soviet Automatic Control. Vol. 12, No. 1, 1979. S. 42–45.

[513] Waerden, B. L. van der / Folkerts, Menso: *Written Numbers.* Milton Keynes: The Open University Press 1979. (=Arts / Mathematics. An Interfaculty Second Level Course. History of Mathematics. Counting, Numerals and Calculation 3.)

[514] Wauchope, Robert et al. (eds.): *Handbook of Middle American Indians.* 16 vols. and 5 suppl. vols. Austin: University of Texas Press 1964–1992.

[515] Weaver, Muriel Porter: *The Aztecs, Maya and Their Predecessors. Archaeology of Mesoamerica.* 2nd ed. New York: Academic Press 1981. (=Studies in Archaeology.)

[516] Weber, Richard: *Neue Untersuchungen zum Korrelationsproblem der Mayazeitrechnung.* — In: Zeitschrift für Ethnologie. Bd. 75, 1950. S. 90–102.

[517] Weber, Richard: *Tafel zur Umrechnung von Maya-Daten. Tafel zur Umrechnung eines Longcount-Datums in ein julianisches Datum für die Thompson'sche Korrelation A = 584 285.* — In: Zeitschrift für Ethnologie. Bd. 77, 1952. S. 251–253.

[518] Weitzel, R. B.: *Maya epigraphy: methods of interpretation.* — In: American Antiquity. Journal of the Society of American Archaeology. Vol. 10, No. 4, 1945. S. 388f.

[519] Wilhelmy, Herbert: *Der Lebensraum der Maya.* — In: Eggebrecht / Eggebrecht / Grube [161], S. 1–21.

[520] Wilhelmy, Herbert: *Welt und Umwelt der Maya. Aufstieg und Untergang einer Hochkultur.* 2., durchges. Taschenbuch-Auflage. München/ Zürich: Piper 1989. (=Serie Piper 1139.)

[521] Willey, Gordon R.: *Das alte Amerika.* Berlin: Propyläen [o.J.]. (=Propyläen Kunstgeschichte 19.)

[522] Willey, Gordon R. (ed.): *Archaeology of Southern Mesoamerica. Part 2.* Austin: University of Texas Press 1965. (=Handbook of Middle American Indians 3/2.)

[523] Willey, Gordon R.: *The Classic Maya hiatus: a rehearsal for the collapse?* — In: Hammond [210], S. 417–430.

[524] Willey, Gordon R.: *The early classic period in the Maya lowlands: an overview.* — In: Willey / Mathews [526], S. 175–184.

[525] Willey, Gordon R.: *The rise of Maya civilization: a summary view.* — In: Adams [3], S. 383–423.

[526] Willey, Gordon R. / Mathews, Peter (eds.): *A Consideration of the Early Classic Period in the Maya Lowlands.* Albany: Institute for Mesoamerican Studies 1985. (=Institute for Mesoamerican Studies, Pub. 10.)

[527] Williamson, Ray A. (ed.): *Archaeoastronomy in the Americas.* Selected Papers Presented at a Conference Held at Santa Fe, N. M., 1979. Los Altos: Ballena Press 1981. (=Ballena Press Anthropological Papers 22.)

[528] Willson, Robert W.: *Astronomical Notes on the Maya Codices.* Cambridge: Peabody Museum 1924. (=Papers of the Peabody Museum of American Archaeology and Ethnology, Harvard University 6/3.)

[529] Winters, Diane: *A study of the fish-in-hand glyph, T714: Part 1.* — In: Robertson / Fields [378], S. 233–245.

[530] Worthy, Morgan / Dickens Jr., Roy S.: *The Mesoamerican pecked cross as a calendrical device.* — In: American Antiquity. Journal of the Society of American Archaeology. Vol. 48, No. 3, 1983. S. 573–576.

[531] Wurster, Wolfgang W.: *Die Architektur der Maya.* — In: Eggebrecht / Eggebrecht / Grube [161], S. 107–138.

[532] Wussing, Hans: *Mathematik in der Antike. Mathematik in der Periode der Sklavenhaltergesellschaft.* Aachen: Mayer 1962.

[533] Yasugi, Yoshiho / Saito, Kenji: *Glyph Y of the Maya supplementary series.* — In: Research Reports on Ancient Maya Writing. Vol. 34, 1991. S. 1–12.

[534] Zimmermann, Günter: *Einige Erleichterungen beim Berechnen von Maya-Daten.* — In: Anthropos. Bd. 30, 1935. S. 707–715.

Index

260-Tage-Zählung, 46, 184, 228, siehe Kalenderzyklen, ritueller Kalender
360-Tage-Jahr, siehe Kalenderzyklen
364-Tage-Tafel, siehe Rechenverfahren, Computing Year
365-Tage-Zählung, 167, 228, siehe Kalenderzyklen, angenähertes Jahr
7-Tage-Zählung, 123, 125, siehe Kalenderzyklen
819-Tage-Zählung, 120, 123, 125, 218, 219, siehe Kalenderzyklen bzw. Rechenverfahren
9-Tage-Zählung, 123, siehe Kalenderzyklen, Herren der Nacht

Abakus, 132
Abweichungsberechnung, **167**, 168, 170, 174, 180
Academia de Las Lenguas Mayas, 238
Addition, 71, 75, 80, 86, 125, **133–134**, 146, 180
Ahaw Equation, 226, 231–233, siehe Korrelation, Korrelationskonstante
Algorithmen, 68, 69, 131, 140–143, 145, 146, 153, 168, siehe Rechenverfahren
Alltag, 68, 127, 221, 222
Almanach, 177, 200–203, 219, 223
Andrews, E. Wyllys, 124
angenähertes Jahr, 99, 127, 141–143, 145, 149, 152, 166, 168–170, 175, 191, 193, 198, 218, 227, 228, siehe Kalenderzyklen
Archäoastronomie, 32, 157
Archäologie, 29, 30, 222
Architektur, 21, 25, 26, 28
Arithmetik, 71, 75, 105, 125, **131**, 132, 136, 139, 140, 153
  Ganzzahligkeit, **139**, 140, 174
Astroarchäologie, 156
Astrologie, 36, 94, 126, 127, 156, 172, 173, 177, 186, 191, 218
Astronomie, 21, 32, 68, 88, 89, 102, 127, 131, 155, 156, 162, 166, 172, 187, 206, 214, 218, 219, 221, 223
Äquator, 161, 163, 209
Äquinoktium, 163, siehe Astronomie, Tagundnachtgleiche
Beobachtungen, 160, siehe Himmelsbeobachtung
Beobachtungsmethoden, 159, 160

drakonitischer Monat, **180**
Eklipsesemester, **92**, 112, 182, 184, 193
Ekliptik, **171**, 180, 201, 208, 211, 214, 216, 217
Finsternisse, *siehe* Finsternisse
Gebäudeausrichtungen, 158
Glyphen, 158
heliakischer Aufgang, **188**, 191, 194, 195, 207, 208, 210
Helligkeit, **188**, 207
Himmelsäquator, *siehe* Astronomie, Äquator
Himmelspole, 161
Horizont, 159, 160, 162
Instrumente, 159, 160, 164
   Gnomon, **160**
   Stelen, 159
Knoten, **180**, 182, 184, 185
Konjunktion, 165, 171, 179, 185
Metonischer Zyklus, **167**, 168, 174, 175
Observationen, *siehe* Himmelsbeobachtung
Observatorien, 158, 159
Platonisches Jahr, **161**
Präzession, **161**
Saros-Intervall, *siehe* Finsternisse
Solstitium, *siehe* Astronomie, Sonnenwende
Sonnensystem, 199
Sonnenwende, **163**, 180
Tagesbeginn, 161, 228
Tagundnachtgleiche, 162, **163**, 180
Umlaufzeiten, 160, *siehe* Planeten, Umlaufzeiten, siderische bzw. synodische Wendekreis, 92
Zenit, 92, 160, 163, 217
Aussprache von Begriffen, 239–240
Aveni, Anthony F., 167, 201
Azteken, 24, 29, 56, 68, 70, 121, 160, 220, 228

Ballspiel, 57, 59, 60, **62–63**
   Herrscher, *siehe* Herrscher
   Menschenopfer, *siehe* Blutopfer
Barthel, Thomas S., 210
Bauten, 28, 230, *siehe* Architektur
Berechnungshilfsmittel, 132, 135, 148
Berlin, Heinrich, 40, 173
Bevölkerung, 26–28, 30
Blutentnahmeritus, *siehe* Blutopfer
Blutopfer, 52, **59–60**, 61, 129
   Menschenopfer, 29, **61–62**, 63
   Selbstverwundung, 59, 61
Bonampak, 41, 209
Brasseur de Bourbourg, Charles Etienne, 39
Bricker
   Harvey M., 201, 202
   Victoria R., 201, 202
Bücher, 33, 35, 225, *siehe* Codex

Calendar Round, 125, 127, 141, 142, 148–151, 170, 193, 197, 198, 205, 218, 219, 229, *siehe* Kalenderzyklen bzw. Rechenverfahren
Carlson, John B., 68
Ceiba-Baum, 215, *siehe* Weltenbaum bzw. Wakah Kan
Chak, *siehe* Götter

INDEX 285

Chiapa de Corso, 104
Chichén Itzá, 159, 210, 230, 234
   Caracol, 159
Chilam-Balam-Bücher, **36**, 53, 144, 230
Chronik von Oxkutzcab, 229, 234
Closs, Michael P., 84
Cobá, 105, 107
Codex, **34**, 39, 41, 69, 89, 159, 199, 223, 225
   astronomische Tafeln, 34, 201, 202
   Dresden, **34**, 39, 60, 85, 106, 134, 148, 167, 173, 177, 179, 185, 187, 188, 199, 203, 204, 206, 210, 219
      Finsternistafel, 178, *siehe* Finsternisse, Tafel des Dresdener Codex
      Marstafel, *siehe* Mars, Tafel des Dresdener Codex
      Paginierung, 188
      Venustafel, 192, *siehe* Venus, Tafel des Dresdener Codex
   Grolier, 34, 35, 199
   Madrid, 34, 35, 156, 203, 204, 213, 216
   Paris, 34, 210–212, 219
      Tierkreistafel, *siehe* Fixsternhimmel, Tierkreis, Tafel des Pariser Codex
Coe, Michael D., 41, 42, 165, 207
Computing Year, 211, *siehe* Rechenverfahren
Conquista, **28**, 34, 35, 38, 220, 225, 237
Copán, 43, 48, 62, 167, 173, 174, 188

Mondformel, *siehe* Mond, Copán-Formel

Datumsangaben, 81, 111, 114, 119, **121–125**, 193
   Glyphe G, 109
   Einführungsglyphe, 104, 121, **123**
   Ergänzungsserie, **123**
   Glyphe B, 112, 124
   Glyphe F, 108, 124
   Glyphe G, 108, 124
   Glyphe X, 112, 124
   Initialserie, **121**
   Mondserie, *siehe* Mondserie
   Supplementary Series, *siehe* Datumsangaben, Ergänzungsserie
Digby, Adrian, 160
Distanzzahl, 48, 85, 119, **125**, 142, 198, 219
Division, 133, 136, **137–139**, 147
Dütting, Dieter, 165, 172

Einführungsglyphe, 104, *siehe* Datumsangaben
Eklipsesemester, *siehe* Astronomie
El Perú, 166
Emblemglyphen, **40**
Ergänzungsserie, *siehe* Datumsangaben
Erschaffung der Welt, 36, 55, *siehe* Schöpfung
Erste Mutter, 115, *siehe* Götter, Mondgöttin
Erster Vater, 215, *siehe* Götter, Maisgott
Escalona Ramos, Alberto, 204
ethnische Gruppen, **24**
   Chorti', 163, 207, 220
   Chumayel, 161

Ixil, 161
Jakaltekische Maya, 144
K'iche', 35, 158, 195, 214
Kaqchikel, 158
Lakandonen, 207
Yukatekische Maya, 220
Ethnoastronomie, 157, 163

Faltbuch, *siehe* Codex
Familie, 52
Finsternisse, 108, 112, 113, 157, 158, 176, **177**, 184, 188, 200, 212, 235
    Eklipsesemester, *siehe* Astronomie
    Knoten, *siehe* Astronomie
    Mond, **177**, 179, 184
    Saros-Intervall, **180**
    Sonne, 64, 161, **177**, 179, 180, 184, 185, 231, 235
    Tafel des Dresdener Codex, **177–186**, 198, 201
        Korrekturen, 181, 186
    Vorhersage, 177, 184
Fixsternhimmel, 127, 158, 165, 166, 211, 213
    Milchstraße, *siehe* Milchstraße
    Nebel M42 (Orion), 208, 216
    Sternbilder, 126, 157, 158, 163, 166, 201, **207**, 208, 211, 213, 217
        Drei Herdsteine, **208**, 216, 217, 222
        Eine Handvoll Maiskörner, **207**, *siehe* Fixsternhimmel, Sternbilder, Pleiaden
        Geklapper der Klapperschlange, **207**, 210, *siehe* Fixsternhimmel, Sternbilder, Pleiaden
        Großer Hund, 207
        Großer Wagen, 206, **214**
        Kleiner Wagen, 206, **214**
        Kopulierende Wildschweine, **208**, 209, *siehe* Fixsternhimmel, Sternbilder, Zwillinge
        Orion, 163, 206, 207, **208**, 216
        Pleiaden, 163, 206, **207–208**, 215
        Schildkröte, **208**, 209, 210, 216, 217, *siehe* Fixsternhimmel, Sternbilder, Orion
        Sieben Zicklein, *siehe* Fixsternhimmel, Sternbilder, Pleiaden
        Skorpion, 171, **208**, 210, 211, 213
        Südkreuz, 163
        Zwillinge, 208
    Sterne, 155, 157, 161, 163, 186, 202, **207**, 211, 213
        Alnitak, 208, 216
        Beteigeuze, **207**
        Großer Specht, *siehe* Fixsternhimmel, Sterne, Sirius
        Polarstern, 213
        Rigel, **207**, 208, 216
        Rote Libelle, *siehe* Fixsternhimmel, Sterne, Beteigeuze
        Saiph, 208, 216
        Sirius, **207**
        Specht, *siehe* Fixsternhimmel, Sterne, Rigel
    Tierkreis, 201, 206, **208–211**, 214, 217

Tafel des Pariser Codex, 210, 211
Förstemann, Ernst, 39
Forschungsstand, 29–30, 221
Freidel, David A., 93, 204
Fürsten der Unterwelt, 57
Fulton, Charles C., 84, 140

Gebäudeausrichtungen, *siehe* Astronomie
Geographie, 22–24, 227
  Belize, 22, 24
  El Salvador, 22
  Guatemala, 22, 24, 159, 207, 228, 235, 238
  Honduras, 22
  Mexiko, 22, 24, 37, 238
    Campeche, 22
    Chiapas, 22, 235
    Oaxaca, 37, 68
    Quintana Roo, 22
    Tabasco, 22, 68
    Vera Cruz, 68
    Yucatán, 22
Geschichte, **24–28**, 33, 35, 38, 58, 126, 171, 172, 179, 218, 222, 223
  Besiedlung, 24
  Conquista, *siehe* Conquista
  Klassik, 24, **26–27**, 34, 129, 161, 187, 195, 207, 211, 212, 215
    Endklassik, 25, **26**, 27
    Frühklassik, 25, **26**
    Spätklassik, 25, **26**, 30
  Kollaps, 27, 29
  Kolonialzeit, 25, 28
  Postklassik, 24, 25, **27–28**, 34
  Präklassik, 24, **25–26**, 211
  Protoklassik, 25, **26**
  Zeittafel, 25
Geschichte der Astronomie, 32, 156, 161
Geschichte der Mathematik, 32
Gesellschaft, 22, 25, 26, 28, 30, 51, 52, 127, 173, 222
  nomadische, 24
  Seßhaftigkeit, 25
glottalisierte Konsonanten, 238, **240**
Glyphe B, *siehe* Datumsangaben
Glyphe X, *siehe* Datumsangaben
Glyphen, 32, 38, *siehe* Schrift
Glyphen A, C, D, E, *siehe* Mondserie
Glyphen F, G, *siehe* Datumsangaben bzw. Kalenderzyklen, Herren der Nacht
Glyphen Y, Z, 119, 124, *siehe* Kalenderzyklen, 7-Tage-Zählung
Gnomon, *siehe* Astronomie, Instrumente
Götter, 34, 52, 53, 59, 61, **64–65**, 75, 112, 127, 191, 200, 212, 216, 217, 224
  Chak, 64, 114, 203–205
  Gott K, 114
  Itzam Ye, 58, **214**, *siehe* Götter, Itzamna
  Itzamna, 64, 207, 214, 215
  Ix Chel, 64, *siehe* Götter, Mondgöttin
  Maisgott, 55, 171, 215, 217
  Monatsschutzgottheiten, 123
  Mondgöttin, 55, 64, 112, 124, 171, 177, 212
  Regengott, 114, *siehe* Götter, Chak
  Sieben Makaw, 217, *siehe* Götter, Itzam Ye

Sonnengott, 162, 212
Totengott, 60, 74, 75
Trias von Palenque, **204**
  GI, 204
Zeitträger, 128
Year Bearers, *siehe* Kalender
Goodman, J. T., 234
Grammatik, 42, 45, **47–48**
  Morphologie, 48
  Präpositionen, 48
  Verben, 44, 47, 48
Grube, Nikolai, 42

Haab, 218, *siehe* Kalenderzyklen, angenähertes Jahr
Handel, 24, 68, 72, 78
Heldenzwillinge, *siehe* Mythologie
Herren der Erde, 115, 117, 120, *siehe* Kalenderzyklen, 7-Tage-Zählung
Herren der Nacht, 53, 68, 69, 104, 108, 114, 116, 117, 120, 198, *siehe* Kalenderzyklen bzw. Rechenverfahren
Herren des Himmels, 53, 69, 115, 117, 120
Herrscher, 24, 27, 33, 38, 61, **63**, 114, 171, 173, 223, *siehe* König
  Ballspiel, 63
Himmelsband, *siehe* Illustrationen der Maya
Himmelsbeobachtung, 156, 157, 189, 217
  Methoden, 157, *siehe* Astronomie, Beobachtungsmethoden
Himmelskörper, 155, 188, 202, 203, 212, 218

Himmelsmonster, 195, 200, 203, 204, *siehe* Mars, Marsbiest
Himmelsrichtungen, **53**, 54, 69, 115, 200, 203
Homophonie, 39, 42, 44

Illustrationen der Maya
  Finsternistafel, 178, 179
  Himmelsband, 200, 201, 203, 210, 214
  Himmelsmonster, *siehe* Mars, Marsbiest
  Kaninchen-im-Mond, 213
  Marsbiest, *siehe* Mars
  Marstafel, 200
  Pariser Codex, 210
  Tierkreis, 211
  Venustafel, 191, 192
Indígenas (Nachfahren der klassischen Maya), 157, 163, 207, 220, 221, 223, 235, 238
Initialserie, *siehe* Datumsangaben
Inschriften, **33**, 39, 40, 42, 43, 69–71, 89, 105–107, 114, 115, 121, 125, 129, 157, 158, 171–173, 175, 188, 204, 219, 222, 223, 225
Interdisziplinarität, 221, 222
itz, 60, 64, *siehe* Kosmos
Itzam Ye, *siehe* Götter
Itzamna, *siehe* Götter

Jupiter, 68, 108, 117, 171, 199, 204–206, 219
  synodischer Umlauf, **117**, 219
Justeson, John S., 117, 190, 201, 202, 208

k'ulel, *siehe* Kosmos

Kalender, 32, 39, 61, 87, 89, 102, 126, 127, 161, 166, 187, 188, 219, 223, 226, 235, 236
- Gregorianischer, 105, 161, 225–227, 229
- Julian Day Number, *siehe* Korrelation
- Julianischer, 225–227, 229
- Trecena, **93**, 97, 100, 116, 120, 141, 142, 144, 149, 151, 191
- Veintena, **93**, 97, 99, 102, 141, 142, 144, 149, 151, 189–191
- Year Bearers, **100**, 128, 228

Kalenderkalkulation, *siehe* Rechenverfahren

Kalenderrunde, 104, 105, 109, 196, *siehe* Calendar Round

Kalendersystem, 21, 35, 72, 83, 87, 88, 166, 187, 223–225, 230, 236

Kalenderzyklen, 88, 89, 126, 167, 218, 223
- 260-Tage-Zählung, *siehe* Kalenderzyklen, Sacred Round bzw. ritueller Kalender
- 360-Tage-Jahr, 89, *siehe* Kalenderzyklen, tun
- 365-Tage-Zählung, 102, *siehe* Kalenderzyklen, angenähertes Jahr
- 7-Tage-Zählung, 89, 117, **119–121**
- 819-Tage-Zählung, 69, 89, **114–118**, 120, 121, 211
- K'awilnal, 115
- 9-Tage-Zählung, *siehe* Kalenderzyklen, Herren der Nacht
- Abbildung, 118
- angenähertes Jahr, 84, 88, 89, **94–97**, 102, 106, 110, 121, 127, 128, *siehe* angenähertes Jahr
  - Monat, 84, 94, **97**, 99
  - Monatszeichen, 96
  - Wayeb, **94**, 128, 149, 152
- Calendar Round, 88, 89, 94, **97–100**, 103, 104, 106, 109, 121, 127, 129, *siehe* Calendar Round
- Haab, 94, 102, 106, 145, 211, *siehe* Kalenderzyklen, angenähertes Jahr
- Herren der Nacht, 89, 104, **108–110**, 116, 120, 121, *siehe* Herren der Nacht bzw. Kalenderzyklen, 9-Tage-Zählung
- Long Count, 83, 89, **100–108**, 110, 121, *siehe* Long Count
- ritueller Kalender, 69, 88–94, 110, 117, 121, 127, 161, 184, 186, 197, *siehe* Kalenderzyklen, Sacred Round
- Tageszeichen, 90
- Sacred Round, **89–94**, 97, 109, 115, *siehe* Kalenderzyklen, ritueller Kalender
- tun, 101, 102, *siehe* Kalenderzyklen, 360-Tage-Jahr
- Tzolk'in, 89, 180, *siehe* Sacred Round bzw. Kalenderzyklen, ritueller Kalender
- Vague Year, 94, *siehe* Kalenderzyklen, angenähertes

Jahr
Kan-Bahlam, 171, 172
Kelley, David H., 41, 84, 108
Keramiken, 33, 42, 44
Klassik, 49, 57, 59, 69, 118, 221, 223, 228, 236, *siehe* Geschichte
Klima, 22, 28
Knorozov, Yuri, 41
König, 53, 55, 60, 61, **63**, 64, 222, *siehe* Herrscher
  Gottkönig, 64
Kollaps, *siehe* Geschichte
Kolonialzeit, *siehe* Geschichte
Kometen, 158, 220
Kommensurabilität, 167, 187, 197, 202, 205, 206, 218, 219, 223, 224
Konkordanz, 225, *siehe* Korrelation
Korrelation, 55, 104, 108, 111, 158, 161, **225–236**
  Ahaw-Equation, *siehe* Ahaw-Equation
  Daten, 227, 231, 232, 234
    archäologische, 227, 230
    astronomische, 227, 231, 234
    ethnohistorische, 227, 229, 234
  Escalona Ramos, 231
  GMT, 161, 225, 229, **234–235**
  Julian Day Number, **226**, 227, 228, 230, 231
  Korrelationskonstante, **226**, 230, 234–236
  Landa-Gleichung, **227**
  Radiocarbondatierung, 230, 234
  Smiley, 231

Spinden, 229, 230
Tabelle vorgeschlagener Korrelationen, 231–233
Thompson, 230, 231, 235, *siehe* Korrelation, GMT
Kosmologie, 31, 213, 216, 221
Kosmos, 51, **52**, 53, 58, 61, 64, 65, 127, 212, 213, 216, 221
  Erde, 52, 53, 68
  gestufter Aufbau, 53
  Himmel, 52, 53, 69
  Himmelsrichtungen, *siehe* Himmelsrichtungen
  itz, 58
  k'ulel, 58, 59
  Unterwelt, 52, 53, 68, 171, 206
  way, 59
Kriege, 26, 27, 29, 30, 38, 59, 61, 186, 190, 191, 212, 222
Kultur, 21, 22, 24–29, 43, 87, 88, 127, 132, 155, 156, 173, 221, 222, 224
Kunst, 21, 26

Landa, Diego de, 35, 39, 136, 227
  Bericht aus Yucatán, **35**, 39
  Landa-Alphabet, 39, **41**, 48
  Landa-Gleichung, *siehe* Korrelation
Landwirtschaft, 25, 29, 30, 162, 200, 203, 207
  Gartenbau, 30
  Plantagenwirtschaft, 30
  Terrassenfeldbau, 30
  Wasserleitungssysteme, 30
León-Portilla, Miguel, 84
Lebensraum, 22
Lebensweise, 28, 35, 222
Linden, John H., 124
Lizardi Ramos, César, 84, 85

INDEX

Long Count, 83, 120, 123, 125, 141, 142, 147–151, 167–169, 172, 175, 200, 218, 227–229, 231, 234, *siehe* Kalenderzyklen
   bak'tun, **103**, 104, 123, 142
   k'atun, 36, **103**, 104, 123, 129, 142, 166, 167, 170, 229, 234
   k'in, **103**, 104, 110, 123, 142, 162
   Liste der Zyklen, 103
   Nulldatum, 85, 100, 104, 110, 168–170, 174, 218
   Rechenverfahren, *siehe* Rechenverfahren
   tun, **101**, 103, 104, 123, 129, 142, 218, 229, 234
   winal, **103**, 104, 110, 123, 142, 152
Lounsbury, Floyd G., 41, 117, 135, 153, 173, 179, 180, 194, 196–198, 234
Love, Bruce, 201, 203

Mérida, 230
Mais, 24, 52, 56, 204, 207, 215
   Maisgott, *siehe* Götter
   Maismenschen, *siehe* Schöpfung
Mars, 68, 108, 158, 171, 187, 199, 200, 203–205, 212
   Konjunktion, 201
   Marsbiest, 200
   Rückläufigkeit, 201
   Stillstand, 201
   synodischer Umlauf, 187, **200**, 202
   Tafel des Dresdener Codex, **199–203**
Marsjahr, 198, *siehe* Mars, synodischer Umlauf
Marsperiode, 201, *siehe* Mars, synodischer Umlauf
Martínez Hernández, Juan, 230, 234
Mathematik, 32, 68, 69, 102, 106, 131, 139, 140, 211, 222, 223
   Algorithmen, 132, *siehe* Algorithmen
   Beweise, 131
   Brüche, 139, 140, 174
   Fehler, 153, 174, 175
   Formeln, 144–146
      Umrechnung, 147
   Hilfsmittel, 132, 135, *siehe* Berechnungshilfsmittel
   Abakus, *siehe* Abakus
   Kommensurabilität, *siehe* Kommensurabilität
   Methoden, 131, 174, *siehe* Rechenverfahren
      Computing Year, *siehe* Rechenverfahren
      Ersetzen, 132, 133
      Modulorechnungen, 142–146
      Umrechnungsfaktoren, *siehe* Rechenverfahren, Long Count
      Verschieben, 132, 133
   Modelle, 132
   negative Zahlen, *siehe* negative Zahlen
   Rechenoperationen, 68, 132, 133, 135, 146, *siehe* Rechenverfahren bzw. Mathematik, Methoden
   Theorien, 131, 132
   unteilbare Einheiten, 139, 140
Maudsley, Alfred P., 121
Medizin, 223

Menschenopfer, *siehe* Blutopfer
Merkur, 68, 108, 188, 199, 202, 205, 206
Merkurjahr, 198
Meteore, 220
Milchstraße, 54, 171, 206, 207, 213, 214, 217
Monat, 149, 181, *siehe* Kalenderzyklen, angenähertes Jahr
Mond, 54, 57, 68, 86, 89, 102, 108, 113, 126, 127, 155, 158, **163–166**, 171, 172, 180, 195, 208–210, 212–214, 235
   Copán-Formel, **168**, 169, 173–176
   Palenque-Formel, **164**, 173–175, 180
   Phasen, 114, 164
     Konjunktion, 235
     Neumond, 111, 124, 164, 235
     Vollmond, 164
   siderischer Umlauf, **165–166**, 172, 210
   synodischer Umlauf, 112, 114, **164–165**, 167, 172, 180
   Umlaufbahn, 164
Mondperiode, 97, 111–113, 124, 157, 163–165, 167, 168, 174, 186, 190, 193
   Korrektur, 112, 113, 127, 165
Mondserie, 89, **111–114**, 121, 123, 124, 227, 231
   Glyphe A, 111, 113, 124, 165
   Glyphe C, 111, 119, 124, 165
   Glyphe D, 111, 124
   Glyphe E, 111, 124
Mondtafel, 177, 179, *siehe* Finsternisse, Tafel des Dresdener Codex
Monte-Albán, 37

Morley, Sylvanus G., 29, 85, 124
Multiplikation, 71, **133–137**, 147, 222
   Multiplikationstafel, 136, *siehe auch* Venus, Tafel des Dresdener Codex
Mythologie, 35, 52, 55, 58, 106, 114, 118, 153, 156, 213, 214, 223
   Daten, 106, 127, 165
   Heldenzwillinge, **57–58**, 60, 195, 212, 215, 217
     Eins und Sieben Hunahpu, 57
     Hunahpu und Xbalanque, 57, 195
   Zahlen, 69, 106, 126

Nachfahren der klassischen Maya, *siehe* Indígenas
Nahm, Werner, 211
Naranjo, 48
negative Zahlen, 106, 197
Null, 69, 71, 72, **79–86**, 105, 123, 133, 147, 222
   Notation, 81–83
   Vervollständigungskonzept, 80, 82, 83
   Zahl, 85, 86
     Belege, 84–86
Nulldatum, 65, 97, **100**, 104–107, 116, 197, 200, 218, 226, *siehe* Long Count bzw. Schöpfung
Numerologie, 102, 113, 117, 118, 120, 218, 220, 223

Observationen, 157, 160, 177, 197, *siehe* Himmelsbeobachtung
Observatorien, *siehe* Astronomie

Olmeken, **38**, 68, 70, 88, 104, 224
Orthographie, heutige, 238–239
   Einführung eines Standardalphabets, 238

Pakal, **45**, 46, 107, 118, 153, 166, 172, 214
Palenque, 45, 48, 55, 86, 107, 115, 118, 153, 165, 167, 171–173, 204
   Mondformel, *siehe* Mond, Palenque-Formel
Piedras Negras, 41, 48
Planeten, 89, 108, 117, 126, 127, 155, 158, 165, 166, 172, **186–206**, 208, 211, 213, 214
   äußere, 201, 202
      Konjunktion, **201**
      Rückläufigkeit, 186, **201**
      Schleifen, 186, **201**
      Stillstand, **201**
   innere, 188
   Umlaufzeiten, 118, 199, 218
      siderische, **165**, 199
      synodische, 117, **165**, 199, 205
Popol Vuh, **35–36**, 39, 54, 56, 57, 62, 195, 214, 215
Positionssystem, 69–71, 74, 101, 132, 136, *siehe* Vigesimalsystem
Postklassik, 69, 223, *siehe* Geschichte
Powell, Christopher, 89, 102, 106, 118, 218, 219
Präklassik, *siehe* Geschichte
Prophezeiungen, 36, 93, 224
Proskouriakoff, Tatiana, 40, 171
Puuc-Stil, 227, 228

Quellen, 42, 55, 136, 161, 163, 223
   Chilam-Balam-Bücher, *siehe* Chilam-Balam-Bücher
   Codices, *siehe* Codex
   Inschriften, *siehe* Inschriften
   Popol Vuh, *siehe* Popol Vuh
Quellenlage, **33–36**, 68, 157, 223
Quiriguá, 55, 85, 121–124

Rau, Charles, 43
Rechenbrett, 132, *siehe* Abakus
Rechenverfahren, 131, 133, 136, 141, 148, 153, 168, *siehe* Mathematik, Methoden; Mathematik, Rechenoperationen; *auch* Addition, Subtraktion, Multiplikation, Division
   819-Tage-Zählung, 116, 141
   Calendar Round, 141–146
   Computing Year, 134, 146, **148**, 152, 153, 211
   Herren der Nacht, 110, 141
   Kalenderkalkulation, 68, 70, 140–141, 148–153
   Long Count, 141, 146–148
      Umrechnungsfaktoren, 147, 148
Religion, 21, 22, 25, 35, **52**, 57, 68, 89, 127, 140, 153, 155, 156, 190, 221, 223, 224
   Schamanen, 53, 59
   Wiedergeburt, 57, 58, 61
   Zahlen, 68
Ring Number, 106, **197**, 198, 200, 201
Ritual, 51
ritueller Kalender, *siehe* Kalenderzyklen
Rohark, Jens, 109, 120

Sacred Round, 89, 99, 115, 116, 123, 125, 127, 128, 142–145, 149, 168, 180, 181, 184, 187, 191, 193, 195–198, 200, 202, 203, 210, 227–229, *siehe* Kalenderzyklen, Sacred Round bzw. ritueller Kalender
Saito, Kenji, 114, 119, 120
Santa Elena Poco Uinic, 235
Satterthwaite, Linton, 89, 173
Saturn, 68, 108, 117, 171, 199, 204–206, 219
    synodischer Umlauf, **117**, 219
Schele, Linda, 42, 93, 204
Schöpfung, 35, 54, **55–56**, 63, 105, 106, 116, 120, 207, 215–217, 222
    gesprochenes Wort, 56
    Heldenzwillinge, *siehe* Mythologie
    Maismenschen, 56, 57, 207, 215
    Nulldatum, 55, **65**, 105, 116, 127
Schramm, Matthias, 165, 172
Schrift, 21, 26, 33, 38, 42, 43, 49, 223
    Affixe, **42**, 43, 48
    Emblemglyphen, *siehe* Emblemglyphen
    Entzifferung, 21, 29, 31, **38–42**, 45, 47, 222
    Glyphen, 38, **43**
        Determinative, 46
        Logogramme, 42, 44–46, 48
        logosyllabische, 39, 44
        phonetische Komplemente, 45, 48
        Silbenzeichen, 39, 40, 44–46, 48
        Varianten, 47, 72
    Glyphenblock, **43**, 121
    Grammatik, *siehe* Grammatik
    Hauptzeichen, 42, 43
    Herkunft, 37
    Phonetisierung, 38, 42
    Rebusprinzip, 39
    Struktur, 43
    Texte, 43, 44, 47, 79
Schriftsystem, **37–49**, 224
Secondary Series, 177, *siehe* Mondserie
Seibal, 41
Selbstverwundung, *siehe* Blutopfer
Severin, Gregory M., 205, 235
Sonne, 53, 57, 68, 108, 114, 127, 155, 158, 159, **162–163**, 165, 171, 172, 188, 195, 202, 204, 211–215, 217, 231, 234
Sonnenjahr, 94, 95, 163, 166–169, 174–176, *siehe* tropisches Jahr
Spanier, 28, 35, 38, 230, 237
    Christianisierung, 28
    Conquista, *siehe* Conquista
    Kolonialzeit, *siehe* Geschichte
spanische Eroberung, *siehe* Conquista
Spinden, Herbert J., 85, 198, *siehe* Korrelation
Sprachen, **24**, 43, 58, 78, 93, 128, 136, 162, 208, 223, 237, 238, 240
    Chol, 24, 43, 45, 58

Jakaltekisch, 78
K'iche', 35, 78, 195
Kaqchikel, 79
Pokonchi, 78
Proto-Maya, 24
Sprachfamilie, 24
Tzeltal, 78
Yukatekisch, 24, 36, 43, 45, 58, 69, 77, 78, 94, 103, 158, 195, 207, 220
Staaten, 26
Städte, 25, 27, 30, 38, 40, 235
Stelen, 33, 44, 81, 122, 159, *siehe* Astronomie, Instrumente
Stellenwertsystem, 70, 71, 85, 102, 132, 133, 147, *siehe* Vigesimalsystem
Sternbilder, *siehe* Fixsternhimmel
Sterne, 156, *siehe* Fixsternhimmel
Sternkonstellationen, 206, 207, 211, 213, *siehe* Fixsternhimmel, Sternbilder
Sternzeichen, 211, *siehe* Fixsternhimmel, Tierkreis
Stuart, David, 42
Subtraktion, 125, **133–135**, 146
Supplementary Series, *siehe* Datumsangaben, Ergänzungsserie

Tänze, 59, 60
Tag, 92, 93, 103, 126, 161, 162, 224, 228, *siehe* Long Count, k'in
Tayasal, 28
Teeple, John E., 32, 169, 170, 174, 176, 235
  Theorie der 'Determinanten', 171, 174, *siehe* Abweichungsberechnung

Thompson, J. Eric S., 29, 32, 39–41, 84, 85, 108, 133, 134, 179, 202, 203, 234, *siehe* Korrelation
Tierkreis, *siehe* Fixsternhimmel
Tikal, 41, 158, 211, 230, 234
Tila, 119
Trance, 53, 59, 60
Transkriptionen, 237, 238, *siehe* Orthographie, heutige
Trecena, *siehe* Kalender
tropisches Jahr, **166–176**, 180
  Korrekturrechnung, *siehe* Abweichungsberechnung
tun, 123, 186, *siehe* Kalenderzyklen, 360-Tage-Jahr
Tzolk'in, 144, *siehe* Kalenderzyklen, ritueller Kalender

Uaxactún, 159
Unterwelt, *siehe* Xibalba
Urmutter, *siehe* Götter, Mondgöttin
Urvater, *siehe* Götter, Maisgott

Vague Year, *siehe* Kalenderzyklen, angenähertes Jahr
Vegetation, 22, 28, 29
Veintena, *siehe* Kalender
Venus, 54, 68, 91, 92, 102, 106, 108, 117, 127, 158, 177, 186, **187–199**, 202, 204, 205, 210, 212, 218, 231, 234
  Abendstern, 91, 187, 188, **189**, 212
  Bedeutung, 187
  Konjunktion
    obere, **189**
    untere, **189**

Morgenstern, 92, 187, 188, **189**, 191
Phasen, 188, 199, *siehe auch*: Venus, Morgen- bzw. Abendstern, und Venus, obere bzw. untere Konjunktion
Sichtbarkeit, 187, 189, 194
synodischer Umlauf, 102, 188, **189**, 190, 193, 218
Tafel des Dresdener Codex, 187, **188–198**, 199, 201, 202, 210, 219, 223
Korrekturen, 189, 193–197
Multiplikationstafel, 193, 196
Unsichtbarkeit, 189
Venusmonate, 186, **190**
Venusjahr, 127, 157, 186, 188, **190**, 191, 193–198, *siehe* Venusperiode bzw. Venus, synodischer Umlauf
Venusperiode, 189, *siehe* Venusjahr bzw. Venus, synodischer Umlauf
Vigesimalsystem, 69, **70–71**, 74, 76, 78, 93, 101, 102, 110, 113, 126, 132, 133, 136, 141, 143, 146–148, 181

Wakah Kan, **54**, 213–215
way, *siehe* Kosmos
Weltenbaum, 63, 64, 214, 215, *siehe* Wakah Kan
Wilhelmy, Herbert, 235
Willson, Robert W., 201, 202
Wissenschaft, 21, 26, 31, 34

Xibalba, **52**, 53, 57, 58, 62, 63, 127, 171, 214, 215, 217

Yasugi, Yoshiho, 114, 119, 120

Yaxchilán, 48, 63, 107, 119
Yaxhá, 41
Year Bearers, 224, 228, *siehe* Kalender
Yucatán, 26, 34, 36, 100, 129, 159, *siehe* Geographie, Mexiko

Zahlbenennung, 77–79
Zahlennotation, 69, 71, **72–76**, 133
abstrakt, 72–74, 123, 133, 136
Kopfglyphen, 72, 74–76, 86, 124
Null, *siehe* Null, Notation
Vollfigurenglyphen, 72, 75–77
Zahlensystem, 32, **67–68**, 133, 136, 139, 224
Zeitvorstellung, 87, **126–129**
Gedenktage, 129
Zeitträger, *siehe* Götter
Ziffern, 133, *siehe* Zahlennotation bzw. Zahlbenennung
Zivilisation, 25
zyklisches Denken, 58, 60, 84, 108, 126–128, 155, 187, 224

Grazer altertumskundliche Studien

Herausgegeben von Heribert Aigner

Band 1 Heribert Aigner: Der Selbstmord im Mythos.

Band 2 Heinrich Kusch: Zur kulturgeschichtlichen Bedeutung der Höhlenfundplätze entlang des mittleren Murtales (Steiermark). 1996.

Band 3 Karin Vincke: Tod und Jenseits in der Vorstellungswelt der präkolumbischen Maya. 1997.

Band 4 Christian Wallner: Soldatenkaiser und Sport. 1997.

Band 5 Klaus Tausend (Hrsg.): Pheneos und Lousoi. Untersuchungen zu Geschichte und Topographie Nordostarkadiens. 1999.

Band 6 Andrea C. Schalley: Das mathematische Weltbild der Maya. 2000.

Valeria Heuberger / Arnold Suppan / Elisabeth Vyslonzil (Hrsg.)

Das Bild vom Anderen

Identitäten, Mentalitäten, Mythen und Stereotypen in multiethnischen europäischen Regionen
2., durchgesehene Auflage

Frankfurt/M., Berlin, Bern, New York, Paris, Wien, 2., durchges. Aufl. 1999.
262 S.
ISBN 3-631-34682-4 · br. DM 79.–*

Dieser Tagungsband untersucht „Das Bild vom Anderen" aus verschiedenen Perspektiven. Historiker, Ethnologen, Literatur- und Religionswissenschafter setzen sich hierbei mit der Mentalitätsgeschichte multinationaler europäischer Regionen auseinander: Böhmen, Schlesien, die Slowakei, Ostgalizien, die Bukowina, Siebenbürgen, die Vojvodina, Bosnien-Herzegowina, der Kosovo, die Alpen-Adria-Region, Tirol und die Schweiz sind in ihrer Komplexität Gegenstand der Betrachtung.

Aus dem Inhalt: „Bilder in den Köpfen" aus ethnologischer, religionswissenschaftlicher und literaturwissenschaftlicher Sicht · Vom Zusammenleben der Völker · Stereotypen in Lehrbüchern

Frankfurt/M · Berlin · Bern · New York · Paris · Wien
Auslieferung: Verlag Peter Lang AG
Jupiterstr. 15, CH-3000 Bern 15
Telefax (004131) 9402131
*inklusive Mehrwertsteuer
Preisänderungen vorbehalten

www.ingramcontent.com/pod-product-compliance
Ingram Content Group UK Ltd.
Pitfield, Milton Keynes, MK11 3LW, UK
UKHW021835210426
5322IPUK00021B/303